数学与应用数学专业系列教材

理论·模型·方法·应用

运筹学理论基础

钟守楠 高成修 编著

WUHAN UNIVERSITY PRESS
武汉大学出版社

图书在版编目(CIP)数据

运筹学理论基础/钟守楠,高成修编著.—武汉:武汉大学出版社,2005.12

数学与应用数学专业系列教材

ISBN 978-7-307-04697-9

Ⅰ.运… Ⅱ.①钟… ②高… Ⅲ.运筹学—高等学校—教材 Ⅳ.O22

中国版本图书馆 CIP 数据核字(2005)第 099287 号

责任编辑:李汉保　　责任校对:程小宜　　版式设计:支　笛

出版发行:**武汉大学出版社**　(430072　武昌　珞珈山)

(电子邮件:wdp4@whu.edu.cn　网址:www.wdp.com.cn)

印刷:湖北鄂东印务有限公司

开本:787×980　1/16　印张:15.5　字数:307 千字

版次:2005 年 12 月第 1 版　2007 年 3 月第 2 次印刷

ISBN 978-7-307-04697-9/O·330　定价:15.00 元

数学与应用数学专业系列教材编委会

主任委员 高成修

委　　员(按姓氏笔画排列)

陈士华　陈建华　汪更生　羿旭明

钟守楠　黄崇超　樊启斌

内容简介

运筹学是一门新兴的应用数学分支，本书主要是为应用数学本科生编写的教材。鉴于运筹学解决问题的理论基础是最优化理论与技术，因此内容选取以优化理论基础为重点，主要涉及线性规划、图与网络规划、动态规划、对策论等。各部分内容着重阐明其基本理论与基本方法。内容取舍上既重视讲述经过长期考验被证明是行之有效的方法，更注重新理论、新方法的介绍，并辅之必要的例题和习题。

本书可以作为应用数学、信息与计算专业本科生的教材，也可以作为从事管理科学、工业工程、系统工程、工程科学等专业的研究生以及相关科技人员的参考书。

序

数学与应用数学专业既有悠久的发展历史又有新时代赋予的新内容和新特征。进入21世纪的今天,该专业的人材培养模式,培养目标、课程体系,教材建设等一系列专业建设问题都有待进行积极地探索和创新。为了探索新时期数学与应用数学专业教材的特色,不断提高本专业的教学质量和教材建设水平,我们以1998年国家教育部颁布的普通高校本科数学与应用数学专业的培养目标和要求为基本原则,在教学实践和教学经验积累的基础上,制定了本专业系列教材出版规划,并成立了数学与应用数学专业系列教材编委会。

编委会认为,编辑出版的教材应力求反映当前教学改革的需要,体现当代社会发展的特点和学科特色,具有一定的前瞻性。因此该系列教材以数学与应用数学专业本科生为主要教学对象,以模型、理论、方法、应用为组织教学内容的基本思路,材料取舍力求反映学科发展的基础理论和前沿成果,同时也尽可能地做到深入浅出,文字准确、精练、简洁,使教材具有可读性,通用性。不断适应和满足新时期数学与应用数学专业及相关专业人才培养的教学需要和要求是本系列教材的编写目的。该系列教材的选题由编委会根据专业建设的需要统一规划,由专人负责编写,编委会评审推荐,由武汉大学出版社审定出版。

由于我们的水平和经验有限,这批教材在编写及出版工作中可能存在不足和缺点,敬请使用本系列教材的教师、学生及广大读者提出批评和建议,使该系列教材日臻完善。

数学与应用数学专业系列教材编委会

2005年9月10日于武汉大学

前　言

运筹学是20世纪30～40年代发展起来的一门新兴学科。该学科的研究对象是人类对各种资源的运用及筹划决策问题。该学科的研究目的在于了解和发现这种运用及筹划决策活动的基本规律,以便发挥有限资源的最大效益来达到总体最优的目标。这里所说的"资源"是广义的,既包括物质材料,也包括人力匹配;既包括技术装备,也包括社会结构。运筹学已被广泛地应用于国民经济各行业与科学技术的各个领域。

运筹学就其理论和方法来看具有下列特点:运筹学解决问题的基本方法是最优化理论和技术,从系统的观点出发,以整体最优为目标,研究各组成部分的功能及其相互间的影响,协调各部门之间的关系,找出使问题获得最佳效果、最优解答或付诸实施的最好行动方案。运筹学解决问题的方法具有多种学科的交叉性和综合性,解决问题的手段是系统分析建模和计算机求解。该学科具有强烈的实践性和广泛的应用性。

运筹学的内容广博,分支众多,各分支之间既有共同的理论基础,更有其各自的特色。作为应用数学专业本科生的教材,在有限的学时内,不可能面面俱到,但又要学生了解和掌握运筹学的基本原理、方法。因此我们只就运筹学解决问题的理论基础,即最优化理论和技术作为本书的主要内容。本书主要介绍线性规划、图与网络规划、动态规划、对策论等内容。每一部分内容着重阐述其基本理论和方法并配以适当的习题。既阐述经过长期考验被认为是有效的经典理论和方法,更重视新理论和新方法的介绍,使本书能够体现运筹学发展中的问题和一些重要进展。

本书力求概念清晰,重点突出,理论分析详简合适;叙述流畅,层次清楚,通俗易懂。本书可以作为应用数学、信息与计算专业本科生的教材,也可供从事管理科学、工业工程、系统工程、工程科学等专业的研究生以及相关科技人员参考。

参加本书编写的还有杨青、屠惠远、张爱华、曹晓刚等。

本书的出版得到武汉大学教务部领导的有力支持和关心,同时得到武汉大学出版社李汉保先生的悉心指导,在此表示衷心感谢! 在编写过程中参阅的许多优秀著作均在参考文献中列出,对于这些著作的作者及出版社致以由衷的感谢!

最后,作者要向所有关心和支持本书出版的人们,包括作者的家庭成员致以敬意! 是他们的关怀支持使得本书得以出版。

由于作者的水平和经验有限，且编写时间仓促，书中可能存在缺点和不足，希望使用本书的教师、学生和其他专家学者提出批评建议。

作 者

2005年1月于武汉大学

目　录

第一章 绪 论

§1.1 运筹学概述

1.1.1 什么是运筹学

运筹学是20世纪30～40年代发展起来的一门新兴学科.该学科的研究对象是人类对各种资源的运用及筹划决策问题.该学科的研究目的在于了解和发现这种运用及筹划决策活动的基本规律,以便发挥有限资源的最大效益来达到总体、全局最优的目标.这里所说的"资源"是广义的,既包括物质材料,也包括人力配备;既包括技术装备,也包括社会结构.

由于运筹学研究的对象在客观世界中的普遍性,决定了运筹学应用的广泛性.该学科的应用范围遍及工农业生产、经济管理、科学技术、国际事务等方面,如生产布局、交通运输、能源开发、最优设计、经济决策、企业管理、城市建设、公用事业、农业规划、资源分配、军事对策等都是运筹学研究的典型问题.

从方法论来说,运筹学是一门交叉学科,是物理学家、数学家、经济学家、工程师等各自从不同角度出发对实际问题的认识和描述,研究系统解决大型复杂现实问题的新途径,新方法,促使新理论更快地形成.因此,运筹学的研究方法显示出各学科研究方法的综合,其中数学方法、统计方法、逻辑方法、模拟方法是运筹学中常用的方法.

由于运用筹划活动的类型不同,描述各种活动的模型不同,因而形成不同的分支.如运筹学早期的三大支柱为:研究优化模型的规划论,研究排队(或服务)模型的排队论,以及研究对策模型的对策论(博弈论).现在的主要分支有:

线性规划,整数规划,非线性规划,动态规划,多目标规划,随机规划.

组合最优化,图与网络最优化,决策分析,对策论,库存论、供应链等.

随机服务系统,应用随机过程,可靠性理论,Markov决策规划,计算机随机模拟,管理信息系统等.

1.1.2 运筹学的特点

运筹学作为一门定量的分析决策科学,利用数学、计算机科学及其他科学的成就,探讨经济管理系统中的数学规律,合理使用和统筹安排人力、物力、财力等资源,为决策者提供最优决策方案,以获得满意的经济效益和社会效益,就其理论和方法上来看,该学科具有如下特点:

1. 运筹学解决问题的基础是最优化理论和技术.从系统的观点出发,以整体最优为目标,研究各组成部分的功能及其相互间的影响,协调各部分之间的利害冲突,寻求使问题获得最佳效果的解及付诸实施的最佳行动方案.

2. 运筹学解决问题的方法具有交叉性和综合性,即用多种不同学科交叉渗透,综合应用.

3. 运筹学解决问题的手段是分析建模及利用计算机求解.

4. 运筹学具有强烈的实践性和应用性.在军事、经济和服务等行业,均有广泛的应用.

1.1.3 现代运筹学发展简况

现代运筹学作为一门独立学科是20世纪30～40年代形成的.但是构成其雏形的早期工作可以追溯到20世纪初,如1908年丹麦电话工程师Erlang关于电话局中继线数目话务理论的研究是现代排队论的起源;20世纪20年代美国Levinson关于最优发货量的研究是现代库存论和决策论发展的雏形;20世纪30年代末前苏联经济学家Каигорович撰写的《生产组织与计划中的数学方法》是线性规划在工业生产中的早期应用.

朴素的运筹思想在中国古代历史发展中源远流长,如春秋时期著名军事家孙武所著《孙子兵法》就是军事运筹的体现.此外,据史书记载,我国古代在农业、运输、工程等方面可以看到多阶段决策,合理调运,资源综合利用,城市规划等典型的现代运筹思想和方法.然而,作为一门新兴学科的确立,是在第二次世界大战期间,20世纪30年代中后期,为了运用新发展的雷达系统有效地对付德国飞机,英国军事管理部门召来一批具有不同学科和专业背景的科学家,在1940年8月成立了一个由布莱克特(P. M. S. Blackett)领导的11人小组,进行新战术试验和战术效率评价的研究,并取得满意的效果.他们把自己从事的这种工作命名为Operational Research(运筹学).这个小组的工作从雷达系统的运筹开始,到战斗机的拦截战术,空军作战战术评价,防止商船遭受敌方潜艇攻击,改进深水炸弹投效的反潜战术等.他们的工作在反法西斯战争中起到了积极作用,也为这门新兴学科的产生作出了不可磨灭的贡献.(我国运筹学前辈从《史记》一书中,汉高祖刘邦对谋士张良的赞语"夫运筹帷幄之中,决胜千里之外"一语中的运筹一词作为这门学科的名称,把Operational Research译成运筹学,既反映了该学科的内涵,又显示了其军事运筹的起源,也表明运筹学在我国早有萌芽.)

第二次世界大战胜利后,英、美各国对于运筹学的研究不但在军事领域继续深入,同时在政府和工业各部门也推行运筹学方法,大批专门从事研究的公司也逐渐成立,如 RAND 公司是 1949 年成立的. 各国运筹学学会从 1950 年起,先后成立. 1959 年,英、美、法运筹学学会发起成立国际运筹学联合会(International Federation of Operational Research Societies,简记 IFORS).

在我国,现代运筹学的研究是从 1956 年开始的,当时在中国科学院力学研究所所长钱学森先生的倡导下,由许国志先生领导创办了中国第一个运筹学研究室,1958 年中国科学院数学研究所所长华罗庚先生开始从事运筹学应用课题研究,并在 1959 年成立了运筹学研究室,吴文俊、越民义先生等都是该研究室最早的研究人员. 1980 年中国运筹学学会成立,1982 年中国运筹学学会加入国际运筹学联合会(IFORS),1985 年参加亚太运筹学联合会(APORS)的筹建,并成为该联合会的主要成员.

1.1.4 运筹学学术期刊

全世界运筹学出版物的种类和数量每年都以惊人的速度递增,据初步统计,直接用运筹学或其分支命名的期刊全世界有 40 多种,与运筹学密切相关的期刊也有 40 多种,这里摘录几种:

1.《国际运筹学文献》(International Abstracts in Operations Research, 缩写 IAOR)该刊物是国际运筹学联合会编辑的重要文献期刊,每年 6 期,由英国 MacMillan 出版公司出版.

2.《运筹学/管理科学》(Operations Research/Management Science)每年 12 期,该刊物是美国出版的文摘期刊.

3. 美国的《数学评论》(Mathematical Reviews)和德国的《数学文摘》(Zentralblatt für Mathematic und ihre Grenzgebiete/Mathematics Abstracts).

4.《American J. of Mathematical & Management Sciences》,每年 4 期,美国出版.

5.《International Transactions in Operational Research》,每年 6 期,英国出版.

6.《运筹学学报》(OR, Transactions),每年 4 期,中国出版.

7.《Applied Mathematics & Optimization》,每年 6 期,德国出版.

8.《Communications of the Operations Research Society of Japan》,每年 12 期,日本出版.

9.《Operations Research》,每年 6 期,美国出版.

第二章 线性规划

§2.1 线性规划引言

2.1.1 线性规划的发展简况

线性规划(Linear Programming,简记 LP)是运筹学的一个重要分支.从数学的角度来讲,是一个特殊的条件极值问题,即寻找一个线性函数在满足一组线性等式或不等式约束条件下的最大值或最小值问题.

线性规划的早期研究具有代表性的人物和著作有前苏联数学家康托洛维奇(Каиторович),他在 1939 年所著的《生产组织与计划中的数学方法》一书中提出线性规划问题,如生产配套问题.1941 年美国学者柯普曼(T. C. Koopmans)提出有限资源的分配问题.1941 年美国学者希奇柯克(F. L. Hitchcok)和柯普曼等,分别独立地提出了运输问题这类特殊的线性规划问题.1947 年,但茨(Dantzig)提出对于一般线性规划问题的算法,单纯形方法(simplex method),线性规划很快成为一门独立的学科.1984 年卡玛卡(Karmarkar)提出一个线性规划内点算法,是一种行之有效的多项式算法.1985 年,Todd 等人补充和改进了 Karmarkar 算法.

1975 年,Konterovich 和 Koopmans 由于在创建经济模型、经济理论及数理经济上的卓越贡献获得诺贝尔(Nobel)经济学奖.

2.1.2 线性规划模型举例

例 1. 生产配套问题.

设某个车间拥有 n 种机床,要在这些机床上生产 m 种不同产品,设 a_{ik} 为单位时间内在第 i 种机床上能生产第 k 种产品的数量,假设要求各产品的数量成一定比例(即配套),如 $\lambda_1: \lambda_2: \cdots: \lambda_m$. 试问该如何安排在一定的时间 T 内各机床的生产任务,使得产品的总套数最大?

设变量 x_{ik} 表示第 i 种机床生产第 k 种产品所占的时间,那么

$$x_k = a_{1k}x_{1k} + a_{2k}x_{2k} + \cdots + a_{nk}x_{nk} = \sum_{i=1}^{n} a_{ik}x_{ik}$$

表示第 k 种产品的总产量,上述问题可以写成如下数学形式

$$x_{i1}+x_{i2}+\cdots+x_{im}=\sum_{j=1}^{m}x_{ij}=T\quad(i=1,2,\cdots,n)$$

$$x_1:x_2:\cdots:x_m=\lambda_1:\lambda_2:\cdots:\lambda_m$$

且使$\frac{x_j}{\lambda_j}$的值达到最大.

例 2. 资源合理分配问题.

某工厂有 m 种生产资源,设第 i 种资源的可利用数量为 $b_i(i=1,2,\cdots,m)$,利用这些资源可以生产 n 种产品,设生产一个单位的 j 种产品所需要的 i 种资源数量为 $a_{ij}(i=1,2,\cdots,m;j=1,2,\cdots,n)$,设第 j 种产品的单位价格为 c_j,试问如何安排产品的产量,使产值最大?

设生产第 j 种产品的产量为 x_j,则问题归结为如下的数学形式

$$\max\sum_{j=1}^{n}c_jx_j,$$

$$\text{s.t.}\sum_{j=1}^{n}a_{ij}x_j\leqslant b_i(i=1,2,\cdots,m),x_j\geqslant 0\ (j=1,2,\cdots,n).$$

例 3. 运输问题.

某类物资有 m 个产地,n 个销地,第 i 个产地的产量为 $a_i(i=1,2,\cdots,m)$;第 j 个销地的需要量为 $b_j(j=1,2,\cdots,n)$,其中 $\sum_{i=1}^{m}a_i\geqslant\sum_{j=1}^{n}b_j$. 设由产地 i 到销地 j 的距离为 d_{ij},试问如何分配供应,才能既满足各地的需要,又使总运力(吨公里数)最少?

设变量 x_{ij} 表示由产地 i 供给销地 j 的物质数量,上述问题可以归结为如下数学问题

$$\min\sum_{i=1}^{m}\sum_{j=1}^{n}d_{ij}x_{ij}$$

$$\text{s.t.}\sum_{i=1}^{m}x_{ij}=b_j\quad(j=1,2,\cdots,n,)$$

$$\sum_{j=1}^{n}x_{ij}\leqslant a_i\quad(i=1,2,\cdots,m)$$

$$x_{ij}\geqslant 0\quad(i=1,2,\cdots,m;j=1,2,\cdots,n).$$

§2.2 线性规划问题的数学模型

线性规划问题的数学模型分为一般形式和标准形式,下面分别介绍,并讨论它们之间的转化.

1. 线性规划问题的一般形式

$$\max \quad z(x) = c_1x_1 + c_1x_2 + \cdots + c_nx_n \tag{2.2.1}$$

$$\text{s.t.}\begin{cases} a_{11}x_1 + a_{12}x_2 + \cdots + a_{1n}x_n \leqslant b_1 \\ \quad\vdots \qquad\quad \vdots \qquad\qquad\quad \vdots \qquad\quad \vdots \\ a_{k1}x_1 + a_{k2}x_2 + \cdots + a_{kn}x_n \geqslant b_k \\ \quad\vdots \qquad\quad \vdots \qquad\qquad\quad \vdots \qquad\quad \vdots \\ a_{m1}x_1 + a_{m2}x_2 + \cdots + a_{mn}x_n = b_m \end{cases} \tag{2.2.2}$$

$$x_j \geqslant 0 \quad (j = 1,2,\cdots,n) \tag{2.2.3}$$

其中，$a_{ij},b_i,c_j(i=1,2,\cdots,m;j=1,2,\cdots,n)$为已知常数. 式(2.2.1)中$z(x)$为目标函数，$x_j(j=1,2,\cdots,n)$为决策变量，式(2.2.2)为约束条件，式(2.2.3)为非负约束条件.

注：根据不同的实际问题，目标函数可能求极大值，也可能求极小值，即式(2.2.1)也可以表示为$\min z(x) = c_1x_1 + c_2x_2 + \cdots + c_nx_n$.

2. 线性规划问题的标准形式

$$\max \quad z(x) = c_1x_1 + c_2x_2 + \cdots + c_nx_n \tag{2.2.4}$$

$$\text{s.t.}\begin{cases} a_{11}x_1 + a_{12}x_2 + \cdots + a_{1n}x_n = b_1 \\ a_{21}x_1 + a_{22}x_2 + \cdots + a_{2n}x_n \leqslant b_2 \\ \quad\vdots \qquad\quad \vdots \qquad\qquad\quad \vdots \qquad\quad \vdots \\ a_{m1}x_1 + a_{m2}x_2 + \cdots + a_{mn}x_n = b_m \end{cases} \tag{2.2.5}$$

$$x_j \geqslant 0 \quad (j = 1,2,\cdots,n) \tag{2.2.6}$$

这里假定$b_i \geqslant 0,(i=1,2,\cdots,m)$.

(LP)称为线性规划问题的标准形式，以后的讨论均按标准形式进行. 线性规划的标准形式具有下面几种常见的表示形式.

(1)简记形式

(LP)
$$\max \quad z = \sum_{j=1}^{m} c_jx_j \tag{2.2.7}$$

$$\text{s.t.} \sum_{j=1}^{n} a_{ij}x_j = b_i,(i = 1,2,\cdots,m) \tag{2.2.8}$$

$$x_j \geqslant 0 \quad (j = 1,2,\cdots,n) \tag{2.2.9}$$

(2)矩阵形式

(LP)
$$\max \quad z = \boldsymbol{CX} \tag{2.2.10}$$

$$\text{s.t.}\ \boldsymbol{AX} = \boldsymbol{b} \tag{2.2.11}$$

$$\boldsymbol{X} \geqslant \boldsymbol{0} \tag{2.2.12}$$

其中，$\boldsymbol{C}=(c_1,c_2,\cdots,c_n)$为行向量，$\boldsymbol{X}=(x_1,x_2,\cdots,x_n)^{\mathrm{T}}$为列向量.

$$A = \begin{bmatrix} a_{11} & a_{12} & \cdots & a_{1n} \\ a_{21} & a_{22} & \cdots & a_{2n} \\ \vdots & \vdots & & \vdots \\ a_{m1} & a_{m2} & \cdots & a_{mn} \end{bmatrix}$$

为约束系数矩阵. $\boldsymbol{b} = (b_1, b_2, \cdots, b_m)^{\mathrm{T}}$,“**0**”表示零向量.

(3)向量形式

(LP)
$$\max \quad \boldsymbol{Z} = \boldsymbol{CX} \tag{2.2.13}$$
$$\text{s.t.} \quad \sum_{j=1}^{n} \boldsymbol{P}_j x_j = \boldsymbol{b} \tag{2.2.14}$$
$$\boldsymbol{X} \geqslant \boldsymbol{0} \tag{2.2.15}$$

其中,$\boldsymbol{P}_j = (a_{1j}, a_{2j}, \cdots, a_{mj})^{\mathrm{T}}$ 表示矩阵 $\boldsymbol{A}$ 中的第 j 列.

从上述各式知,线性规划问题的标准形式所有约束条件(除非负约束)均为等式,且右端常数项非负,所有决策变量非负,目标函数可以求极大值,也可以求极小值(本书讨论极大值问题).

3. 线性规划问题的一般形式转化为标准形式

为了讨论的方便,通常把线性规划的一般形式转化为标准形式,具体方法如下:

(1)目标函数极小与极大的转换

已知　$\min z = \sum_{j=1}^{n} c_j x_j$, 可以化为

$$\max \quad z' = -z = -\sum_{j=1}^{n} c_j x_j \tag{2.2.16}$$

(2)约束条件的转换

(i) 如果某一约束是线性不等式 $\sum_{j=1}^{n} a_{ij} x_j \leqslant b_i$,则引入松弛变量 $x_{n+i} \geqslant 0$,转化为

$$\begin{cases} \sum_{j=1}^{n} a_{ij} x_j + x_{n+i} = b_i \\ x_{n+i} \geqslant 0 \end{cases} \tag{2.2.17}$$

(ii) 若约束线性不等式为 $\sum_{j=1}^{n} a_{ij} x_j \geqslant b_i$,则引入剩余变量 $x_{n+i} \geqslant 0$, 转化为

$$\begin{cases} \sum_{j=1}^{n} a_{ij} x_j - x_{n+i} = b_i \\ x_{n+i} \geqslant 0 \end{cases} \tag{2.2.18}$$

(3)决策变量的转换

如果某个变量的约束条件为 $x_j \geqslant l_j$(或 $x_j \leqslant l_j$),可以令 $y_j = x_j - l_j$(或 $y_j = l_j - x_j$),则 $y_j \geqslant 0$.

如果某个变量 x_j 无非负限制(无非负限制的决策变量又称为自由变量),则令

$$\begin{cases} x_j = x'_j - x''_j \\ x'_j, x''_j \geqslant 0 \end{cases}$$

代入原问题,将自由变量化为带非负约束的决策变量.

例 4. 把(LP′)化为标准型(LP)

(LP′)

$$\begin{aligned} \min \quad & z = -2x_1 + x_2 + 3x_3 \\ \text{s.t.} \quad & 5x_1 + x_2 + x_3 \leqslant 7 \\ & x_1 - x_2 - 4x_3 \geqslant 2 \\ & -3x_1 + x_2 + 2x_3 = -5 \\ & x_1, x_2 \geqslant 0, x_3 \text{ 为自由变量.} \end{aligned}$$

解 引入松弛变量 $x_4 \geqslant 0$,剩余变量 $x_5 \geqslant 0$,令 $x_3 = x'_3 - x''_3$,把第 3 个约束方程两边同乘(−1),将极小化转化为极大问题,得标准形式

(LP)

$$\begin{aligned} \max \quad & z' = -z = 2x_1 - x_2 - 3x'_3 + 3x''_3 \\ \text{s.t.} \quad & 5x_1 + x_2 + x'_3 - x''_3 + x_4 = 7 \\ & x_1 - x_2 - 4x'_3 + 4x''_3 - x_5 = 2 \\ & 3x_1 - x_2 - 2x'_3 + 2x''_3 = 5 \\ & x_1, x_2, x'_3, x''_3, x_4, x_5 \geqslant 0 \end{aligned}$$

§2.3 线性规划问题解的基本性质

2.3.1 解的基本概念

设线性规划问题

(LP)

$$\max \quad \boldsymbol{Z} = \boldsymbol{CX} \tag{2.3.1}$$

$$\text{s.t.} \quad \boldsymbol{AX} = \boldsymbol{b} \tag{2.3.2}$$

$$\boldsymbol{X} \geqslant \boldsymbol{0} \tag{2.3.3}$$

其中,$\boldsymbol{C} = (c_1, c_2, \cdots, c_n)$ 为行向量,$\boldsymbol{X} = (x_1, x_2, \cdots, x_n)^{\mathrm{T}}$,$\boldsymbol{b} = (b_1, b_2, \cdots, b_m)^{\mathrm{T}}$ 均为列向量;$\boldsymbol{A} = (a_{ij})_{m \times n}$ 为 $m \times n$ 阶矩阵.

定义 2.1 在问题(LP)中,满足约束条件(2.3.2)和(2.3.3)的解称为问题(LP)的可行解;所有可行解的集合称为可行解集(又称可行域),记为

$$\boldsymbol{D} = \{\boldsymbol{X} \in \mathbf{R}^n \mid \boldsymbol{AX} = \boldsymbol{b}, \boldsymbol{X} \geqslant 0\}.$$

定义 2.2 设问题(LP)的可行域为 $\boldsymbol{D}$,若存在 $\boldsymbol{X}^* \in \boldsymbol{D}$,使得对于任意的 $\boldsymbol{X} \in \boldsymbol{D}$,都有 $\boldsymbol{CX}^* \geqslant \boldsymbol{CX}$,则称 $\boldsymbol{X}^*$ 为问题(LP)的最优解,相应的目标函数值称为最优值,记做 $\boldsymbol{Z}^*$,即

$$\boldsymbol{Z}^* = \boldsymbol{CX}^*.$$

定义 2.3 在问题(LP)中,约束方程组(2.3.2)的系数矩阵 $\boldsymbol{A}$ 的任意一个 $m \times m$ 阶非奇异子方阵 $\boldsymbol{B}$(即 $|\boldsymbol{B}| \neq 0$),称为(LP)问题的一个基矩阵或基.

由定义 2.3 知基矩阵 $\boldsymbol{B}$ 是由矩阵 $\boldsymbol{A}$ 中 m 个线性无关的列向量组成，为了讨论的方便，不失一般性，可以假设 $\boldsymbol{A}$ 中的前 m 列构成基矩阵 $\boldsymbol{B}$，即

$$\boldsymbol{B} = \begin{bmatrix} a_{11} & a_{12} & \cdots & a_{1m} \\ a_{21} & a_{22} & \cdots & a_{2m} \\ \vdots & \vdots & & \vdots \\ a_{m1} & a_{m2} & \cdots & a_{mm} \end{bmatrix} = (\boldsymbol{P}_1, \boldsymbol{P}_2, \cdots, \boldsymbol{P}_m)$$

其中，$\boldsymbol{P}_j(j=1,2,\cdots,m)$ 为第 j 列基向量，与基向量 $\boldsymbol{P}_j$ 相对应的决策变量 $x_j(j=1,2,\cdots,m)$ 称为基变量；在矩阵 $\boldsymbol{A}$ 中除去基向量后所剩的列向量 $\boldsymbol{P}_j(j=m+1,\cdots,n)$ 称为非基向量.

由非基向量构成的矩阵记为 $\boldsymbol{N}$，即

$$\boldsymbol{N} = \begin{bmatrix} a_{1m+1} & a_{1m+2} & \cdots & a_{1n} \\ a_{2m+1} & a_{2m+2} & \cdots & a_{2n} \\ \vdots & \vdots & & \vdots \\ a_{mm+1} & a_{mm+2} & \cdots & a_{mn} \end{bmatrix} = (\boldsymbol{P}_{m+1}, \boldsymbol{P}_{m+2}, \cdots, \boldsymbol{P}_n)$$

于是系数矩阵 $\boldsymbol{A}$ 可以写成分块形式

$$\boldsymbol{A} = (\boldsymbol{B}, \boldsymbol{N}) \tag{2.3.4}$$

非基向量 $\boldsymbol{P}_j$ 相对应的决策变量 $x_j(j=m+1,\cdots,n)$ 称为非基变量.

由基变量和非基变量组成的向量分别记为

$$\boldsymbol{X}_B = (x_1, x_2, \cdots, x_m)^{\mathrm{T}}, \boldsymbol{X}_N = (x_{m+1}, x_{m+2}, \cdots, x_n)^{\mathrm{T}}$$

于是向量 $\boldsymbol{X}$ 也可以写成分块形式

$$\boldsymbol{X} = \begin{pmatrix} \boldsymbol{X}_B \\ \boldsymbol{X}_N \end{pmatrix} \tag{2.3.5}$$

把式(2.3.4)和式(2.3.5)代入方程组(2.3.2)，得

$$(\boldsymbol{B}, \boldsymbol{N}) \begin{pmatrix} \boldsymbol{X}_B \\ \boldsymbol{X}_N \end{pmatrix} = \boldsymbol{b},$$

即有

$$\boldsymbol{B}\boldsymbol{X}_B + \boldsymbol{N}\boldsymbol{X}_N = \boldsymbol{b}$$

又因为 $\boldsymbol{B}$ 是非奇异方阵，所以 $\boldsymbol{B}^{-1}$ 存在，故

$$\boldsymbol{X}_B = \boldsymbol{B}^{-1}\boldsymbol{b} - \boldsymbol{B}^{-1}\boldsymbol{N}\boldsymbol{X}_N \tag{2.3.6}$$

其中非基变量 $\boldsymbol{X}_N$ 可以视为一组自由取值的变量.

(i) 若 $\boldsymbol{X}_N = \overline{\boldsymbol{X}}_N$，则 $\boldsymbol{X}_B = \boldsymbol{B}^{-1}\boldsymbol{b} - \boldsymbol{B}^{-1}\boldsymbol{N}\overline{\boldsymbol{X}}_N = \overline{\boldsymbol{X}}_B$

于是得到约束方程组的解

$$\overline{\boldsymbol{X}} = \begin{pmatrix} \overline{\boldsymbol{X}}_B \\ \overline{\boldsymbol{X}}_N \end{pmatrix}.$$

(ii) 若 $\boldsymbol{X}_N = \boldsymbol{0}$，则 $\boldsymbol{X}_B = \boldsymbol{B}^{-1}\boldsymbol{b}$，于是得到

$$X=\begin{pmatrix}X_B\\X_N\end{pmatrix}=\begin{pmatrix}B^{-1}b\\0\end{pmatrix} \tag{2.3.7}$$

定义 2.4 在约束方程组(2.3.2)中,对于选定的基 $\boldsymbol{B}$,令所有非基变量等于零,即 $\boldsymbol{X}_N=\boldsymbol{0}$,得到的解(2.3.7)称为相应于基 $\boldsymbol{B}$ 的基本解.

定义 2.5 在基本解(2.3.7)中,若满足

$$X_B=B^{-1}b\geqslant 0 \tag{2.3.8}$$

则称该基本解为基本可行解(或称基可行解). 此时对应的基 $\boldsymbol{B}$ 称为可行基.

注 1. 由于 $\boldsymbol{A}=(a_{ij})_{m\times n}, m<n, \boldsymbol{B}=(b_{ij})_{m\times m}$,所以从 $\boldsymbol{A}$ 中的 n 列选出线性无关的 m 列,构成基 $\boldsymbol{B}$,其选法最多有

$$C_n^m=\frac{n!}{m!(n-m)!}$$

种,于是构成(LP)问题的基最多只有 C_n^m 个,基本解最多只有 C_n^m 个,基本可行解的个数不会超过 C_n^m 个.

注 2. 由于 $R(\boldsymbol{A})=m$,基 $\boldsymbol{B}$ 中只含 m 个(线性无关)列向量,对应的基变量有 m 个,非基变量有 $n-m$ 个.

定义 2.6 在问题(LP)的一个基可行解中,如果 m 个基变量均取正值,则称该解是非退化解;反之,如果有的基变量取零值,则称该解为退化解. 如果问题(LP)的所有基可行解都是非退化的,则称该问题为非退化的,否则称该问题是退化的.

例 5. 设(LP)问题

(LP)
$$\begin{aligned}\max\quad & z=2x_1+x_2\\ \text{s.t.}\quad & x_1+x_2\leqslant 5\\ & -x_1+x_2\leqslant 0\\ & 6x_1+2x_2\leqslant 21\\ & x_1,x_2\geqslant 0\end{aligned}$$

试求一个基本解和基本可行解,并判别是否为退化的.

解 引入松弛变量 x_3,x_4,x_5,将问题(LP)化为标准形式

(LP)
$$\begin{aligned}\max\quad & z=2x_1+x_2\\ \text{s.t.}\quad & x_1+x_2+x_3=5\\ & -x_1+x_2+x_4=0\\ & 6x_1+2x_2+x_5=21\\ & x_j\geqslant 0, j=1,2,\cdots,5\end{aligned}$$

约束方程组的系数矩阵为

$$A=\begin{bmatrix}1&1&1&0&0\\-1&1&0&1&0\\6&2&0&0&1\end{bmatrix}=(P_1,P_2,\cdots,P_5)$$

因为 $\boldsymbol{P}_3,\boldsymbol{P}_4,\boldsymbol{P}_5$ 线性无关，所以取

$$\boldsymbol{B}_0=(\boldsymbol{P}_3,\boldsymbol{P}_4,\boldsymbol{P}_5)=\begin{bmatrix}1&0&0\\0&1&0\\0&0&1\end{bmatrix}=\boldsymbol{I}$$

为一个基，相应的决策变量 x_3,x_4,x_5 是基变量，其余变量 x_1,x_2 为非基变量. 令 $x_1=x_2=0$，得对应于基 $\boldsymbol{B}_0$ 的基本解

$$\boldsymbol{X}^{(0)}=(0,0,5,0,21)^{\mathrm{T}}$$

又由于该问题的基变量满足非负条件，因而也是基本可行解. 但由于基变量 $x_4=0$，故该基本可行解是退化的. 又因为向量 $\boldsymbol{P}_1,\boldsymbol{P}_2,\boldsymbol{P}_3$ 线性无关，也可以取

$$\boldsymbol{B}_1=(\boldsymbol{P}_1,\boldsymbol{P}_2,\boldsymbol{P}_3)=\begin{bmatrix}1&1&1\\-1&1&0\\6&2&0\end{bmatrix}$$

为基，相应的基变量为 x_1,x_2,x_3，非基变量为 x_4,x_5. 令 $x_4=x_5=0$ 代入约束方程组，求得 x_1,x_2,x_3，于是得到基本解

$$\boldsymbol{X}^{(1)}=\left(\frac{21}{8},\frac{21}{8},-\frac{1}{4},0,0\right)^{\mathrm{T}}$$

若先求出 $\boldsymbol{B}_1^{-1}=\begin{bmatrix}0&-\frac{1}{4}&\frac{1}{8}\\0&\frac{3}{4}&\frac{1}{8}\\1&-\frac{1}{2}&-\frac{1}{4}\end{bmatrix}$，可以利用式(2.3.7)求得对应于基 $\boldsymbol{B}_1$ 的基本解，即

$$\mathbf{X}^{(1)}=\begin{pmatrix}\boldsymbol{B}^{-1}b\\\mathbf{0}\end{pmatrix}=\begin{pmatrix}\begin{pmatrix}0&-\frac{1}{4}&\frac{1}{8}\\0&\frac{3}{4}&\frac{1}{8}\\1&-\frac{1}{2}&-\frac{1}{4}\end{pmatrix}\begin{pmatrix}5\\0\\21\end{pmatrix}\\0\\0\end{pmatrix}=\begin{pmatrix}\frac{21}{8}\\\frac{21}{8}\\-\frac{1}{4}\\0\\0\end{pmatrix}$$

在基本解 $\boldsymbol{X}^{(1)}$ 中，基变量 $x_3=-\dfrac{1}{4}<0$，故 $X^{(1)}$ 不是基可行解，但是一个非退化的解. 类似地，可以求出其他基本解和基本可行解. 显然(LP)是退化问题.

2.3.2 解的基本性质

定理 2.1 问题(LP)的可行解 $\bar{X}$ 是基可行解的充要条件是 $\bar{X}$ 的非零分量所

对应的列向量线性无关.

证 若 $\bar{X}=0$,则定理显然成立. 若 $\bar{X}\neq 0$,不妨设 $\bar{X}$ 的前 k 个分量为非零分量,即有

$$\bar{X} = (\bar{x}_1,\bar{x}_2,\cdots,\bar{x}_k,0,\cdots,0)^{\mathrm{T}},\bar{x}_j > 0 \quad (j = 1,2,\cdots,k,k \leqslant m)$$

必要性,若 $\bar{X}$ 是基可行解,由基可行解的定义知 $\bar{X}$ 的非零分量必定是基变量,由基变量定义知它们所对应的列向量 $\boldsymbol{P}_1,\boldsymbol{P}_2,\cdots,\boldsymbol{P}_k$ 是基向量,故必线性无关.

充分性,若 $\boldsymbol{P}_1,\boldsymbol{P}_2,\cdots,\boldsymbol{P}_k$ 线性无关,则必有 $k\leqslant m$. 又因为 $\bar{X}$ 是(LP)的可行解,即 $A\bar{X}=\boldsymbol{b},\bar{X}\geqslant 0$,故

$$\sum_{j=1}^{k}\boldsymbol{P}_j\bar{x}_j = \boldsymbol{b}$$

若 $k=m$,则 $\boldsymbol{B}=(\boldsymbol{P}_1,\boldsymbol{P}_2,\cdots,\boldsymbol{P}_k)$ 是一个基,于是可行解 $\bar{X}$ 为与 $\boldsymbol{B}$ 相对应的基可行解,定理成立.

若 $k<m$,而且 $\boldsymbol{P}_1,\boldsymbol{P}_2,\cdots,\boldsymbol{P}_k$ 线性无关,则一定可以从剩余的 $n-k$ 个列向量中挑出 $m-k$ 个,设 $\boldsymbol{P}_{k+1},\boldsymbol{P}_{k+2},\cdots,\boldsymbol{P}_m$,使

$$\boldsymbol{P}_1,\boldsymbol{P}_2,\cdots,\boldsymbol{P}_k,\boldsymbol{P}_{k+1},\cdots,\boldsymbol{P}_m$$

线性无关,从而构成基 $\boldsymbol{B}$,于是 $\bar{X}$ 为相应于基 $\boldsymbol{B}$ 的基可行解,定理成立.

推论 2.1 问题(LP)满足约束方程组(2.3.2)的任意一个解 $\bar{X}=(\bar{x}_1,\bar{x}_2,\cdots,\bar{x}_n)^{\mathrm{T}}$ 是基本解的充要条件是 $\bar{X}$ 的非零分量所对应的列向量线性无关.

定理 2.2 若(LP)问题有可行解,则该问题必有基可行解.

证 设 $X^{(0)}$ 是(LP)的一个可行解,若 $X^{(0)}=0$,则由定理 2.1 知 $X^{(0)}$ 是(LP)的一个基可行解. 定理成立.

若 $X^{(0)}\neq 0$,不妨设 $X^{(0)}$ 的前 k 个分量为非零分量(即正分量),即有

$$X^{(0)} = (x_1^{(0)},x_2^{(0)},\cdots,x_k^{(0)},0,\cdots,0)^{\mathrm{T}},x_j^{(0)} > 0(j = 1,2,\cdots,k;k \leqslant m)$$

如果这些非零分量所对应的列向量 $\boldsymbol{P}_1,\boldsymbol{P}_2,\cdots,\boldsymbol{P}_k$ 线性无关,由定理 2.1 知,$X^{(0)}$ 是一个基可行解,定理成立. 否则,我们证明从 $X^{(0)}$ 出发,必可以找到(LP)的一个基可行解.

因为 $\boldsymbol{P}_1,\boldsymbol{P}_2,\cdots,\boldsymbol{P}_k$ 线性相关,即存在不全为零的数 $\delta_1,\delta_2,\cdots,\delta_k$,使得

$$\sum_{j=1}^{k}\delta_j\boldsymbol{P}_j = 0 \tag{2.3.9}$$

假定 $\delta_j\neq 0$,取

$$\varepsilon = \min_j\left\{\frac{x_j^{(0)}}{|\delta_j|}\,\middle|\,\delta_j \neq 0\right\} \tag{2.3.10}$$

作 $$X^{(1)}=X^{(0)}+\varepsilon\delta,X^{(2)}=X^{(0)}-\varepsilon\delta$$

其中 $$\delta=(\delta_1,\delta_2,\cdots,\delta_k,0,\cdots,0)^{\mathrm{T}}$$

由式(2.3.10)知 $$x_j^{(0)}\pm\varepsilon\delta_j\geqslant 0 \quad (j=1,2,\cdots,n) \tag{2.3.11}$$

即 $X^{(1)}\geqslant 0,X^{(2)}\geqslant 0$(即 $X^{(1)},X^{(2)}$ 满足非负约束). 又由式(2.3.9)知

$$\sum_{j=1}^{n}(x_j^{(0)} \pm \varepsilon\delta_j)\boldsymbol{P}_j = \sum_{j=1}^{n}x_j^{(0)}\boldsymbol{P}_j \pm \varepsilon\sum_{j=1}^{n}\delta_j\boldsymbol{P}_j = \boldsymbol{b}$$

故有 $\boldsymbol{AX}^{(1)}=\boldsymbol{b}$，$\boldsymbol{AX}^{(2)}=\boldsymbol{b}$，所以 $\boldsymbol{X}^{(1)}$，$\boldsymbol{X}^{(2)}$ 是(LP)的两个可行解.

由 ε 的取法知，在式(2.3.11)中，至少有一个分量等于零，于是所作的可行解 $\boldsymbol{X}^{(1)}$ 或 $\boldsymbol{X}^{(2)}$ 中，其非零分量至少比 $\boldsymbol{X}^{(0)}$ 的非零分量减少一个。如果这些非零分量所对应的列向量线性无关，则 $\boldsymbol{X}^{(1)}$ 或 $\boldsymbol{X}^{(2)}$ 为基可行解，定理成立。

若 $\boldsymbol{X}^{(1)}$，$\boldsymbol{X}^{(2)}$ 都不是基可行解，可以从 $\boldsymbol{X}^{(1)}$ 或 $\boldsymbol{X}^{(2)}$ 出发，重复上述步骤，构造一个新的可行解 $\boldsymbol{X}^{(3)}$ 或 $\boldsymbol{X}^{(4)}$，使这个新的可行解的非零分量继续减少，这样重复有限次后，必可以找到一个可行解 $\boldsymbol{X}^{(l)}$ 或 $\boldsymbol{X}^{(l+1)}$，该可行解的非零分量对应的列向量线性无关，在最坏的情况下，只剩一个非零分量，对应一个非零列向量，该可行解必然线性无关，故 $\boldsymbol{X}^{(l)}$ 或 $\boldsymbol{X}^{(l+1)}$ 必为基可行解.

定理 2.3　若(LP)问题有最优解，则一定存在一个基可行解是该问题的最优解.

证　设 $\boldsymbol{X}^*=(x_1^*,x_2^*,\cdots,x_n^*)^{\mathrm{T}}$ 是(LP)的一个最优解，如果 $\boldsymbol{X}^*$ 是基可行解，则定理成立. 如果 $\boldsymbol{X}^*$ 不是基本解(但是可行解)，根据定理 2.2 的证明方法，构造两个可行解

$$\boldsymbol{X}^{(1)} = \boldsymbol{X}^* + \varepsilon\delta,\boldsymbol{X}^{(2)} = \boldsymbol{X}^* - \varepsilon\delta$$

它们中，至少有一个解的非零分量的个数比 $\boldsymbol{X}^*$ 的非零个数少，且有

$$\boldsymbol{CX}^{(1)} = \boldsymbol{CX}^* + \boldsymbol{C}\varepsilon\delta,\boldsymbol{CX}^{(2)} = \boldsymbol{CX}^* - \boldsymbol{C}\varepsilon\delta \tag{2.3.12}$$

又因为 $\boldsymbol{X}^*$ 是最优解，故有

$$\boldsymbol{CX}^* \geqslant \boldsymbol{CX}^{(1)},\boldsymbol{CX}^* \geqslant \boldsymbol{CX}^{(2)} \tag{2.3.13}$$

由式(2.3.12)与式(2.3.13)知，必有 $\varepsilon\boldsymbol{C}\delta=0$，故 $\boldsymbol{CX}^{(1)}=\boldsymbol{CX}^{(2)}=\boldsymbol{CX}^*$，即 $\boldsymbol{X}^{(1)}$ 与 $\boldsymbol{X}^{(2)}$ 也是最优解. 如果 $\boldsymbol{X}^{(1)}$ 或 $\boldsymbol{X}^{(2)}$ 是基可行解，则定理成立，否则，重复上述过程，有限步后必可以找到一个基可行解 $\boldsymbol{X}^{(l)}$ 或 $\boldsymbol{X}^{(l+1)}$ 使得

$$\boldsymbol{CX}^{(l)} = \boldsymbol{CX}^* \text{ 或 } \boldsymbol{CX}^{(l+1)} = \boldsymbol{CX}^*$$

即得到一个基可行解 $X^{(l)}$ 或 $\boldsymbol{X}^{(l+1)}$ 为最优解. 证毕.

例 6. 设线性规划问题

(LP)

$$\begin{aligned}
\max\quad & z = x_2 - 3x_4 \\
\text{s.t.}\quad & -x_1 + 3x_2 + 6x_4 = 18 \\
& 2x_2 + x_3 + 3x_4 = 24 \\
& x_2 - x_4 + x_5 = 4 \\
& x_j \geqslant 0,\quad j = 1,2,\cdots,5
\end{aligned}$$

在(LP)中，不难验证：

$X^{(0)}=(15,5,5,3,2)^{\mathrm{T}}$ 是一个可行解，但不是基本解(因其中非基变量不为零)；

$X^{(1)}=(-18,0,24,0,4)^{\mathrm{T}}$ 是一个基本解，但不是可行解(因含有负分量)；

$X^{(2)}=(0,0,15,3,7)^{\mathrm{T}}$ 是一个非退化的基可行解；

$X^{*}=\left(0,\frac{14}{3},\frac{38}{3},\frac{2}{3},0\right)^{\mathrm{T}}$ 是一个非退化的基可行解，而且是最优解，其最优值为 $z^{*}=\frac{14}{3}-3\times\frac{2}{3}=\frac{8}{3}$.

2.3.3 解的几何意义

为了解释线性规划解的几何意义，首先介绍凸集和极点的基本概念.

定义 2.7 设集合 $D\subset E^{n}$，若对于任意 $x^{(1)},x^{(2)}\in D$ 及实数 $\alpha\in[0,1]$ 都有

$$x=ax^{(1)}+(1-a)x^{(2)}\in D$$

则称 D 为凸集. 称 $ax^{(1)}+(1-a)x^{(2)}$ 为 $x^{(1)}$ 和 $x^{(2)}$ 的凸组合.

凸集的几何意义是：D 中任意两个不同点连线上的点（包括两个端点）都位于 D 上.

定义 2.8 设 $x^{(1)},x^{(2)},\cdots,x^{(k)}$ 是 n 维欧氏空间中的 k 个点，若存在 $a_1,a_2,\cdots,a_k$ 满足 $0\leqslant a_i\leqslant 1\ (i=1,2,\cdots,k)$，$\sum_{i=1}^{k}a_i=1$，使

$$x=a_1x^{(1)}+a_2x^{(2)}+\cdots+a_kx^{(k)}$$

则称 x 为 $x^{(1)},x^{(2)},\cdots,x^{(k)}$ 的凸组合.

定义 2.9 设 $D\subset E^{n}$ 是一个凸集，$x^{(0)}\in D$，若 D 中不存在任意相异的两点 $x^{(1)},x^{(2)}(x^{(1)}\neq x^{(2)})$，使得

$$x^{(0)}=ax^{(1)}+(1-a)x^{(2)}$$

其中 $a\in(0,1)$，则称 $x^{(0)}$ 为 D 的一个极点（又称顶点）.

换句话说，设 D 是凸集，$x^{(0)}\in D$，若 $x^{(0)}$ 不能用 $x^{(1)},x^{(2)}\in D$ 的两个不同点构成的线性组合表示为

$$x^{(0)}=ax^{(1)}+(1-a)x^{(2)},a\in(0,1)$$

则称 $x^{(0)}$ 为 D 的一个极点.

例如：实心圆周上的点，实心球面上的点，凸多边形的顶点都是极点.

定义 2.10 设 $D\subseteq E^{n}$ 是一个凸集，如果对于任意的 $x\in D$，都存在一个向量 $\boldsymbol{p}\neq 0$，使得对于所有的 $a>0$，都有

$$x+a\boldsymbol{p}\in D$$

则称凸集 D 是无界的，否则称 D 有界. 非空有界凸集称为凸多面体或者单纯形.

定理 2.4 设(LP)的可行解集为

$$D=\{x\mid \boldsymbol{A}x=b,x\geqslant 0\}$$

则 D 是凸集.

证 任取 $x^{(1)},x^{(2)}\in D$ 及 $a\in[0,1]$，作 $x^{(1)},x^{(2)}$ 的线性组合

$$x=ax^{(1)}+(1-a)x^{(2)}$$

由于 $x^{(1)}\geqslant 0,x^{(2)}\geqslant 0,a\in[0,1]$,故必有 $x\geqslant 0$. 又由于 $Ax^{(1)}=b,Ax^{(2)}=b$,故

$$Ax=A[ax^{(1)}+(1-a)x^{(2)}]=aAx^{(1)}+(1-a)Ax^{(2)}=b,$$

所以 $x\in D$,于是 D 为凸集.

定理 2.5 设(LP)的可行解集为 $D,x^{(0)}\in D$,则 $x^{(0)}$ 是 D 的极点的充要条件是 $x^{(0)}$ 为(LP)的基可行解.

证 必要性(用反证法),设 $x^{(0)}$ 是 D 的极点,但不是(LP)的基可行解。不妨设 $x^{(0)}$ 的非零分量为 $x_1^{(0)},x_2^{(0)},\cdots,x_k^{(0)}(k\leqslant m)$,对应的列向量为 $\boldsymbol{P}_1,\boldsymbol{P}_2,\cdots,\boldsymbol{P}_k$. 由定理 2.1 知它们必线性相关,即存在不全为零的数 $\delta_1,\delta_2,\cdots,\delta_k$,使得

$$\sum_{j=1}^{k}\delta_j\boldsymbol{P}_j=0$$

仿照定理 2.2 的证明过程,构造(LP)的两个不同的可行解

$$x^{(1)}=x^{(0)}+\varepsilon\delta,x^{(2)}=x^{(0)}-\varepsilon\delta$$

其中 $\delta=(\delta_1,\delta_2,\cdots,\delta_k,0,\cdots,0)^{\mathrm{T}},\varepsilon=\min\limits_{\delta_t\neq 0}\dfrac{x_t}{|\delta_t|}$,于是

$$x^{(0)}=\frac{1}{2}x^{(1)}+\frac{1}{2}x^{(2)}$$

从而 $x^{(0)}$ 不是 D 的极点,与假设矛盾.

充分性(用反证法) 设 $x^{(0)}$ 是(LP)的基可行解,但不是 D 的极点,则在 D 中可以找到不同的两点

$$x^{(1)}=(x_1^{(1)},x_2^{(1)},\cdots,x_n^{(1)})^{\mathrm{T}}$$
$$x^{(2)}=(x_1^{(2)},x_2^{(2)},\cdots,x_n^{(2)})^{\mathrm{T}}$$
$$(x^{(1)}\neq x^{(2)})$$

使得

$$x^{(0)}=\lambda x^{(1)}+(1-\lambda)x^{(2)},\lambda\in(0,1)$$

由于 $x^{(0)},x^{(1)},x^{(2)}\geqslant 0$,且 $0<\lambda<1$,上式表明 $x^{(0)}$ 的某个分量为零时,$x^{(1)},x^{(2)}$ 中相应分量必为零。不妨取 $j>k$,有 $x_j^{(0)}=x_j^{(1)}=x_j^{(2)}=0$,于是

$$\sum_{j=1}^{k}\boldsymbol{P}_jx_j^{(1)}=\boldsymbol{b},\sum_{j=1}^{k}\boldsymbol{P}_jx_j^{(2)}=\boldsymbol{b},$$

上述两式相减,得

$$\sum_{j=1}^{k}\boldsymbol{P}_j(x_j^{(1)}-x_j^{(2)})=0$$

又因为 $x^{(1)}\neq x^{(2)}$,所以上式中 $\boldsymbol{P}_j$ 的系数不全为零,故向量 $\boldsymbol{P}_1,\boldsymbol{P}_2,\cdots,\boldsymbol{P}_k$ 线性相关,与 $x^{(0)}$ 是基可行解的假设矛盾,证毕.

根据定理 2.3 和定理 2.5,可以得出如下推论:

推论 2.2 若问题(LP)的可行域有界,则该问题的最优解一定在可行域 D 的极点(或顶点)上达到.

定理 2.6 设(LP)在多个极点 $x^{(1)},x^{(2)},\cdots,x^{(k)}$ 处达到最优，则

$$x^{*}=\sum_{i=1}^{k}\lambda_{i}x^{(i)},\lambda\geqslant 0,\sum_{i=1}^{k}\lambda_{i}=1 \tag{2.3.14}$$

也是(LP)的最优解.

证 设目标函数的最优值为 z^{*}，由假设知

$$Cx^{*}=C\sum_{i=1}^{k}\lambda_{i}x^{(i)}=\sum_{i=1}^{k}\lambda_{i}Cx^{(i)}=\sum_{i=1}^{k}\lambda_{i}z^{*}=z^{*}$$

故 x^{*} 是(LP)的最优解，证毕.

由定理 2.6 知，若(LP)有两个或两个以上最优解，则(LP)有无穷个最优解。现在把(LP)的最优解的几种情况归纳如下：

1. 设(LP)的可行解集为 D，若 D 非空，则 D 是凸集，D 可能有界，也可能无界. 若(LP)有最优解，则(LP)的最优解必在极点上取得.

2. (LP)无最优解时，有两种情况，一是可行域为空集，二是目标函数无界(求最大化时无上界，求最小化时无下界).

3. (LP)有最优解时，一定可以在可行域的极点上取得．当有惟一解时，最优解是可行域的某个极点．当有无穷多个解时，其中至少有一个是可行域的极点，其他最优点在可行域的某一段边界上.

2.3.4 图解法及示例

为了对线性规划最优解有几何了解，对于只有两个变量的线性规划问题采用平面上作图的方法求解，这种方法称为图解法.

例 7. 设(LP)

$$\begin{aligned} \max z &= c_1x_1+c_2x_2 \\ \text{s.t.}\quad & a_{11}x_1+a_{12}x_2=d_1 \\ & a_{21}x_1+a_{22}x_2=d_2 \\ & x_1,x_2\geqslant 0. \end{aligned}$$

解 令 $l_1:a_{11}x_1+a_{12}x_2=d_1$，$l_2:a_{21}x_1+a_{22}x_2=d_2$ 坐标轴 $x_1=0$，$x_2=0$，作出可行域 D，如图 2.1 所示.

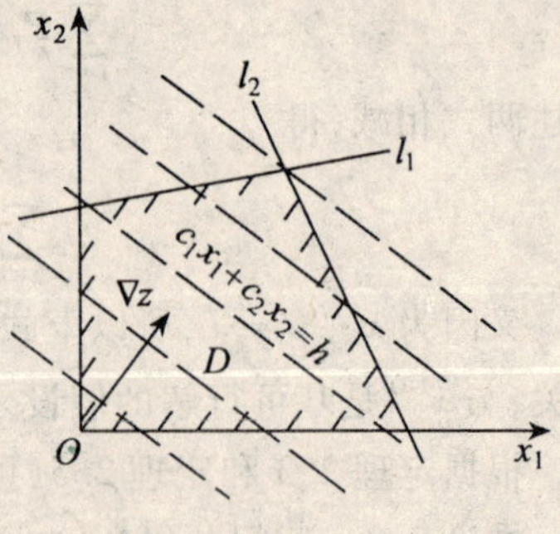

图 2.1

作目标函数 $z(x_1,x_2)$ 的等值线 $c_1x_1+c_2x_2=h$，当参数 h 变化时得到一族平行线，这一族平行线刻画了目标函数 $z(x_1,x_2)$ 的变化状态，h 值由小到大变化时，等值线 $c_1x_2+c_2x_2=h$ 沿其梯度方向 $\nabla z=(c_1,c_2)^{\mathrm{T}}$(或等值线的正法线方向)平行移动，遍历可行域 D. 当等值线与可行域 D 相交于临界点时(此时再移动，等值线与可行域 D 无交点)，该点即为(LP)的最优解，此

时等值线的值为最优值.

图解法步骤:

Step1.　在 x_1Ox_2 坐标平面上作出可行域 D;

Step2.　作等值线 $c_1x_1+c_2x_2=h$;

Step3.　若目标函数求最大值(若目标函数求最小值),则令 h 由小到大(由大到小)变化,沿梯度方向 $\nabla z=(c_1,c_2)^{\mathrm{T}}$(负梯度方向)平行移动等值线,直到临界点;

Step4.　将相交于临界点的两直线方程联立,求出最优解.通过临界点的等值线的值为最优值.

例 8.

$$
\begin{aligned}
\max z &= x_1+x_2\\
\text{s.t.}\quad & 2x_1+5x_2\leqslant 20\\
& 2x_1+x_2\leqslant 8\\
& x_1+x_2\leqslant 5\\
& x_1,x_2\geqslant 0.
\end{aligned}
$$

解　作出可行域 D,如图 2.2 所示.

作出目标函数梯度方向 $\nabla z=(1,1)^{\mathrm{T}}$;作出目标函数的等值线 $x_1+x_2=h$,由小到大改变 h 的值,等值线沿梯度方向平行移动,最终与可行域 D 的边界 AB 相重合,此时临界等值线为 $x_1+x_2=5$,直线 AB 的两个端点分别是 $A\left(\frac{5}{3},\frac{10}{3}\right)$ 和 $B(3,2)$,于是直线 AB 上的任意一点都是问题的最优解,其最优值为 5,此时最优解表示为

$$
\left.\begin{aligned}
x_1^* &= \frac{5}{3}(1-\lambda)+3\lambda=\frac{4}{3}\lambda+\frac{5}{3},\\
x_2^* &= \frac{10}{3}(1-\lambda)+2\lambda=-\frac{4}{3}\lambda+\frac{10}{3},
\end{aligned}\right.\qquad 0\leqslant\lambda\leqslant 1.
$$

例 9.

$$
\begin{aligned}
\max z &= -2x_1+x_2\\
\text{s.t.}\quad & x_1+x_2\geqslant 1\\
& -x_1+3x_2\leqslant 3\\
& x_1,x_2\geqslant 0
\end{aligned}
$$

解　如图 2.3 所示,可行域为无界区域,目标函数的梯度方向如图 2.3 所示,其最大值点为 $A(0,1)$,于是最优解为 $(0,1)^{\mathrm{T}}$,最优值 $z^*=1$.

例 9 题若改为目标函数求最小值,则无最优解.因为可行域 D 在目标函数负梯度方向无界,于是目标函数 $z(x_1,x_2)$ 无下界,故不存在最优解.

注:　因线性目标函数的梯度方向 ∇z 与目标函数等值线的正法线方向一致,故对于极大化问题也可以说,当 h 由小变大时,目标函数的等值线沿其正法线方向平行移动.

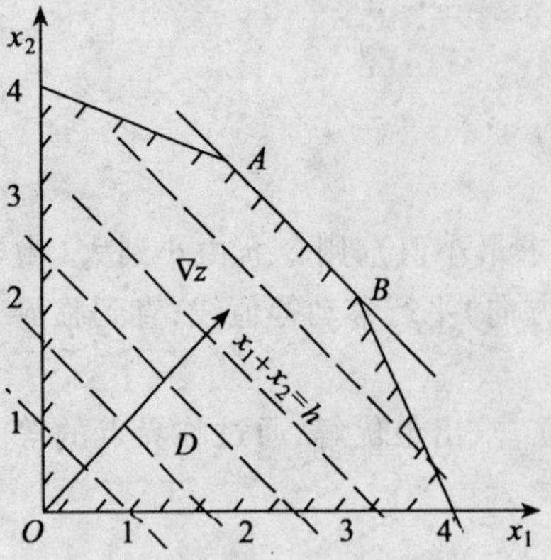

图 2.2

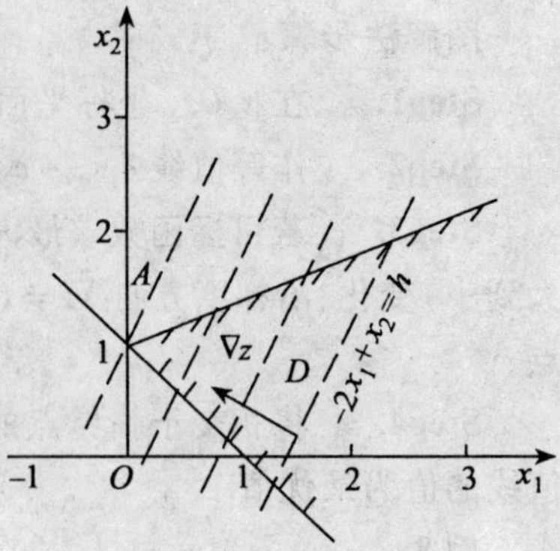

图 2.3

习　题

1. 某工厂需要加工甲、乙两种零件,这两种零件可以在三种不同机床(铣床、六角车床、自动车床)上进行加工,机床数及生产效率如表 2.1 所示,甲、乙两种零件比例为甲: 乙 =2:1.

表 2.1

机床种类	机床台数	机床生产效率(件/日台)	
		甲产品	乙产品
铣　　床	3	15	20
六角机床	3	20	30
自动机床	1	30	55

试问如何安排任务使成套产品的数量达到最大?

2. (指派模型)某产品装配线有四项工作需四个人去做,每个人做每一项工作的相对生产率如表 2.2 所示.

表 2.2

人员 \ 工作	1	2	3	4
1	5	7	10	3
2	3	6	8	4
3	4	3	3	2
5	1	4	2	10

假定每人做一件工作，试问如何分派工作才是最佳方案.

3. 在下面(LP)中找出满足约束条件的所有基本解，试指出其中哪些是基本可行解，哪个是最优解.

(1)
$$\begin{aligned} \max\ z &= 2x_1 - 4x_2 + 5x_3 - 6x_4 \\ \text{s.t.}\quad & x_1 + 4x_2 - 2x_3 + 8x_4 = 2 \\ & -x_1 + 2x_2 + 3x_3 + 4x_4 = 1 \\ & x_j \geqslant 0, \quad j = 1, 2, \cdots, 4 \end{aligned}$$

(2)
$$\begin{aligned} \min\ z &= 5x_1 - 2x_2 + 3x_3 - 6x_4 \\ \text{s.t.}\quad & x_1 + 2x_2 + 3x_3 + 4x_4 = 7 \\ & 2x_1 + x_2 + x_3 + 2x_4 = 3 \\ & x_j \geqslant 0, \quad j = 1, 2, \cdots, 4 \end{aligned}$$

4. 设(LP)
$$\begin{aligned} \max\ z &= 2x_1 + 3x_2 \\ \text{s.t.}\quad & x_1 + x_2 \leqslant 2 \\ & 4x_1 + 6x_2 \leqslant 9 \\ & x_1, x_2 \geqslant 0 \end{aligned}$$

(1) 试指出两个最优顶点及最优目标函数值.

(2) 试指出其全部最优解的集合.

5. 设(LP)的约束系数矩阵 $\boldsymbol{A}$ 与右端常数向量 $\boldsymbol{b}$ 分别为

$$\boldsymbol{A} = \begin{pmatrix} 1 & 0 & 3 & 5 & 6 \\ 2 & 1 & 4 & 1 & 3 \\ 3 & 1 & 2 & 0 & 4 \end{pmatrix}, \boldsymbol{b} = \begin{pmatrix} 1 \\ 4 \\ 2 \end{pmatrix}$$

试问 x_2, x_3, x_5 所对应的列向量能否构成基？试写出 $\boldsymbol{B}, \boldsymbol{N}$，并求基 $\boldsymbol{B}$ 对应的基本解.

6. 设 $x^{(1)}, x^{(2)}$ 同时为(LP)的最优解，试证明这两点连线上的点也是(LP)的最优解.

7. 设(LP)
$$\begin{aligned} \max\ z &= \boldsymbol{C}x \\ \text{s.t.}\quad & \boldsymbol{A}x \geqslant 0 \\ & x \geqslant 0 \end{aligned}$$

(LP) 有 N 个基本可行解，即 $(x_1^{(1)}, x^{(1)}{}_2, \cdots, x_n^{(1)})^{\mathrm{T}}, \cdots, (x_1^{(N)}, x_2^{(N)}, \cdots, x_n^{(N)})^{\mathrm{T}}$，这些解的加权 $x_j = \sum_{k=1}^{N} \lambda_k x_j^{(k)}, j = 1, 2, \cdots, n$，其中，$\lambda_k \geqslant 0, \sum_{k=1}^{N} \lambda_k = 1$，试证这 N 个基本可行解的任何加权值必定是(LP) 的一个可行解.

8. 判断下列集合是否为凸集，并说明其理由：

(1) $A = \{(x_1, x_2) \mid x_1 \geqslant 6, x_2 \geqslant 9\}$；

(2) $B = \{(x_1, x_2) \mid x_2 - 3 \leqslant x_1^2, x_1 \geqslant 0, x_2 \geqslant 0\}$；

(3) $C = \{(x_1, x_2) \mid x_1^2 + x_2^2 \leqslant 1\}$.

第三章 线性规划的解法

线性规划问题与通常的条件极值问题的主要区别在于线性规划问题要求所有变量非负,而一般条件极值问题不一定有这一要求. 于是产生一些适应线性规划问题特点的解法,这些解法有 1947 年美国数学家但茨(G. B. Dantzig)提出的单纯形法,1953 年提出的改进单纯形法,1954 年贝尔(Beale)提出的对偶单纯形法,随后又提出原始—对偶单纯形法。1984 年 Karmarkar 运用投影变换、势函数等技巧创建了一种新的线性规划多项式算法,称为 Karmarkar 算法(又称内点法). 上述方法是解决线性规划问题的主要方法.

§3.1 单纯形法

3.1.1 单纯形法的原理

1. 线性规划的典式

设线性规划问题

$$\max z = \boldsymbol{C}\boldsymbol{x} \tag{3.1.1}$$

$$\text{s.t.}\ \boldsymbol{A}\boldsymbol{x} = \boldsymbol{b} \tag{3.1.2}$$

$$x \geqslant 0 \tag{3.1.3}$$

其中 $\boldsymbol{C} = (c_1, c_2, \cdots, c_n)$, $\boldsymbol{x} = (x_1, x_2, \cdots, x_n)^{\mathrm{T}}$

$\boldsymbol{A} = (a_{ij})_{m\times n}$ 且 $R(\boldsymbol{A}) = m \quad (m<n)$

$\boldsymbol{b} = (b_1, b_2, \cdots, b_m)^{\mathrm{T}}, b_i \geqslant 0 \quad (i=1,2,\cdots,n)$

由于约束方程组系数矩阵 $\boldsymbol{A}$ 的秩等于 m,且 $m<n$,可以从矩阵 $\boldsymbol{A}$ 中选出一个 $m\times m$ 阶非奇异方阵 $\boldsymbol{B}$ 为基,为了叙述方便,不妨设 $\boldsymbol{B} = (\boldsymbol{P}_1, \boldsymbol{P}_2, \cdots, \boldsymbol{P}_m)$,于是 $\boldsymbol{A} = (\boldsymbol{B}, \boldsymbol{N})$,其中 $\boldsymbol{N} = (\boldsymbol{P}_{m+1}, \cdots, \boldsymbol{P}_n)$ 为非基变量对应的列向量构成的系数矩阵. 变量 $\boldsymbol{x} = (x_B, x_N)^{\mathrm{T}}$,其中 $\boldsymbol{x}_B = (x_1, x_2, \cdots, x_m)^{\mathrm{T}}$ 为基变量构成的向量;$\boldsymbol{x}_N = (x_{m+1}, x_{m+2}, \cdots, x_n)^{\mathrm{T}}$ 为非基变量构成的向量. 目标函数的系数 $\boldsymbol{C} = \boldsymbol{C}(\boldsymbol{C}_B, \boldsymbol{C}_N)$,其中 $\boldsymbol{C}_B = (c_1, c_2, \cdots, c_m)$ 为基变量对应的价值系数构成的向量;$\boldsymbol{C}_N = (c_{m+1}, c_{m+2}, \cdots, c_n)$ 为非基变量对应的价值系数构成的向量. 这样上述线性规划问题又可以写成下列形式

$$\max z = \boldsymbol{C}_B\boldsymbol{x}_B + \boldsymbol{C}_N\boldsymbol{x}_N \tag{3.1.4}$$

$$\text{s.t.}\quad \boldsymbol{Bx}_B + \boldsymbol{Nx}_N = \boldsymbol{b} \tag{3.1.5}$$

$$\boldsymbol{x}_B, \boldsymbol{x}_N \geqslant 0 \tag{3.1.6}$$

由于矩阵 $\boldsymbol{B}$ 是非奇异方阵，从式(3.1.5)得

$$\boldsymbol{x}_B = \boldsymbol{B}^{-1}\boldsymbol{b} - \boldsymbol{B}^{-1}\boldsymbol{Nx}_N \tag{3.1.7}$$

把式(3.1.7)代入目标函数式(3.1.4)得

$$\begin{aligned} z &= \boldsymbol{C}_B(\boldsymbol{B}^{-1}\boldsymbol{b} - \boldsymbol{B}^{-1}\boldsymbol{Nx}_N) + \boldsymbol{C}_N\boldsymbol{x}_N \\ &= \boldsymbol{C}_B\boldsymbol{B}^{-1}\boldsymbol{b} + (\boldsymbol{C}_N - \boldsymbol{C}_B\boldsymbol{B}^{-1}\boldsymbol{N})\boldsymbol{x}_N \end{aligned} \tag{3.1.8}$$

于是上述线性规划又可以等价地表示为

$$\max z = \boldsymbol{C}_B\boldsymbol{B}^{-1}\boldsymbol{b} + (\boldsymbol{C}_N - \boldsymbol{C}_B\boldsymbol{B}^{-1}\boldsymbol{N})\boldsymbol{x}_N \tag{3.1.9}$$

$$\text{s.t.}\quad \boldsymbol{x}_B + \boldsymbol{B}^{-1}\boldsymbol{Nx}_N = \boldsymbol{B}^{-1}\boldsymbol{b} \tag{3.1.10}$$

$$\boldsymbol{x}_B, \boldsymbol{x}_N \geqslant 0 \tag{3.1.11}$$

式(3.1.9)～式(3.1.11)表示的线性规划，又称为线性规划关于基 $\boldsymbol{B}$ 的典式.

2. 最优性判别与基可行解的改进

为了讨论的方便，令 $z^0 = \boldsymbol{C}_B\boldsymbol{B}^{-1}\boldsymbol{b}, \sigma_N = \boldsymbol{C}_N - \boldsymbol{C}_B\boldsymbol{B}^{-1}\boldsymbol{N} = (\sigma_{m+1}, \sigma_{m+2}, \cdots, \sigma_n)$

$$\boldsymbol{N}' = \boldsymbol{B}^{-1}\boldsymbol{N} = \begin{bmatrix} a'_{1,m+1} & a'_{1,m+2} & \cdots & a'_{1,n} \\ a'_{2,m+1} & a'_{2,m+2} & \cdots & a'_{2,n} \\ \vdots & \vdots & & \vdots \\ a'_{m,m+1} & a'_{m,m+2} & \cdots & a'_{m,n} \end{bmatrix}$$

$$\boldsymbol{b}' = \boldsymbol{B}^{-1}\boldsymbol{b} = (b'_1, b'_2, \cdots, b'_m)^{\mathrm{T}}$$

于是线性规划关于基 $\boldsymbol{B}$ 的典式又可以等价地表示为

$$\max z = z^0 + \sum_{j=m+1}^{n} \sigma_j x_j \tag{3.1.12}$$

$$\text{s.t.}\quad x_i + \sum_{j=m+1}^{n} a'_{ij}x_j = b'_i\ (i = 1, 2, \cdots, m) \tag{3.1.13}$$

$$x_j \geqslant 0 \quad (j = 1, 2, \cdots, n) \tag{3.1.14}$$

在上述典式中，若令 $x_i = 0(j = m+1, \cdots, n)$，则得到基可行解 $\boldsymbol{x} = (\boldsymbol{x}_B, 0)^{\mathrm{T}}$，其中 $\boldsymbol{x}_B = \boldsymbol{B}^{-1}\boldsymbol{b} = (b'_1, b'_2, \cdots, b'_m)^{\mathrm{T}}, \boldsymbol{x}_N = 0$. 对应的目标值　$z = z^0$.

当 $\sigma_j < 0(j = m+1, \cdots, n)$ 时，$x_j(j = m+1, \cdots, n)$ 由 0 增大，目标函数值减小，故 $\sigma_j \leqslant 0$，且非基变量 x_j 全部取 0 时，目标函数值最大，相应的基可行解为最优解，最优目标值为　$\boldsymbol{C}_B\boldsymbol{B}^{-1}\boldsymbol{b} = z^0$.

但若存在某个 $\sigma_K > 0$，且当 $\boldsymbol{x}_K \in \boldsymbol{x}_N$ 增大时，则相应的目标函数值增大，此时，对应的基可行解不是最优解. 我们称 σ_j 为(LP)问题检验数. 由上述分析可以得到最优解的判别定理：

定理 3.1　在线性规划的典式式(3.1.12)～式(3.1.14)中，设 $\boldsymbol{x}^0 = (b'_1, b'_2,$

$\cdots,b'_m,0,\cdots,0)^{\mathrm T}$ 是对应于基 $\boldsymbol B$ 的一个基本可行解,若有

$$\sigma_j \leqslant 0 \quad (j = m+1,\cdots,n)$$

恒成立,则 $\boldsymbol x^0 = (b'_1,b'_2,\cdots,b'_m,0,\cdots,0)^{\mathrm T}$ 是线性规划问题的最优解,相应的目标函数值为最优目标值,分别记为

$$\boldsymbol x^* = (b'_1,b'_2,\cdots,b'_m,0,\cdots,0)^{\mathrm T},z^* = z^0.$$

证 设 $\boldsymbol x$ 是线性规划典式的任一可行解,则有 $\boldsymbol x \geqslant 0$. 因 $\sigma_j \leqslant 0 \quad (j = m+1, m+2,\cdots,n)$,因此 $\sum\limits_{j=m+1}^{n} \sigma_j x_j \leqslant 0$,故有

$$\boldsymbol{Cx} = z^{(0)} + \sum_{j=m+1}^{n} \sigma_j x_j \leqslant z^{(0)} = z^*$$

即 z^* 是目标函数 $\boldsymbol{Cx}$ 的一个上界,也就是说对于一切可行解 $\boldsymbol x \geqslant 0$,均有 $\boldsymbol{Cx} \leqslant z^*$,但 $\boldsymbol{Cx}^0 = \boldsymbol{Cx}^* = z^*$,于是 $\boldsymbol x^0$ 是最优解. 证毕.

如果现有的基可行解 $\boldsymbol x^0$ 不是最优解,则需在基本可行解 $\boldsymbol x^0$ 的基础上,构造一个新的基本可行解,并使其对应的目标函数值有所改善,于是有如下定理.

定理 3.2 在线性规划的典式式(3.1.12)~式(3.1.14)中,$\boldsymbol x^0 = (b'_1, b'_2,\cdots,b'_m,0,\cdots,0)^{\mathrm T}$是对应于基 $\boldsymbol B$ 的一个基本可行解,若满足下列条件:

(1)有某个非基变量 $\boldsymbol x_k$ 的检验数 $\sigma_k > 0 \ (m+1 \leqslant k \leqslant n)$;

(2)$a'_{ik}(i=1,2,\cdots,m)$中至少有一个 $a'_{ik} > 0 \ (1 \leqslant i \leqslant m)$;

(3)$b'_i > 0(i=1,2,\cdots,m)$,即 $\boldsymbol x^0$ 为非退化的基可行解.

则从 $\boldsymbol x^0$ 出发,一定能找到一个新的基可行解 $\boldsymbol x' = (x'_1,x'_2,\cdots,x'_n)^{\mathrm T}$,使得

$$z' = \boldsymbol{Cx}' > \boldsymbol{Cx}^0 = z^0.$$

证 只需证明当 $\boldsymbol x^0$ 满足定理条件时,从 $\boldsymbol x^0$ 出发可以构造出新的基可行解 $\boldsymbol x'$,并且其对应的目标函数值有所改善.

(1)确定进基变量

若只有一个检验数 $\sigma_k > 0(m+1 \leqslant k \leqslant n)$,则取 σ_k 对应的非基变量 $\boldsymbol x_k$ 为进基变量. 若有两个以上检验数为正,为使目标函数值增加快些,则选取最大正检验数所对应的非基变量为进基变量,即

$$\max\{\sigma_j \mid \sigma_j > 0, m+1 \leqslant j \leqslant n\} = \sigma_k \tag{3.1.15}$$

则取 $x_k(m+1 \leqslant k \leqslant n)$为进基变量.

(2)确定离基变量

若非基变量 $\boldsymbol x_k$ 为进基变量,$\boldsymbol x_k$ 所在的列向量 $\boldsymbol P_k = (a'_{1k},a'_{2k},\cdots,a'_{mk})^{\mathrm T}$ 中至少有一个分量 $a'_{ik} > 0$,令

$$\theta = \min\left\{\frac{b'_i}{a'_{ik}} \mid a'_{ik} > 0, 1 \leqslant i \leqslant m\right\} = \frac{b'_r}{a'_{rk}} > 0 \tag{3.1.16}$$

则 b'_r 所在行相应的基变量 $\boldsymbol x_r$ 为离基变量.

(3)构造新的解

由式(3.1.15)确定入基变量 $\boldsymbol{x}_k$ 及式(3.1.16)确定离基变量 $\boldsymbol{x}_r$，令

$$\begin{cases} x'_i = \begin{cases} b'_i - \theta a'_{ik}, & i = 1,2,\cdots,m, i \neq r, \\ \theta, & i = k, \\ 0, & i = r, \end{cases} \\ x'_j = 0, \quad j = m+1, m+2, \cdots, n, j \neq k \end{cases} \tag{3.1.17}$$

于是

$$x' = (x'_1, x'_2, \cdots, x'_{r-1}, x'_k, x'_{r+1}, \cdots, x'_m, x'_{m+1}, \cdots, x'_r, \cdots, x'_n)^{\mathrm{T}}.$$

(4)证明 $\boldsymbol{x}'$为基可行解

为叙述的方便，把 $\boldsymbol{x}'$用向量表示为 $\boldsymbol{x}' = (\boldsymbol{x}'_B, \boldsymbol{x}'_N)^{\mathrm{T}}$，其中 $\boldsymbol{x}'_B$ 为基向量，$\boldsymbol{x}'_N$ 为非基向量，把 $\boldsymbol{x}'$代入式(3.1.10)左边.

$$\begin{aligned} \boldsymbol{x}'_B + \boldsymbol{N}'\boldsymbol{x}'_N &= \boldsymbol{x}'_B + (p'_{m+1}, p'_{m+2}, \cdots, p'_k, \cdots, p'_n)\begin{pmatrix} 0 \\ \vdots \\ \theta \\ \vdots \\ 0 \end{pmatrix} \\ &= b' - \theta p'_k + \theta p'k \\ &= b' = \text{右边} \end{aligned}$$

表明 $\boldsymbol{x}'$满足约束方程组，又由 $\boldsymbol{x}'$的构造知，若 $a'_{ik} > 0$，由式(3.1.16)有$\dfrac{b'_i}{a'_{ik}} \geqslant \theta > 0$，于是 $x'_i = b'_i - \theta a'_{ik} \geqslant 0$ 若 $a'_{ik} < 0, \theta > 0$，则 $-a'_{ik} > 0$，$-\theta'_{ik} > 0$，于是 $x'_i = b'_i - \theta a'_{ik} \geqslant 0$，故　$\boldsymbol{x}'_i = b'_i - \theta a'_{ik} \geqslant 0, i = 1, 2, \cdots, m$，表明 $\boldsymbol{x}'$满足非负条件.

由上述可知，$\boldsymbol{x}'$是可行解. 由式(3.1.6)知

$$x' = (x'_1, x'_2, \cdots, x'_{r-1}, x'_k, x'_{r+1}, \cdots, x'_m, 0, \cdots, 0)^{\mathrm{T}}$$

对应的基向量组为

$$\boldsymbol{P}_1, \boldsymbol{P}_2, \cdots, \boldsymbol{P}_{r-1}, \boldsymbol{P}_k, \boldsymbol{P}_{r+1}, \cdots, \boldsymbol{P}_m \tag{3.1.18}$$

若能证明上述向量组线性无关，则 $\boldsymbol{x}'$为基可行解. 用反证法证明.

若向量组(3.1.18)线性相关，而原向量组 $\boldsymbol{P}_1, \boldsymbol{P}_2, \cdots, \boldsymbol{P}_m$ 线性无关，从而 $\boldsymbol{P}_k$ 必定是其余 $m-1$ 个向量构成的线性组合，即存在$m-1$个不全为零的数 λ_i($i = 1, 2, \cdots, m, i \neq r$)使得

$$\boldsymbol{P}_k = \sum_{\substack{i=1 \\ i \neq r}}^{m} \lambda_i \boldsymbol{P}_i \tag{3.1.19}$$

又

$$\boldsymbol{P}'_k = \boldsymbol{B}^{-1}\boldsymbol{P}_k$$

故

$$\boldsymbol{P}_k = \boldsymbol{B}\boldsymbol{P}'_k = \sum_{i=1}^{m} a'_{ik}\boldsymbol{P}_i \tag{3.1.20}$$

由式(3.1.19)、式(3.1.20)得

$$\sum_{\substack{i=1\\i\neq r}}^{m}(a'_{ik}-\lambda_i)\boldsymbol{P}_i+a'_{rk}\boldsymbol{P}_r=0$$

由于 $a'_{rk}\neq 0$,故原向量组 $\boldsymbol{P}_1,\boldsymbol{P}_2,\cdots,\boldsymbol{P}_r,\cdots,\boldsymbol{P}_m$ 线性相关,与假设矛盾,说明向量组 $\boldsymbol{P}_1,\cdots,\boldsymbol{P}_{r-1},\boldsymbol{P}_k,\boldsymbol{P}_{r+1},\cdots,\boldsymbol{P}_m$ 线性无关. 从而 $\boldsymbol{x}'$是基可行解.

(5)证明　$z'=\boldsymbol{C}\boldsymbol{x}'=z^0+\sigma_k\theta>\boldsymbol{C}\boldsymbol{x}^0=z^0$

因为　$\boldsymbol{x}'_k=\theta>0,\boldsymbol{x}'_j=0(j=m+1,\cdots,n,j\neq k)$且 $\sigma_k>0$,由线性规划典式的目标函数式(3.1.12)知

$$z'=\boldsymbol{C}\boldsymbol{x}'=z^0+\boldsymbol{\sigma}_k\boldsymbol{x}_k=\boldsymbol{Z}^0+\sigma_k\theta>z^0$$

故 $\boldsymbol{x}'$对应的目标函数值比 $\boldsymbol{x}^0$ 对应的目标函数值优.

定理 3.3　设 $\boldsymbol{x}=(b'_1,b'_2,\cdots,b'_m,0,\cdots,0)^{\mathrm{T}}$ 是一个基本可行解,所对应的检验数向量 $\boldsymbol{\sigma}=(0,0,\cdots,0,\sigma_{m+1},\cdots,\sigma_n)\leqslant 0$,其中存在某一个非基变量检验数 $\sigma_k=0\ (m+1\leqslant k\leqslant n)$,则线性规划问题有无穷多个最优解.

证　把检验数 σ_k 对应的非基变量 x_k 确定为入基变量,使 $x_k\geqslant 0$,同时确定某一个基变量 $x_r(1\leqslant r\leqslant m)$为离基变量,即使 $x_r=0$,由此构造出一个新的基可行解 $\boldsymbol{x}'$. 因为 $\sigma_k=0$,由式(3.1.11)知 $\boldsymbol{x}'$对应的目标函数值 $z'=z=z^0=\boldsymbol{C}_B\boldsymbol{B}^{-1}\boldsymbol{b}$,可知 $\boldsymbol{x}'$也是最优解. 于是 $\boldsymbol{x}''=\lambda\boldsymbol{x}+(1-\lambda)\boldsymbol{x}',\lambda\in[0,1]$也是最优解,由于 $\lambda\in[0,1]$的任意性,故线性规划问题有无穷多个最优解.

定理 3.4　在线性规划的典式式(3.1.12)~式(3.1.14)中,$\boldsymbol{x}^0=(b'_1,b'_2,\cdots,b'_m,0,\cdots,0)^{\mathrm{T}}$是对应于基 $\boldsymbol{B}$ 的一个基可行解. 若有某一个非基变量的检验数 $\sigma_k>0(m+1\leqslant k\leqslant n)$,且有 $a'_{ik}\leqslant 0(i=1,2,\cdots,m)$,即 $\boldsymbol{P}'_k=\boldsymbol{B}^{-1}\boldsymbol{P}_k\leqslant 0$,则该线性规划问题无最优解.

证　由定理 3.3 的证明知,当 $a'_{ik}\leqslant 0(i=1,2,\cdots,m)$时,任取$\theta>0$,按构造新的基可行解的方法作出 x'必为基可行解,其相应的目标函数值为

$$z'=\boldsymbol{C}\boldsymbol{x}'=z^0+\sigma_k\theta\quad(m+1\leqslant k\leqslant n)$$

因为 $\sigma_k>0,\theta>0$,故当 $\theta\to+\infty$ 时,$z'\to+\infty$. 目标函数无上界,原线性规划无最优解.

3.1.2　单纯形法的实现

对于线性规划问题(3.1.1)~式(3.1.3),根据线性规划的基本定理,如果可行域非空有界,则目标函数一定在可行域的顶点上达到. 于是从一个顶点开始,检查其是否最优,如果不是最优则转换到相邻的一个顶点,再检查是否最优,依此类推,直到求得达到最优值的顶点. 由定理 3.3 知,线性规划在可行域顶点和基本可行解之间存在对应关系,因此上述过程又可以等价地叙述为:线性规划单纯形法的基本思路是从一个初始基可行解开始,判定这个初始基可行解是否为最优解,如果不是则转换到相邻的一个基可行解,并使目标函数值改善,这样重复进行有限次

后，可以找到最优解或判断问题无最优解，于是单纯形法的寻优过程简述为：

Step1. 已知一个初始基本可行解；

Step2. 检查基本可行解是否为最优解，如果最优则已找到最优解，停止计算，否则转下一步；

Step3. 转至目标函数有所改善的另一个基本可行解，然后返回到 Step2.

1. 用初等行变换直接求改进的基本可行解

已知一个基本可行解 $\boldsymbol{x}$，若不是最优解，则按照定理 3.3 的证明过程中提到的按最大增加原则和最小比值原则分别选取入基变量和离基变量，从而构造新的改进的基可行解 $\boldsymbol{x}'$. 改进的基可行解 $\boldsymbol{x}'$ 的基变量只是在原基本可行解 $\boldsymbol{x}$ 的基变量的基础上用换入的基变量去替代换出的变量，而其余基变量不变. 因此为了求得改进的基可行解，只需对式(3.1.9)的增广矩阵进行初等行变换，将换入变量的系数列向量变换成换出变量的单位向量，同时保持其他单位向量不变. 用下例说明其过程.

例 1.
$$\max z = 5x_1 + 2x_2 + 3x_3 - x_4 + x_5$$
$$\text{s.t.}\quad \begin{aligned} x_1 + 2x_2 + 2x_3 + x_4 \quad &= 8 \\ 3x_1 + 4x_2 + x_3 \quad + x_5 &= 7 \\ x_j \geqslant 0,\quad j = 1, 2, \cdots, 5. \end{aligned}$$

解 $\boldsymbol{A} = \begin{pmatrix} 1 & 2 & 2 & 1 & 0 \\ 3 & 4 & 1 & 0 & 1 \end{pmatrix}$，$\boldsymbol{b} = \begin{pmatrix} 8 \\ 7 \end{pmatrix}$，$\boldsymbol{C} = (5, 2, 3, -1, 1)$

取初始可行基 $\boldsymbol{B} = \begin{pmatrix} 1 & 0 \\ 0 & 1 \end{pmatrix} = (\boldsymbol{p}_4, \boldsymbol{p}_5)$，于是 x_4, x_5 为基变量，x_1, x_2, x_3 为非基变量.

$$\boldsymbol{N} = \begin{pmatrix} 1 & 2 & 2 \\ 3 & 4 & 1 \end{pmatrix} = (\boldsymbol{p}_1, \boldsymbol{p}_2, \boldsymbol{p}_3),\ \boldsymbol{x}_B = \begin{pmatrix} x_4 \\ x_5 \end{pmatrix}$$

$$\boldsymbol{x}_N = \begin{pmatrix} x_1 \\ x_2 \\ x_3 \end{pmatrix},\ \boldsymbol{C}_B = (-1, 1),\ \boldsymbol{C}_N = (5, 2, 3)$$

令 $\boldsymbol{x}_N = 0$，$\boldsymbol{x}_B = \boldsymbol{B}^{-1}\boldsymbol{b} = \boldsymbol{b} = \begin{pmatrix} 8 \\ 7 \end{pmatrix}$，于是初始基可行解为 $\boldsymbol{x}^0 = (0, 0, 0, 8, 7)^{\mathrm{T}}$，相应的目标函数值

$$z^0 = \boldsymbol{C}_B\boldsymbol{B}^{-1}\boldsymbol{b} = (-1, 1)(8, 7)^{\mathrm{T}} = -1$$

检验 $\boldsymbol{x}^0$ 是否为最优解，检验向量

$$\begin{aligned} \boldsymbol{\sigma}_N &= \boldsymbol{C}_N - \boldsymbol{C}_B\boldsymbol{B}^{-1}\boldsymbol{N} = (5, 2, 3) - (-1, 1)\begin{pmatrix} 1 & 2 & 2 \\ 3 & 4 & 1 \end{pmatrix} \\ &= (5, 2, 3) - (2, 2, -1) = (3, 0, 4) \end{aligned}$$

因为非基变量的检验数 $\sigma_1=3,\sigma_3=4$ 均大于零，由最优解判别定理 3.1 知 $x^0=(0,0,0,8,7)^T$ 不是最优解.

基可行解 x^0 的改进，入基变量的确立，因为

$$\max\{\sigma_j \mid \sigma_j>0,m+1\leqslant j\leqslant n\}=\max\{3,4\}=4$$

于是 x_3 为入基变量.

离基变量的确定，因为

$$B^{-1}b=\begin{pmatrix}8\\7\end{pmatrix},B^{-1}p_3=\begin{pmatrix}2\\1\end{pmatrix}$$

$$\theta=\min\left\{\frac{b'_i}{a'_{ik}}\,\middle|\,a'_{ik}>0,1\leqslant i\leqslant m\right\}=\min\left\{\frac{8}{2},\frac{7}{1}\right\}=\frac{8}{2}$$

由最小比值原则知，变量 x_4 为离基变量.

求改进的基可行解 x'，对约束方程组的增广矩阵进行初等行变换使入基变量 x_3 对应的列向量 $p_3=\begin{pmatrix}2\\1\end{pmatrix}$ 变换成离基变量 x_4 对应的单位向量 $\begin{pmatrix}1\\0\end{pmatrix}$，同时保持另一基变量 x_5 对应的单位列向量 $\begin{pmatrix}0\\1\end{pmatrix}$ 不变. 其变换如下

$$\begin{pmatrix}1&2&2&1&0&8\\3&4&1&0&1&7\end{pmatrix}\overset{\frac{1}{2}r_1}{\sim}\begin{pmatrix}\frac{1}{2}&1&1&\frac{1}{2}&0&4\\3&4&1&0&1&7\end{pmatrix}\overset{r_2-r_1}{\sim}\begin{pmatrix}\frac{1}{2}&1&1&\frac{1}{2}&0&4\\\frac{5}{2}&3&0&-\frac{1}{2}&1&3\end{pmatrix}$$

由于新的增广矩阵是原约束方程组对应的增广矩阵经初等行变换得到的. 因此新的增广矩阵对应的方程组与原方程组同解. 于是得到改进的基本可行解 x'，即

$$x'=\begin{pmatrix}x'_B\\x'_N\end{pmatrix}\quad 其中\quad x'_B=\begin{pmatrix}x_3\\x_5\end{pmatrix},x'_N=\begin{pmatrix}x_1\\x_2\\x_4\end{pmatrix}$$

$$B'=(p'_3,p'_5)=\begin{pmatrix}1&0\\0&1\end{pmatrix},N'=(p'_1,p',p'_4)=\begin{pmatrix}\frac{1}{2}&1&\frac{1}{2}\\\frac{5}{2}&3&-\frac{1}{2}\end{pmatrix}$$

$$C_{B'}=(3,1),C_{N'}=(5,2,-1),b'=\begin{pmatrix}4\\3\end{pmatrix}$$

令 $x_N=0,x_B=B^{-1}b'=\begin{pmatrix}4\\3\end{pmatrix}$，于是改进的基本可行解为

$$x'=(0,0,4,0,3)^T$$

目标函数值为 $z'=C_{B'}B'^{-1}b'=(3,1)\begin{pmatrix}4\\3\end{pmatrix}=15$

检验 $\boldsymbol{x}'=(0,0,4,0,3)^{\mathrm{T}}$ 是否为最优解，检验向量

$$\boldsymbol{\sigma}_N=\boldsymbol{C}_N-\boldsymbol{C}_B\boldsymbol{B}^{-1}\boldsymbol{N}=(5,2,-1)-(3,1)\begin{pmatrix}\frac{1}{2} & 1 & \frac{1}{2}\\ \frac{5}{2} & 3 & -\frac{1}{2}\end{pmatrix}$$

$$=(1,-4,-2)$$

因为非基变量 x_1 的检验数 $\sigma_1=1>0$，由最优解判别定理 3.1 可知 $\boldsymbol{x}'=(0,0,4,0,3)^{\mathrm{T}}$不是最优解.

对基本可行解 $\boldsymbol{x}'$进行改进，入基变量的确定，由于只有非基变量 x_1 的检验数 $\sigma_1>0$，故取 x_1 为入基变量.

离基变量的确定，由于

$$\boldsymbol{B}^{-1}\boldsymbol{b}'=\begin{pmatrix}4\\3\end{pmatrix},\boldsymbol{B}^{-1}\boldsymbol{p}_1=\begin{pmatrix}\frac{1}{2}\\ \frac{5}{2}\end{pmatrix},\theta=\min\begin{pmatrix}\frac{4}{\frac{1}{2}} & \frac{2}{\frac{5}{2}}\end{pmatrix}=\frac{6}{5}$$，于是取 x_5 为离基变量.

对于上述增广矩阵再次进行初等行变换，使换入变量 x_1 对应的系数列向量 $\boldsymbol{p}'_1=\begin{pmatrix}\frac{1}{2}\\ \frac{5}{2}\end{pmatrix}$变换为离基变量 x_5 对应的单位列向量$\begin{pmatrix}0\\1\end{pmatrix}$，保持 $\boldsymbol{p}'_3$ 对应单位列向量不变，具体变换如下

$$\begin{pmatrix}\frac{1}{2} & 1 & 1 & \frac{1}{2} & 0 & 4\\ \frac{5}{2} & 3 & 0 & -\frac{1}{2} & 1 & 3\end{pmatrix}\overset{\frac{5}{2}\times r_2}{\sim}\begin{pmatrix}\frac{1}{2} & 1 & 1 & \frac{1}{2} & 0 & 4\\ 1 & \frac{6}{5} & 0 & -\frac{1}{2} & \frac{2}{5} & \frac{6}{5}\end{pmatrix}\overset{r_1-\frac{1}{2}r_2}{\sim}$$

$$\begin{pmatrix}0 & \frac{2}{5} & 1 & \frac{3}{5} & -\frac{1}{5} & \frac{17}{5}\\ 1 & \frac{6}{5} & 0 & -\frac{1}{5} & \frac{1}{5} & \frac{6}{5}\end{pmatrix}.$$

变换后得到基本可行解 x^2. 即 $\boldsymbol{x}''=\begin{pmatrix}\boldsymbol{x}''_B\\ \boldsymbol{x}''_N\end{pmatrix}$，其中 $\boldsymbol{x}''_B=\begin{pmatrix}x_3\\x_1\end{pmatrix}$，$\boldsymbol{x}''_N=\begin{pmatrix}x_2\\x_4\\x_5\end{pmatrix}$.

$$\boldsymbol{B}''=(\boldsymbol{p}''_3,\boldsymbol{p}''_1)=\begin{pmatrix}1 & 0\\0 & 1\end{pmatrix}.$$

$$\boldsymbol{N}''=(\boldsymbol{p}''_2,\boldsymbol{p}''_4,\boldsymbol{p}''_5)=\begin{pmatrix}\frac{2}{5} & \frac{3}{5} & -\frac{1}{5}\\ \frac{6}{5} & -\frac{1}{5} & \frac{2}{5}\end{pmatrix},\boldsymbol{b}''=\begin{pmatrix}\frac{17}{5}\\ \frac{6}{5}\end{pmatrix}$$

$$C_B = (c_3, c_1) = (3,5), C_N = (c_2, c_4, c_5) = (2, -1, 1)$$

令 $x_N = 0, \boldsymbol{x}_B = \boldsymbol{B}^{-1}\boldsymbol{b}'' = \begin{pmatrix} \frac{17}{5} \\ \frac{6}{5} \end{pmatrix}$,于是得到的改进基可行解为

$$\boldsymbol{x}'' = \left(\frac{6}{5}, 0, \frac{17}{5}, 0, 0\right)^{\mathrm{T}}$$

目标函数值 $$z'' = C_B B^{-1} b'' = (3,5)\begin{pmatrix} \frac{17}{5} \\ \frac{6}{5} \end{pmatrix} = \frac{81}{5}$$

检验 $\boldsymbol{x}''$是否为最优解,因为

$$\boldsymbol{\sigma}_N = C_N - C_B B^{-1} N = (2, -1, 1) - (3,5)\begin{pmatrix} \frac{2}{5} & \frac{3}{5} & -\frac{1}{5} \\ \frac{6}{5} & -\frac{1}{5} & \frac{2}{5} \end{pmatrix}$$

$$= (2, -1, 1) - \left(\frac{36}{5}, \frac{4}{5}, \frac{7}{5}\right) = \left(-\frac{26}{5}, -\frac{9}{5}, -\frac{2}{5}\right)$$

由于所有检验均小于等于零,由最优解判别定理 3.1 知 $\boldsymbol{x}''$为所求线性规划问题的最优解. 即 $\boldsymbol{x}^* = \boldsymbol{x}'' = \left(\frac{6}{5}, 0, \frac{17}{5}, 0, 0\right)^{\mathrm{T}}$,最优目标值为 $z^* = \frac{81}{5}$.

2. 单纯形法的表格形式

单纯形法的计算过程实质上是从已知初始可行基 $\boldsymbol{B} = (p_1, \cdots, p_{r-1}, p_r, p_{r+1}, \cdots, p_m)$与基本可行解 $\boldsymbol{x}$ 开始,若 $\boldsymbol{x}$ 不是最优解,为了得到最优解,通过对有限个基本可行解进行检验、迭代、改进,直到求出最优解或判断问题无最优解. 在迭代过程中,为了对现有基本可行解进行改进,依据最大增加原则选取入基变量 $x_k(m+1 \leqslant k \leqslant n)$和最小比值原则确定离基变量 $x_r(1 \leqslant r \leqslant m)$,于是原来的基 $\boldsymbol{B} = (p_1, \cdots, p_{r-1}, p_r, p_{r+1}, \cdots, p_m)$变换成基 $\boldsymbol{B}' = (p'_1, \cdots, p'_{r-1}, p'_r, p'_{r+1}, \cdots, p'_m)$. 这种变换过程称为换基. 换基过程可以在表格上进行,这种进行单纯形法迭代的表格称为单纯形表. 在单纯形上进行迭代的算法通常称为单纯形法.

设 $\boldsymbol{x}$ 是现行的一个基本可行解,基变量 $\boldsymbol{x}_B = (x_1, x_2, \cdots, x_m)^{\mathrm{T}}$,非基变量 $\boldsymbol{x}_N = (x_{m+1}, x_{m+2}, \cdots, x_n)^{\mathrm{T}}$,可行基 $\boldsymbol{B} = \boldsymbol{I}$(单位方阵),此时 $\boldsymbol{C}_B = (c_1, c_2, \cdots, c_m)$, $\boldsymbol{C}_N = (c_{m+1}, c_{m+2}, \cdots, c_n)$, $\boldsymbol{b} = (b_1, b_2, \cdots, b_m)^{\mathrm{T}}$.

单纯形表如表 3.1 所示.

检查非基变量 $x_j(m+1 \leqslant j \leqslant n)$对应的检验数 $\sigma_j(m+1 \leqslant j \leqslant n)$.

若 $\sigma_j \leqslant 0(m+1 \leqslant j \leqslant n)$,得到最优解 $\boldsymbol{x}^* = \begin{pmatrix} \boldsymbol{x}_B^* \\ \boldsymbol{x}_N^* \end{pmatrix} = \begin{pmatrix} b' \\ 0 \end{pmatrix}$

表 3.1

C			c_1	c_2		c_m	c_{m+1}		c_n	θ
C_B	x_B	b	x_1	x_2	$\cdots$	x_m	x_{m+1}	$\cdots$	x_n	
c_1	x_1	b_1	1	0		0	a'_{1m+1}	$\cdots$	a'_{1n}	θ_1
c_2	x_2	b_2	0	1		0	a'_{2m+1}	$\cdots$	a'_{2n}	θ_2
$\vdots$	$\vdots$	$\vdots$	$\vdots$	$\vdots$		$\vdots$	$\vdots$		$\vdots$	$\vdots$
c_m	x_m	b_m	0	0		1	a'_{mm+1}	$\cdots$	a'_{mn}	θ_m
z		C_Bb'	0	0	$\cdots$	0	σ_{m+1}	$\cdots$	σ_n	

最优目标值 $z^* = C_B b'$,停止计算,否则转下一步.

若 $\sigma_k = \max\{\sigma_j \mid \sigma_j > 0, m+1 \leqslant j \leqslant n\}$,则 x_k 为入基变量.

根据最小比值法则确定离基变量,即若

$$\theta = \min\left\{\frac{b'_i}{a'_{ik}} \,\middle|\, a'_{ik} > 0, 1 \leqslant i \leqslant m\right\} = \frac{b'_r}{a'_{rk}}$$

则 $x_r(1 \leqslant r \leqslant m)$ 为离基变量.

以 a'_{rk} 为主元作旋转变换,即 x_k 对应的列 p'_k 变换为单位列向量 p''_k,也就是

$$p'_k = \begin{pmatrix} a'_{1k} \\ \vdots \\ a'_{rk} \\ \vdots \\ a'_{mk} \end{pmatrix} \xrightarrow{\text{变为}} \begin{pmatrix} 0 \\ \vdots \\ 1 \\ \vdots \\ 0 \end{pmatrix} = p''_k$$

重复上述过程,直到找出问题的最优解或判别原问题无解.

例 2. 用单纯形表求例 1 的最优解.

$$\max z = 5x_1 + 2x_2 + 3x_3 - x_4 + x_5$$

$$\text{s.t.} \quad \begin{aligned} x_1 + 2x_2 + 2x_3 + x_4 \quad &= 8 \\ 3x_1 + 4x_2 + x_3 \quad + x_5 &= 7 \\ x_j \geqslant 0 \quad j = 1, 2, \cdots, 5. \end{aligned}$$

解 已给问题是标准形,且 $p_4 = \begin{pmatrix} 1 \\ 0 \end{pmatrix}$,$p_5 = \begin{pmatrix} 0 \\ 1 \end{pmatrix}$ 可以构成初始可行基 B,即 $B = (p_4, p_5)$. 基变量 $x_B = \begin{pmatrix} x_4 \\ x_5 \end{pmatrix}$,初始单纯形表如表 3.2 所示.

表 3.2

C			5	2	3	-1	1	θ
C_B	x_B	b	x_1	x_2	x_3	x_4	x_5	
-1	x_4	8	1	2	2^*	1	0	8/2
1	x_5	7	3	4	1	0	1	7/1
z		-1	3	0	4	0	0	

由此得到初始基本可行解 $\boldsymbol{x}^0=(0,0,0,8,7)^{\mathrm{T}}, z^0=-1$. 因为非基变量检验数 $\sigma_1=3, \sigma_3=4$ 均大于零,由最优解判别定理 3.1 知 $\boldsymbol{x}^0$ 不是最优解. 又因为 $\sigma_3=\max\{\sigma_1,\delta_3\}=\max\{3,4\}=4$,取 x_3 为入基变量,$\theta=\min\left\{\frac{b'_i}{a'_{i3}}\middle| a'_{i3}>0,1\leqslant i\leqslant 2\right\}=\min\left\{\frac{8}{2},\frac{7}{1}\right\}=\frac{8}{2}$,于是 x_4 为离基变量,取 $a_{13}=2$ 为主元作旋转变换得新的单纯形表,如表 3.3 所示.

表 3.3

C			5	2	3	-1	1	θ
C_B	x_B	b	x_1	x_2	x_3	x_4	x_5	
3	x_3	4	$\frac{1}{2}$	1	1	$\frac{1}{2}$	0	$4\Big/\frac{1}{2}$
1	x_5	3	$\frac{5}{2}*$	3	0	$-\frac{1}{2}$	1	$3\Big/\frac{5}{2}$
z		15	1	-4	0	-2	0	

从表 3.3 中得基本可行解 $\boldsymbol{x}'=(0,0,4,0,3)^{\mathrm{T}}, z'=15$

非基变量的检验数 $\sigma_1=1>0$ 且 $\boldsymbol{p}'_1=\left(\frac{1}{2},\frac{5}{2}\right)^{\mathrm{T}}$,由最优解判别定理知 $\boldsymbol{x}'$不是最优解. 取 x_1 为入基变量,又因为 $\theta=\min\left\{4\Big/\frac{1}{2},3\Big/\frac{5}{2}\right\}=3\Big/\frac{5}{2}$,所以取 x_5 为离基变量,主元为 $a_{21}^*=\frac{5}{2}$作旋转得单纯形表 3.4.

表 3.4

C			5	2	3	-1	1	θ
C_B	x_B	b	x_1	x_2	x_3	x_4	x_5	
3	x_3	$\frac{17}{5}$	0	$\frac{2}{5}$	1	$\frac{3}{5}$	$-\frac{1}{5}$	
5	x_1	$\frac{6}{5}$	1	$\frac{6}{5}$	0	$-\frac{1}{5}$	$\frac{2}{5}$	$\frac{6}{5}\Big/1$
z		$\frac{81}{5}$	0	$-\frac{26}{5}$	0	$-\frac{9}{5}$	$-\frac{2}{5}$	

表 3.4 中所有非基变量检验数均小于等于零,由最优解判别定理 3.1 知已得最优解 $\boldsymbol{x}^*=\left(\frac{6}{5},0,\frac{17}{5},0,0\right)^{\mathrm{T}}$,相应的最优值 $z^*=\frac{81}{5}$.

§3.2 初始基本可行解的求法

单纯形法的第一步是要寻找一个初始基本可行解. 求初始基本可行解可以任选一个基,求出其相应的基本解,如果这个基本解满足非负条件,则为基本可行解. 事实上在约束方程组的系数矩阵中选取一个基并且使该基对应的基本解为基本可行解并不容易. 通常可用的方法是在约束方程组的系数矩阵中凑成一个 $m\times m$ 阶的单位矩阵,从而得到初始可行基.

设线性规划问题

$$\text{(LP)}\qquad \max z = c_1x_1 + c_2x_2 + \cdots + c_nx_n \tag{3.2.1}$$

$$\text{s.t.}\begin{cases} a_{11}x_1 + a_{12}x_2 + \cdots + a_{1n}x_n = b_1 \\ \quad\vdots \qquad\quad \vdots \qquad\qquad\quad \vdots \qquad\quad \vdots \\ a_{m1}x_1 + a_{m2}x_2 + \cdots + a_{mn}x_n = b_m \end{cases} \tag{3.2.2}$$

$$x_j \geqslant 0 \quad (j=1,2,\cdots,n) \tag{3.2.3}$$

且设约束方程组(3.2.2)的系数矩阵 $\boldsymbol{A}$ 中不明显包含一个 $m\times m$ 阶的单位矩阵, $b_i\geqslant 0(i=1,2,\cdots,m)$.

为了在约束方程组的系数矩阵中凑成一个 $m\times m$ 阶单位方阵,可以在式(3.2.2)的每个约束方程中加入一个人工变量,将约束方程组化为

$$\begin{cases} a_{11}x_1 + a_{12}x_2 + \cdots + a_{1n}x_n + x_{n+1} \qquad\quad = b_1 \\ \quad\vdots \qquad\quad \vdots \qquad\qquad\quad \vdots \qquad\qquad\qquad\qquad \vdots \\ a_{m1}x_1 + a_{m2}x_2 + \cdots + a_{mn}x_n \qquad\quad + x_{n+m} = b_m \end{cases} \tag{3.2.4}$$

$$x_j \geqslant 0 \quad (j=1,2,\cdots,n,n+1,\cdots,n+m) \tag{3.2.5}$$

上式又可以用矩阵表示为

$$Ax + Ix_m = b \tag{3.2.6}$$

$$x \geqslant 0, x_m \geqslant 0 \tag{3.2.7}$$

其中 $\boldsymbol{x}_m = (x_{n+1}, x_{n+2}, \cdots, x_{n+m})^{\mathrm{T}}$ 为人工变量向量，$\boldsymbol{I}$ 为$m \times m$阶单位矩阵.

在约束方程组(3.2.6)中，取单位方阵 $\boldsymbol{I}$ 为初始可行基，于是人工变量为基变量，$x_j = 0(j = 1, 2, \cdots, n)$为非基变量. 令 $x_j = 0(j = 1, 2, \cdots, n)$得到基于初始可行基的初始基本可行解

$$\boldsymbol{x}^0 = (0, 0, \cdots, 0, b_{n+1}, b_{n+2}, \cdots, b_{n+m})^{\mathrm{T}}.$$

但是这样求得的初始基本可行解并非原线性规划问题的基本可行解，因为原问题中没有人工变量，倘若加入人工变量，只有当人工变量全部取零时基本可行解对原问题才有意义. 下面介绍两种方法排除人工变量，这样就可以求出初始可行基和初始基可行解.

3.2.1 大 *M* 法

为了在线性规划式(3.2.1)～式(3.2.3)中求得初始可行基和基本可行解，引入人工变量 $x_{n+i}(i = 1, 2, \cdots, m)$及一个充分大的数 $M > 0$，原线性规划化为

(LP′)
$$\max z' = c_1 x_1 + \cdots + c_n x_n - M(x_{n+1} + \cdots + x_{n+m}) \tag{3.2.8}$$

$$\text{s.t.}\begin{cases} a_{11}x_1 + \cdots + a_{1n}x_n + x_{n+1} = b_1 \\ \vdots \qquad\qquad \vdots \qquad\qquad \vdots \\ a_{m1}x_1 + \cdots + a_{mn}x_n \qquad + x_{n+m} = b_m \end{cases} \tag{3.2.9}$$

$$x_j \geqslant 0 \quad (j = 1, 2, \cdots, n, n+1, \cdots, n+m) \tag{3.2.10}$$

在式(3.2.8)～式(3.2.10)中，约束方程组的系数矩阵中已显含一个由人工变量对应的单位列向量构成的初始可行基，以人工变量为基变量，原决策变量为非基变量，令非基变量为零，便得到初始基可行解，于是可以用单纯形法求解. 迭代后，若在最终单纯形表中基变量不含人工变量，且检验数满足最优解判别定理，此时，便得到原线性规划问题的最优解. 若在最终单纯形表中基变量含人工变量，虽然检验数满足最优解判别定理，但该最优解不是原线性规划问题的最优解，说明原线性规划问题无解.

例 3. 用大 *M* 法求解

$$\min z = x_1 - 2x_2$$

$$\text{s.t.}\begin{cases} x_1 + x_2 \geqslant 2 \\ -x_1 + x_2 \geqslant 1 \\ x_2 \leqslant 3 \\ x_1 \cdot x_2 \geqslant 0. \end{cases}$$

解 把原问题化为标准型

$$\max z' = -x_1 + 2x_2$$

$$\text{s.t.}\begin{cases} x_1 + x_2 - x_3 = 2 \\ -x_1 + x_2 - x_4 = 1 \\ x_2 + x_5 = 3 \\ x_j \geqslant 0, \quad j = 1,2,\cdots,5 \end{cases}$$

考察约束方程组的系数矩阵,仅有松弛变量 x_5 对应的列向量为单位向量,因此添加人工变量 x_6 和 x_7,于是原问题化为如下形式

$$\max z'' = -x_1 + 2x_2 - M(x_6 + x_7)$$

$$\text{s.t.}\begin{cases} x_1 + x_2 - x_3 + x_6 = 2 \\ -x_1 + x_2 - x_4 + x_7 = 1 \\ x_2 + x_5 = 3 \\ x_j \geqslant 0, \quad j = 1,2,\cdots,7 \end{cases}$$

在单纯形表上的计算过程如表 3.5,表 3.6 所示.

表 3.5

	C		-1	2	0	0	0	$-M$	$-M$	θ
C_B	x_B	b	x_1	x_2	x_3	x_4	x_5	x_6	x_7	
$-M$	x_6	2	1	1	-1	0	0	1	0	2/1
$-M$	x_7	1	-1	1^*	0	-1	0	0	1	1/1
0	x_5	3	0	1	0	0	1	0	0	3/1
z		$-3M$	-1	$2+2M$	$-M$	$-M$	0	0	0	
$-M$	x_6	1	2^*	0	-1	1	0	1	-1	1/2
2	x_2	1	-1	1	0	-1	0	0	1	
0	x_5	2	1	0	0	1	1	0	-1	2/1
z		$2-M$	$1+2M$	0	$-M$	$2+M$	0	0	$-2-2M$	
-1	x_1	$\frac{1}{2}$	1	0	$-\frac{1}{2}$	$\frac{1}{2}^*$	0	$\frac{1}{2}$	$-\frac{1}{2}$	$\frac{1}{2}\Big/\frac{1}{2}$
2	x_2	$\frac{3}{2}$	0	1	$-\frac{1}{2}$	$-\frac{1}{2}$	0	$\frac{1}{2}$	$\frac{1}{2}$	
0	x_5	$\frac{3}{2}$	0	0	$\frac{1}{2}$	$\frac{1}{2}$	1	$-\frac{1}{2}$	$-\frac{1}{2}$	$\frac{3}{2}\Big/\frac{1}{2}$
z		$\frac{5}{2}$	0	0	$\frac{1}{2}$	$\frac{3}{2}$	0	$-\frac{1}{2}-M$	$-\frac{3}{2}-M$	

表 3.6

C										θ
C_B	x_B	b	x_1	x_2	x_3	x_4	x_5	x_6	x_7	
0	x_4	1	2	0	−1	1	0	1	−1	
2	x_2	2	1	1	−1	0	0	1	0	
0	x_5	1	−1	0	1^*	0	1	−1	0	
z		4	−3	0	2	0	0	$-2-M$	$-M$	
0	x_4	2	1	0	0	1	1	0	−1	
2	x_2	3	0	1	0	0	1	0	0	
0	x_3	1	−1	0	1	0	1	−1	0	
z		6	−1	0	0	0	−2	$-M$	$-M$	

最后一行表明,所有检验数均为非正,满足最优解判别定理 3.1,已得最优表,同时基变量中不含人工变量,所以基本可行解 $\boldsymbol{x}^*=(0,3,1,2,0)^{\mathrm{T}}$ 为原问题的最优解,且 $\min z=-6$.

注 关于大 M 法的应用说明如下:

(1)在 $b\geqslant 0$ 的条件下,如果约束方程组的系数矩阵 $\boldsymbol{A}$ 中已有 s 个$(0<s<m)$不同的单位列向量(含松弛变量对应的单位列向量),此时只需引进 $m-s$ 个人工变量,使这些人工变量对应的单位列向量和原来的 s 个单位列向量构成初始可行基,这样可以减少计算工作量.

(2)在单纯形法迭代中,某个人工变量一旦离开基,则可以删去这一列,不必再考虑. 如果要通过最终单纯形表查出最优基的逆矩阵,则不能删去这些列,而应继续进行变换.

(3)设原线性规划问题(LP),采用大 M 法构造的线性规划问题为(LP′),两者最优解之间有如下关系:

(i)当(LP′)有最优解,且为$\begin{pmatrix}\boldsymbol{x}^*\\ x_M^*\end{pmatrix}$时,若 $x_M^*=0$,则 $\boldsymbol{x}^*$ 为(LP)的最优解;若 $x_M^*\neq 0$,则(LP)无最优解.

(ii)当(LP′)无界时,若所有人工变量均为零,则(LP)无界;若至少有一个人工变量取正数,则(LP)无可行解.

3.2.2 两阶段法

两阶段法是去掉人工变量寻找原问题的初始基本可行解的另一种方法. 计算过程分为两个阶段,第一阶段是引入人工变量,即$x_{n+i}\geqslant 0\quad(i=1,2,\cdots,m)$,以所

有人工变量之和为目标函数并进行极小化，原问题的约束条件中引入人工变量构成辅助规划问题的约束条件，即

$$\min w = \sum_{i=1}^{m} x_{n+i} \tag{3.2.11}$$

$$\text{s.t.}\begin{cases} a_{11}x_1 + a_{12}x_2 + \cdots + a_{1n}x_n + x_{n+1} & = b_1 \\ a_{21}x_1 + a_{22}x_2 + \cdots + a_{2n}x_n \quad + x_{n+2} & = b_2 \\ \quad\vdots \qquad\quad \vdots \qquad\qquad\quad \vdots & \quad\vdots \\ a_{m1}x_1 + a_{m2}x_2 + \cdots + a_{mn}x_n \qquad + x_{n+m} & = b_m \end{cases} \tag{3.2.12}$$

$$x_j \geqslant 0, j = 1,2,\cdots,n,n+1,\cdots,n+m \tag{3.2.13}$$

在辅助规划问题中，由于人工变量 $x_{n+i} \geqslant 0 \quad (i = 1,2,\cdots,m)$，且目标函数 $w = \sum_{i=1}^{m} x_{n+i}$ 有下界，于是辅助规划问题必有最优解. 又由于人工变量对应的单位列向量构成初始可行基，可以用单纯形法求解辅助规划问题. 辅助规划问题的求解结果与原线性规划问题初始基本可行解存在如下情况：

1. 若 $w^* > 0$，说明至少有一个人工变量无法从基变量中替换出来，原问题无可行解，可以停止计算.

2. 若 $w^* = 0$，说明存在一组基本可行解，使目标函数值等于零. 此时存在以下两种情况：

(1)若辅助规划问题的基可行解中，所有人工变量均为非基变量（取值为0），此时，去掉人工变量得到原问题的初始可行基和初始基可行解.

(2)若辅助规划问题的最优基可行解中含有人工变量且取值为零，该问题为退化问题. 可以采用下述方法减少人工变量.

设辅助规划问题的最优单纯形表如表 3.7 所示.

表 3.7

C			c_1	c_2	$\cdots$	c_s	$\cdots$	c_n	c_{n+1}	$\cdots$	c_{n+m}
$\boldsymbol{C_B}$	$\boldsymbol{x_B}$	$\boldsymbol{b}$	x_1	x_2	$\cdots$	x_s	$\cdots$	x_n	x_{n+1}	$\cdots$	x_{n+m}
c_{B1}	x_{B1}	b'_1	a'_{11}	a'_{12}	$\cdots$	a'_{1s}	$\cdots$	a'_{1n}	a'_{1n+1}	$\cdots$	a'_{1n+m}
$\vdots$	$\vdots$	$\vdots$	$\vdots$	$\vdots$		$\vdots$		$\vdots$	$\vdots$		$\vdots$
c_{Br}	x_{Br}	b'_r	a'_{r1}	a'_{r2}	$\cdots$	a'_{rs}	$\cdots$	a'_{rn}	a'_{rn+1}	$\cdots$	a'_{rn+m}
$\vdots$	$\vdots$	$\vdots$	$\vdots$	$\vdots$		$\vdots$		$\vdots$	$\vdots$		$\vdots$
c_{Bm}	x_{Bm}	b'_m	a'_{m1}	a'_{m2}	$\cdots$	a'_{ms}	$\cdots$	a'_{mn}	a'_{mn+1}	$\cdots$	a'_{mn+m}
$\boldsymbol{w}$		0	σ_1	σ_2	$\cdots$	σ_s	$\cdots$	σ_n	σ_{n+1}	$\cdots$	σ_{n+m}

表 3.7 中 $\boldsymbol{\sigma}=(\sigma_1,\sigma_2,\cdots,\sigma_n,\sigma_{n+1},\cdots,\sigma_{n+m})^{\mathrm{T}}$ 为辅助规划问题(3.2.11)~式(3.2.13)的检验向量，若 $\sigma\geqslant 0$，由最优性判别定理知，已得到辅助规划问题的最优单纯形表。这里 $x_{B1},x_{B2},\cdots,x_{Br},\cdots,x_{Bm}$ 为基变量，不妨设 $x_{Br}(n+1\leqslant Br\leqslant n+m)$ 为人工变量，且取值为零(即 $x_{Br}=b'_r=0$). 检查 x_{Br} 所在行(即第 r 行)的前 n 个元素 $a'_{rj}(j=1,2,\cdots,n)$.

(i)如果 $a'_{rj}(j=1,2,\cdots,n)$ 不全为零，不妨设第一个不为零的非基变量的系数 $a'_{rs}\neq 0(1\leqslant s\leqslant n)$，以 a'_{rs} 为主元作旋转变换，使非基变量 x_s 为基变量(其值为零)，代替人工变量 $\boldsymbol{x}_{Br}$，使辅助规划问题的基变量中减少一个人工变量，而最优目标值不变.

(ii)如果 $a'_{rj}=0(j=1,2,\cdots,n)$，此时约束系数矩阵为

$$\boldsymbol{A}'=\begin{bmatrix} a'_{11} & a'_{12} & \cdots & a'_{1n} \\ a'_{21} & a'_{22} & \cdots & a'_{2n} \\ \vdots & \vdots & & \vdots \\ a'_{m1} & a'_{m2} & \cdots & a'_{mn} \end{bmatrix}$$

其中第 r 行由零元素构成，故 $R(\boldsymbol{A}')<m$，又由于 $\boldsymbol{A}'$ 是由原规划问题的约束系数矩阵 $\boldsymbol{A}$ 经过一系列初等行变换得到的，故有 $R(\boldsymbol{A})<m$. 这就是说第 r 个约束方程是多余的，可以删去.

经过上述处理后可以得原规划问题的初始可行基和初始基可行解，或可以判定原问题无可行解.

第二阶段，修改单纯形表继续迭代原规划问题. 在辅助规划问题的最终单纯形表中去掉人工变量所在列，把第一行的价值系数替换成原规划问题目标函数的系数，把最左边一列基变量对应的价值系数相应地换成原规划问题基变量对应的价值系数，重新计算最后一行各非基变量的检验数. 判断初始基本可行解是否为最优解，若是最优解，则停止计算，否则继续进行迭代，直到找出最优基本可行解或判断原问题无最优解.

例 4. 用两阶段算法求解

$$\max z=-x_1+2x_2$$

$$\text{s. t.}\begin{cases} x_2\leqslant 3 \\ x_1+x_2\geqslant 2 \\ -x_1+x_2\geqslant 1 \\ x_j\geqslant 0,j=1,2,3. \end{cases}$$

解 首先把原问题化为标准型

$$\max z=-x_1+2x_2$$

$$
\text{s.t.}\begin{cases} x_2 \qquad\qquad + x_5 = 3 \\ x_1 + x_2 - x_3 \qquad = 2 \\ -x_1 + x_2 \quad - x_4 = 1 \\ x_j \geqslant 0, j = 1, 2, \cdots, 5 \end{cases}
$$

其中：x_3, x_4 为剩余变量，x_5 为松弛变量. 引入人工变量 x_6, x_7，建立辅助线性规划

$$
\min w = x_6 + x_7
$$

$$
\text{s.t.}\begin{cases} x_2 \qquad + x_5 \qquad = 3 \\ x_1 + x_2 - x_3 \qquad + x_6 = 2 \\ -x_1 + x_2 \quad - x_4 \quad + x_7 = 1 \\ x_j \geqslant 0, j = 1, 2, \cdots, 5 \end{cases}
$$

用单纯形法求解辅助线性规划问题. 如表 3.8 所示.

表 3.8

C			0	0	0	0	0	1	1	θ
C_B	x_B	b	x_1	x_2	x_3	x_4	x_5	x_6	x_7	
0	x_5	3	0	1	0	0	1	0	0	3/1
1	x_6	2	1	1	−1	0	0	1	0	2/1
1	x_7	1	−1	1^*	0	−1	0	0	1	1/1
w		3	0	−2	1	1	0	0	0	
0	x_5	2	1	0	0	1	1	0	−1	2/1
1	x_6	1	2^*	0	−1	1	0	1	−1	1/2
0	x_2	1	−1	1	0	−1	0	0	1	
w		1	−2	0	1	−1	0	0	1	
0	x_5	$\frac{3}{2}$	0	0	$\frac{1}{2}$	$\frac{1}{2}$	1	$-\frac{1}{2}$	$-\frac{1}{2}$	
0	x_1	$\frac{1}{2}$	1	0	$-\frac{1}{2}$	$\frac{1}{2}$	0	$\frac{1}{2}$	$-\frac{1}{2}$	
0	x_2	$\frac{3}{2}$	0	1	$-\frac{1}{2}$	$-\frac{1}{2}$	0	$\frac{1}{2}$	$\frac{1}{2}$	
w		0	0	0	0	0	0	1	1	

单纯形表 3.8 中最后一栏，所有检验均大于等于零，由极小化问题的最优性判别定理知已得辅助规划问题的最优解，又因为基变量中不含人工变量，辅助规划问题的目标函数值为零，于是得到原规划问题的初始基可行解

$$x = \left(\frac{1}{2},\frac{3}{2},0,0,\frac{3}{2}\right)^{T}$$

修改后的单纯形表为表 3.9,进行第二阶段迭代.

表 3.9

C			-1	2	0	0	0	θ
C_B	x_B	b	x_1	x_2	x_3	x_4	x_5	
0	x_5	$\frac{3}{2}$	0	0	$\frac{1}{2}$	$\frac{1}{2}$	1	$\frac{3}{2}\Big/\frac{1}{2}=3$
-1	x_1	$\frac{1}{2}$	1	0	$-\frac{1}{2}$	$\frac{1}{2}^{*}$	0	$\frac{1}{2}\Big/\frac{1}{2}=1$
2	x_2	$\frac{3}{2}$	0	1	$-\frac{1}{2}$	$-\frac{1}{2}$	0	
z		$\frac{5}{2}$	0	0	$\frac{1}{2}$	$\frac{3}{2}$	0	
0	x_5	1	-1	0	1^{*}	0	1	
0	x_4	1	2	0	-1	1	0	
2	x_2	2	1	1	-1	0	0	
z		4	-3	0	2	0	0	
0	x_3	1	-1	0	1	0	1	
0	x_4	2	1	0	0	1	1	
2	x_2	3	0	1	0	0	1	
z		6	-1	0	0	0	-2	

单纯形表最后一行所有检验数已小于等于零,由极大化问题的最优解判别定理 3.1 知,已得到原线性规划问题的最优解

$$x^{*} = (0,3,1,2,0)^{T}$$

最优值 $z^{*}=6$,迭代过程的几何表述为:

第一阶段,以原问题的不可行点(0,0)为初始点,经过不可行点 $A(0,1)$,最后到达可行域极点 $B\left(\frac{1}{2},\frac{3}{2}\right)$.

第二阶段,以可行域极点 $B\left(\frac{1}{2},\frac{3}{2}\right)$ 为初始点,经过顶点 $C(0,2)$ 最后到达最优点 $D(0,3)$,其几何图形如图 3.1 所示.

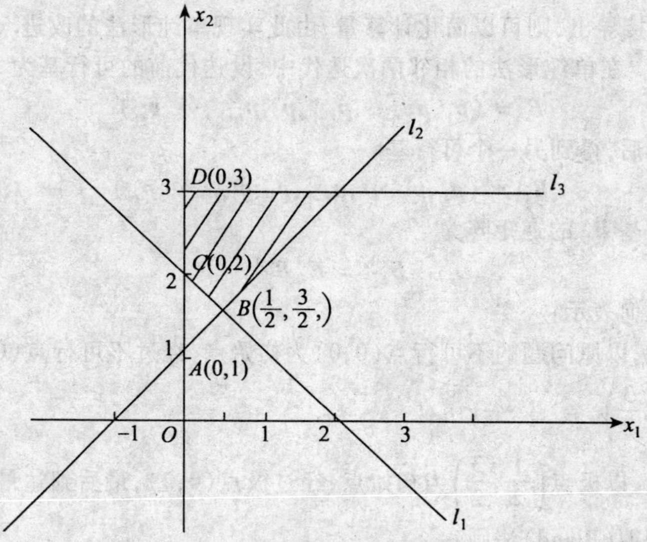

图 3.1

§3.3　改进单纯形法

在单纯形表格算法中,每一次迭代都要把整个单纯形表计算一遍,为减少许多过程节省计算时间,人们提出了改进单纯形法.

3.3.1　改进单纯形法的基本原理

在单纯形法的迭代过程中有两个关键步骤,即选择入基变量与确定离基变量,为了实现这两步必须进行下列计算:

1. 求检验数,确定入基变量

计算　$\sigma_j = c_j - \boldsymbol{C}_B\boldsymbol{B}^{-1}p_j \quad (j=1,2,\cdots,n)$.

若　$\sigma_k = \max\{\sigma_j \mid \sigma_j > 0, (1 \leqslant j \leqslant n)\}$,则取对应的非基变量 $\boldsymbol{x}_k$ 为入基变量.

2. 求最小比值 θ 确定离基变量

计算　$\boldsymbol{p}'_k = \boldsymbol{B}^{-1}\boldsymbol{p}_k = (a'_{1k}, a'_{2k}, \cdots, a'_{mk})^{\mathrm{T}}$ 和新的基可行解的基变量

$$\boldsymbol{x}_B = \boldsymbol{B}^{-1}\boldsymbol{b} = (b'_1, b'_2, \cdots, b'_m)^{\mathrm{T}}$$

若　$\theta = \min\left\{\frac{b'_1}{a'_{ik}} \middle| a'_{ik} > 0, 1 \leqslant i \leqslant m\right\} = \frac{b'_r}{a'_{rk}}$,则取相应的变量 $\boldsymbol{x}_r$ 为离基变量.

在完成上述两步后,已确定主元为 a'_{rk},作旋转变换就可以得到新的可行基 $\boldsymbol{B}_1$.

从上述计算过程可知,其中第一步计算均依赖基 $\boldsymbol{B}$ 的逆矩阵 $\boldsymbol{B}^{-1}$,于是在单纯形法迭代过程中每一次迭代均要计算 $\boldsymbol{B}^{-1}$. 如果每次迭代都必须从原始数据导出

B^{-1},其计算量较大.假若在相邻两次迭代中,新基 B_1^{-1} 能从前一次的可行基 B 的逆矩阵 B^{-1} 直接导出,则可以简化计算量,由此实现单纯形法的改进.

定理 3.5 在单纯形法的相邻两次迭代中,设迭代前的可行基为

$$B = (p_1, p_2, \cdots, p_{r-1}, p_r, p_{r+1}, \cdots, p_m) \tag{3.2.14}$$

经过换基运算后,得到另一个可行基

$$B_1 = (p_1, p_2, \cdots, p_{r-1}, p_k, p_{r+1}, \cdots, p_m) \tag{3.2.15}$$

则迭代后所得基 B_1 的逆矩阵为

$$B_1^{-1} = E_{rk} B^{-1} \tag{3.2.16}$$

迭代过程的几何表示:

第一阶段,以原问题的不可行点(0,0)为初始点,经过不可行点(0,1),最后到达可行点$\left(\frac{1}{2},\frac{3}{2}\right)$.

第二阶段,以极点$\left(\frac{1}{2},\frac{3}{2}\right)$为初始点,经过极点(0,2),最后到达最优点(0,3).

注 勃兰德(Bland)法则:

在设计前述算法时,为防止循环,勃兰德提出:对于极大化问题在每一步迭代时,按下列两条法则确定入基变量和离基变量.

(1)选取 $\sigma_j > 0 (1 \leqslant j \leqslant n)$ 中最小下标的检验数 σ_k 所对应的非基变量 x_k 为入基变量.即若 $K = \min\limits_j \{ j \mid \sigma_j > 0, 1 \leqslant j \leqslant n \}$,则取 x_k 为入基变量.

(2)若 $L = \min\limits_r \left\{ r \,\middle|\, \frac{b'_r}{a'_{rk}} = \min\limits_i \left\{ \frac{b'_i}{a'_{ik}} \,\middle|\, a'_{ik} > 0, 1 \leqslant i \leqslant m \right\} \right\}$,则取 x_l 为离基变量.

其中

$$E_{rk} = \begin{pmatrix} 1 & -a'_{1k}/a'_{rk} & 0 \\ \ddots & \vdots & \\ & 1/a'_{rk} & \\ & \vdots & \ddots \\ 0 & -a'_{mk}/a'_{rk} & 1 \end{pmatrix} \tag{3.2.17}$$

称为初等变换矩阵.

$$B^{-1} p_k = (a'_{1k}, a'_{2k}, \cdots, a'_{mk})^{\mathrm{T}}. \tag{3.2.18}$$

证 由式(3.2.14),两边同乘 B^{-1},得

$$\begin{aligned} B^{-1}B &= (B^{-1}p_1, B^{-1}p_2, \cdots, B^{-1}p_{r-1}, B^{-1}p_r, B^{-1}p_{r+1}, \cdots, B^{-1}p_m) \\ &= I(\text{单位矩阵}) \end{aligned}$$

于是

$$B^{-1}p_1 = \begin{bmatrix} 1 \\ 0 \\ \vdots \\ 0 \end{bmatrix}, \cdots, B^{-1}p_r = \begin{bmatrix} 0 \\ \vdots \\ 0 \\ 1 \\ 0 \\ \vdots \\ 0 \end{bmatrix}, \cdots, B^{-1}p_m = \begin{bmatrix} 0 \\ 0 \\ \vdots \\ 1 \end{bmatrix}$$

又因为 $$B^{-1}p_k=(a'_{1k},a'_{2k},\cdots,a'_{mk})^{\mathrm{T}}\quad(m+1\leqslant k\leqslant n)$$

式(3.2.15)两边同乘 B^{-1},得

$$B^{-1}B_1=(B^{-1}p_1,B^{-1}p_2,\cdots,B^{-1}p_{r-1},B^{-1}p_k,B^{-1}p_{r+1},\cdots,B^{-1}p_m)$$

$$=\begin{bmatrix}1&0&\cdots&a'_{1k}&\cdots&0\\0&1&\cdots&a'_{2k}&\cdots&0\\\vdots&\vdots&&\vdots&&\vdots\\0&0&\cdots&a'_{mk}&\cdots&1\end{bmatrix}$$

由矩阵理论知,上式两边取矩阵的逆结合式(3.2.16)得

$$(B^{-1}B_1)^{-1}=B_1^{-1}B=E_{rk}\tag{3.2.19}$$

式(3.2.19)两边同乘 B^{-1},得 $B_1^{-1}=E_{rk}B^{-1}$,证毕.

由定理 3.5 的证明可知,若已知 B^{-1},可以由式(3.2.18)写出 $B^{-1}p_k=(a'_{1k},a'_{2k},\cdots,a'_{mk})^{\mathrm{T}}$,再由式(3.2.17)写出 E_{rk},最后由式(3.2.16)计算得到 B_1^{-1}. 这就实现了由前一次迭代的可行基的逆矩阵直接导出当前迭代的可行基的逆矩阵算法,减少了计算工作量,提高了算法的效率.

3.3.2　改进单纯形法的步骤

Step1. 把给定的线性规划问题化为标准型,写出价值向量 $C=(c_1,c_2,\cdots,c_n)$,约束方程组系数矩阵 $A=\begin{pmatrix}a_{11}&a_{12}&\cdots&a_{1n}\\\vdots&\vdots&&\vdots\\a_{m1}&a_{m2}&\cdots&a_{mn}\end{pmatrix}$和向量 $b=\begin{bmatrix}b_1\\\vdots\\b_m\end{bmatrix}$,确定初始可行基 B 及 B^{-1},得到初始基本可行解

$$x=(x_B,x_N)^{\mathrm{T}}=(B^{-1}b,0)^{\mathrm{T}}.$$

Step2. 计算单纯形乘子 $\pi=C_BB^{-1}$,目标函数值

$$z=C_BB^{-1}\mathbf{b}=\pi b.$$

Step3. 计算非基变量的检验向量 $\sigma_N=C_N-C_BB^{-1}N=C_N-\pi N$,若 $\sigma_N\leqslant 0$,则当前的基本可行解为最优解,停止计算,否则转入下一步.

Step4. 根据 $\max\left\{\sigma_j\mid\sigma_j>0,m+1\leqslant j\leqslant n\right\}=\sigma_k$,确定非基变量 x_k 为入基变量,计算 $p'_k=B^{-1}p_k=(a'_{1k},a'_{2k},\cdots,a'_{mk})^{\mathrm{T}}$,若$B^{-1}p_k\leqslant 0$,则原规划无有限最优解,停止计算,否则转入下一步.

Step5. 根据 $\theta=\min\left\{\dfrac{b'_i}{a'_{ik}}\,\middle|\,a'_{ik}>0,1\leqslant i\leqslant m\right\}=\dfrac{b'_r}{a'_{rk}}$,确定基变量为离基变量 x_r.

Step6. 用 p_k 取代 p_r 得到新的可行基 B_1,计算 $B_1^{-1}=E_{rk}B^{-1}$,得到新的基本可行解 $x=(x_{B_1},x_{N_1})^{\mathrm{T}}=(B_1^{-1}b',0)^{\mathrm{T}}$. 重复上述过程,直到找到最优解或判定无最

优解.

例 5. 用改进单纯形法求解

$$\max z=3x_1+2x_2$$
$$\text{s.t.}\quad \begin{aligned} x_1+x_2&\leqslant 40\\ 2x_1+x_2&\leqslant 60\\ x_1,x_2&\geqslant 0.\end{aligned}$$

解　Step1. 引入松弛变量 x_3,x_4,把问题化为标准型

$$\max z=3x_1+2x_2$$
$$\text{s.t.}\quad \begin{aligned} x_1+x_2+x_3\quad &=40\\ 2x_1+x_2\quad +x_4&=60\\ x_1,x_2,x_3,x_4&\geqslant 0.\end{aligned}$$

价值向量 $\boldsymbol{C}=(c_1,c_2)=(3,2)$,约束方程组系数矩阵 $\boldsymbol{A}=\begin{pmatrix}1&1&1&0\\2&1&0&1\end{pmatrix}$,$\boldsymbol{b}=\begin{pmatrix}40\\60\end{pmatrix}$. 取初始可行基 $\boldsymbol{B}_0=(\boldsymbol{p}_3,\boldsymbol{p}_4)=\begin{pmatrix}1&0\\0&1\end{pmatrix}$,于是 $\boldsymbol{B}_0^{-1}=\begin{pmatrix}1&0\\0&1\end{pmatrix}$,$\boldsymbol{x}_B=\boldsymbol{B}_0^{-1}\boldsymbol{b}=\begin{pmatrix}1&0\\0&1\end{pmatrix}\begin{pmatrix}40\\60\end{pmatrix}=\begin{pmatrix}40\\60\end{pmatrix}$,$\boldsymbol{x}_N=\begin{pmatrix}0\\0\end{pmatrix}$,故

$$\boldsymbol{x}=(\boldsymbol{x}_B,\boldsymbol{x}_N)^{\mathrm{T}}=(40,60,0,0)^{\mathrm{T}}.$$

Step2. 计算单纯形乘子

$$\pi=\boldsymbol{C}_B\boldsymbol{B}_0^{-1}=(c_3,c_4)\boldsymbol{B}_0^{-1}=(0,0)\begin{pmatrix}1&0\\0&1\end{pmatrix}=(0,0)$$

计算目标函数值
$$z_0=\pi\boldsymbol{b}=(0,0)\begin{pmatrix}40\\60\end{pmatrix}=0$$

Step3. 计算非基变量检验向量

$$\boldsymbol{\sigma}_N=\boldsymbol{C}_N-\pi_N=(c_1,c_2)-\pi(\boldsymbol{p}_1,\boldsymbol{p}_2)=(3,2)-(0,0)\begin{pmatrix}1&1\\2&1\end{pmatrix}=(3,2)$$

即
$$\sigma_1=3,\sigma_2=2$$

Step4. 确定入基变量

由于 $\max(\sigma_1,\sigma_2)=\max(3,2)=3=\sigma_1$,取 x_1 为入基变量,又

$$\boldsymbol{p}'_1=\boldsymbol{B}_0^{-1}\boldsymbol{p}_1=\begin{pmatrix}a'_{11}\\a'_{21}\end{pmatrix}=\begin{pmatrix}1&0\\0&1\end{pmatrix}\begin{pmatrix}1\\2\end{pmatrix}=\begin{pmatrix}1\\2\end{pmatrix}>0.$$

Step5. 确定离基变量,由

$$\begin{aligned}\theta&=\min\left\{\frac{b'_i}{a'_{i1}}\,\middle|\,a'_{i1}>0,i=1,2\right\}=\min\left\{\frac{b'_1}{a'_{11}},\frac{b'_2}{a'_{21}}\right\}\\&=\min\left\{\frac{40}{1},\frac{60}{2}\right\}=\frac{60}{2}=30\end{aligned}$$

故选 x_4 为离基变量. 于是确定主元为 $a'_{21}=2$.

Step6. 用 $\boldsymbol{p}_1$ 替代 $\boldsymbol{B}_0$ 中的 $\boldsymbol{p}_4$，得到新的可行基 $\boldsymbol{B}_1=(\boldsymbol{p}_3,\boldsymbol{p}_1)=\begin{pmatrix}1&1\\0&2\end{pmatrix}$，此时 $\boldsymbol{x}_3,\boldsymbol{x}_1$ 为基变量，$\boldsymbol{x}_2,\boldsymbol{x}_4$ 为非基变量. 计算

$$\boldsymbol{E}_{41}=(\boldsymbol{B}_0^{-1}\boldsymbol{B}_1)^{-1}=\begin{pmatrix}1&-\dfrac{1}{2}\\0&\dfrac{1}{2}\end{pmatrix},$$

$$\boldsymbol{B}_1^{-1}=\boldsymbol{E}_{41}\boldsymbol{B}_0^{-1}=\begin{pmatrix}1&-\dfrac{1}{2}\\0&\dfrac{1}{2}\end{pmatrix}\begin{pmatrix}1&0\\0&1\end{pmatrix}=\begin{pmatrix}1&-\dfrac{1}{2}\\0&\dfrac{1}{2}\end{pmatrix}.$$

再重复两次上述过程，得问题的最优解 $\boldsymbol{x}^*=(20,20,0,0)^{\mathrm{T}}$，相应的最优目标值 $z^*=100$.

3.3.3 关于单纯形法的几点注记

1. 关于线性规划的最优解问题

(1)惟一最优解

一个非退化的基可行解为线性规划问题的惟一最优解的充分必要条件是这个解所对应的非基变量的检验数均小于零，即 $\sigma_N<0$.

(2)无穷多个最优解

一个线性规划问题的最优基对应的单纯形表中，如果非基变量对应的检验数中有零，则该问题有无穷多个最优解. 因为最优形表中有非基变量的检验数为零，不妨设 x 非基变量 x_k 对应的检验数 $\sigma_k=0$，只要令 x_k 入基，由 $z=z^0+\sum\limits_{j=m+1}^{n}\sigma_j x_j$ 知不会改变当前目标函数值，于是再一次迭代得到一个新的最优解 x_2^*，又设原最优解为 x_1^*，这就找到了两个最优解，由第二章的定义 2.7 知它们的凸组合

$$x^*=\lambda x_1^*+(1-\lambda)x_2^*,\quad \lambda\in[0,1]$$

也是该问题的最优解. 由 λ 的任意性，故有无穷多个最优解.

(3)无有限最优解

迭代中，在单纯形表的所有 $\sigma_j>0$ 的非基变量检验数中，若有某个 $\sigma_k>0$ 对应 x_k 的系数列向量 $\boldsymbol{p}'_k\leqslant 0$(即 $a'_{ik}\leqslant 0,i=1,2,\cdots,m$)，则该问题无界，也就无有限最优解.

2. 退化与循环

定义 3.1 设 B 是(LP)的一个基本可行基，

$$\boldsymbol{x}_B=(x_1,x_2,\cdots,x_m)^{\mathrm{T}}$$

是该基本可行解的基向量，如果其中至少有一个分量 $x_r=0(1\leqslant r\leqslant m)$，则称该基

本可行解是退化的.

退化对于单纯形法的迭代过程有不利影响,当迭代进入一个退化的极点时可能出现以下情况.

(1)进行入基和离基变换后,虽然改变了基,但没有改进极点,当然目标函数值也不会得到改进.有时需进行多次换基后才能脱离退化点,进入其他极点.这样迭代次数增加,收敛速度减慢.

(2)在某些情况下可能出现基的循环.一旦出现这种情况,迭代将停留在同一极点上,因而不能得到最优基可行解. Beale 曾给出以下示例.

例 6. $\min z = -\frac{3}{4}x_1 + 20x_2 - \frac{1}{2}x_3 + 6x_4$

$$
\text{s.t.}\quad
\begin{aligned}
&\frac{1}{4}x_1 - 8x_2 - x_3 + 9x_4 + x_5 = 0\\
&\frac{1}{2}x_1 - 12x_2 - \frac{1}{2}x_3 + 3x_4 + x_6 = 0\\
&x_3 + x_7 = 1\\
&x_j \geqslant 0,\quad j = 1, 2, \cdots, 7
\end{aligned}
$$

从初始可行基 $\boldsymbol{B}_1 = (\boldsymbol{p}_5, \boldsymbol{p}_6, \boldsymbol{p}_7)$ 开始,经过六次迭代又回到初始可行基 $\boldsymbol{B}_1$(迭代过程见表 3.10),在这六次迭代过程中目标函数值始终为零,没有任何改进.这种因退化而导致基的循环,相应极点没有改变的现象称为基的循环.此时,运用单纯形法求解无法获得最优解.

在现实问题中,尽管退化现象经常出现,但循环现象只是极个别的.尽管如此,人们为避免循环提出了一些方法,如 1952 年 Charnes 提出的"摄动法",1954 年 Dantzig, Orden 和 Wolfe 提出的"字典序法"等.但这些方法使计算工作量大大增加,计算机程序也变得很复杂.

1976 年勃兰德提出一个避免循环的新方法,通常称为勃兰德法则.在单纯形法的迭代中对于选择入基变量和离基变量规定如下:

(1)在选择入基变量时,对于所有检验数 $\sigma_j > 0$(j 为非基变量下标),对应的非基变量 x_j 中选取下标最小者入基.

(2)$\theta = \min\left\{\frac{b'_i}{a'_{ik}} \,\middle|\, a'_{ik} > 0, 1 \leqslant i \leqslant m\right\}$,若有多个基变量使 $\frac{b'_i}{a'_{ik}} = \theta$ $(a'_{ik} > 0)$,选取对应基变量中下标最小者为离基变量.

定理 3.6 用单纯形法求解线性规划问题时,按勃兰德法则确定入基变量和离基变量,不会出现基本解的循环.

(证明参见文献[2]).

勃兰德法则从理论上证明了在单纯形法迭代中使用上述两条规则能避免产生循环迭代.根据例 6 列单纯形表,如表 3.10 所示.

表 3.10

C		$-\frac{3}{4}$	20	$-\frac{1}{2}$	6	0	0	0
x_B	b	x_1	x_2	x_3	x_4	x_5	x_6	x_7
x_5	0	$\frac{1}{4}^*$	-8	-1	0	1	0	0
x_B	b	x_1	x_2	x_3	x_4	x_5	x_6	x_7
x_6	0	$\frac{1}{2}$	-12	$-\frac{1}{2}$	3	0	1	0
x_7	1	0	0	0	0	0	0	1
z	0	$-\frac{3}{4}$	20	$-\frac{1}{2}$	6	0	0	0
x_1	0	1	-32	-4	36	4	0	0
x_6	0	0	4^*	$\frac{3}{2}$	-15	-2	1	0
x_7	1	0	0	1	0	0	0	1
z	0	0	-4	$-\frac{7}{2}$	33	3	0	0
x_1	0	1	0	8^*	-84	-12	8	0
x_2	0	0	1	$\frac{3}{8}$	$-\frac{15}{4}$	$-\frac{1}{2}$	$\frac{1}{4}$	0
x_7	1	0	0	1	0	0	0	1
z	0	0	0	-2	18	1	1	0
x_3	0	$\frac{1}{8}$	0	1	$-\frac{21}{2}$	$-\frac{3}{2}$	1	0
x_2	0	$-\frac{3}{64}$	1	0	$\frac{3}{16}^*$	$\frac{1}{16}$	$-\frac{1}{8}$	0
x_7	1	$-\frac{1}{8}$	0	0	$\frac{21}{2}$	$\frac{3}{2}$	-1	1
z	0	$\frac{1}{4}$	0	0	-3	-2	3	0
x_3	0	$-\frac{5}{2}$	56	1	0	2^*	-6	0
x_4	0	$-\frac{1}{4}$	$\frac{16}{3}$	0	1	$\frac{1}{3}$	$-\frac{2}{3}$	0
x_B	b	x_1	x_2	x_3	x_4	x_5	x_6	x_7
x_7	1	$\frac{5}{2}$	-56	0	0	-2	6	1

续表

C		$-\frac{3}{4}$	20	$-\frac{1}{2}$	6	0	0	0
z	0	$-\frac{1}{2}$	16	0	0	-1	1	0
x_5	0	$-\frac{5}{4}$	28	$\frac{1}{2}$	0	1	-3	0
x_4	0	$\frac{1}{6}$	-4	$-\frac{1}{6}$	1	0	$\frac{1}{3}^*$	0
x_7	1	0	0	1	0	0	0	1
z	0	$-\frac{7}{4}$	44	$\frac{1}{2}$	0	0	-2	0
x_5	0	$\frac{1}{4}$	-8	-1	9	1	0	0
x_6	0	$\frac{1}{2}$	-12	$-\frac{1}{2}$	3	0	1	0
x_7	1	0	0	1	0	0	0	1
z	0	$-\frac{3}{4}$	20	$-\frac{1}{2}$	6	0	0	0

3. 关于入基和离基变量的选取确定

在非退化情况下,采用最大增加原则选取入基变量,即若

$$\max\{\sigma_j \mid \sigma_j > 0, m+1 \leqslant j \leqslant n\} = \sigma_k,$$

则选取对应的非基变量 x_k 为入基变量.

离基变量通常按最小比值原则确定,即若

$$\theta = \min\left\{\frac{b'_i}{a'_{ik}} \middle| a'_{ik} > 0, 1 \leqslant i \leqslant m\right\} = \frac{b'_r}{a'_{rk}},$$

则对应的基变量 x_r 为离基变量.

在退化情况下可以采用勃兰德法则确定入基变量和离基变量.

4. 关于最优解的判别

对于极小化问题

$$\min z = z^0 + \sum_{j=m+1}^{n} \sigma_j x_j$$

$$\text{s.t.}\quad x_i + \sum a'_{ij} x_j = b'_i \quad (i = 1,2,\cdots,m);$$

$$x_j \geqslant 0 \quad (j = 1,2,\cdots,n).$$

按下列法则进行判别:

(1)最优解判别:若所有 $\sigma_j \geqslant 0 (j=1,2,\cdots,n)$,则已获得最优基可行解.

(2)若有某个 $\sigma_k<0(m+1\leqslant k\leqslant n)$,且 $a'_{ik}\leqslant 0\ (i=1,2,\cdots,m)$,则该问题无有限最优解.

(3)当上述(1),(2)两条不满足,且 $b'_i>0(i=1,2,\cdots,m)$时,当前的基可行解不是最优解,继续迭代.

5. 关于线性规划问题的最优基及其逆矩阵

设约束方程组的系数矩阵为:$\boldsymbol{A}=(\boldsymbol{B}\ \vdots\ \boldsymbol{I}\ \vdots\ \boldsymbol{D})$,其中 $\boldsymbol{B}$ 为最优基,$\boldsymbol{I}$ 为初始可行基,$\boldsymbol{D}$ 为其余非基向量构成的 $m\times(n-2m)$ 阶矩阵,经过迭代后,在最终单纯形表中,最优基构成的方阵已是单位矩阵,于是有如下运算结果

$$\boldsymbol{B}^{-1}\boldsymbol{A}=(\boldsymbol{B}^{-1}\boldsymbol{B}\ \vdots\ \boldsymbol{B}^{-1}\boldsymbol{I}\ \vdots\ \boldsymbol{B}^{-1}\boldsymbol{D})=(\boldsymbol{I}\ \vdots\ \boldsymbol{B}^{-1}\ \vdots\ \boldsymbol{B}^{-1}\boldsymbol{D})$$

由上式可知,在最终单纯形表中,最优基 $\boldsymbol{B}$ 的逆矩阵在初始单纯形表中初始可行基 $\boldsymbol{I}$ 相对应的位置. 如例 2 中,在 $\boldsymbol{I}=(\boldsymbol{p}_4,\boldsymbol{p}_5)$ 位置可以查到最优基的逆矩阵为

$$\boldsymbol{B}^{-1}=\begin{pmatrix}\frac{3}{5} & -\frac{1}{5}\\ -\frac{1}{5} & \frac{2}{5}\end{pmatrix}$$

相应的最优基为 $$\boldsymbol{B}=(\boldsymbol{p}_3,\boldsymbol{p}_2)=\begin{pmatrix}2 & 2\\ 1 & 4\end{pmatrix}$$

事实上,在迭代过程中的各单纯形表中,均可以在相应位置查找相应可行基的逆矩阵.

§3.4　Karmarkar 算法

1984 年,印度数学家 N. Karmarkar 针对线性规划问题提出了一种新的多项式时间算法,在实际计算效率方面,Karmarkar 算法显示出可与单纯形法竞争的巨大潜力,Karmarkar 算法的提出是线性规划理论研究的突破,而且对于处理非线性优化问题也显示出强大的生命力和广阔的应用前景.

单纯形法是通过检查可行域边界上的极点的方法来求解(LP)问题,而 Karmarkar 算法则是建立在单纯形结构之上的,该算法从初始内点出发,沿着最速下降方向,通过可行域内部直接达到最优解. 因此,Karmarkar 算法也被称为内点法. 由于是在可行域内部寻优,故对于大规模线性规划问题,当约束条件和变量数目增加时,内点算法的迭代次数变化较少,收敛性和计算速度均优于单纯形法.

3.4.1　Karmarkar 算法标准型

考虑标准型问题(SP)

$$\begin{aligned}&\min\ \boldsymbol{cx}\\ &\text{s. t.}\quad \boldsymbol{Ax}=0\\ &\qquad\quad \boldsymbol{ex}=1\\ &\qquad\quad \boldsymbol{x}\geqslant 0\end{aligned}\tag{3.4.1}$$

其中 $x \in \mathbf{R}^n, A \in \mathbf{R}^{m\times n}$，$c$ 为 n 维常向量，$e = (1,1,\cdots,1)$. 记 $\Omega = \{x \in \mathbf{R}^n \mid Ax = 0\}$，$\Delta = \{x \in \mathbf{R}^n \mid ex = 1, x \geqslant 0\}$. 这里，集合 Ω 是空间 $\mathbf{R}^n$ 的子空间，Δ 是单纯形的 $n-1$ 维特殊形式的集合，问题(SP)的可行域可以表示为 $S = \{x \in \mathbf{R}^n \mid x \in \Delta \cap \Omega\}$. 特别地，满足 $x > 0$ 的可行解($x \in \Delta \cap \Omega$)称为问题(SP)的可行内点.

进一步，假定问题还满足以下条件：

H1：目标函数的最小值等于零，即 $\min\limits_{x \in S} cx = 0$；

H2：问题(SP)是可行的，单纯形 Δ 的重心 $x^0 = \left(\frac{1}{n}, \frac{1}{n}, \cdots, \frac{1}{n}\right)^{\mathrm{T}} = \frac{e}{n}^{\mathrm{T}}$ 是问题(SP)的可行解，即 $Ax^0 = 0$.

3.4.2 Karmarkar 算法的基本思想

为了快速迭代求解问题(SP)，计算点列 $\{x^k\}$ 须满足

$$0 \leqslant cx^k \leqslant (\sigma)^k cx^0, \quad (k = 1,2,\cdots) \tag{3.4.2}$$

其中 $1 > \sigma > 0$，所以在 Karmarkar 算法中，首先定义势函数

$$f(x) = f(x,c) = \sum_{j=1}^{n} \ln\left(\frac{cx}{x_j}\right) = \sum_{j=1}^{n} (\ln cx - \ln x_j) \tag{3.4.3}$$

并且这里不是把 cx 作为目标函数，而是考虑函数 $f(x)$，通过生成使该函数单调下降的序列. 并最终收敛于问题(SP) 的最优解. 注意到，由于加了项 $-\sum\limits_{j=1}^{n} \ln x_j$，则保证了迭代点 x^k 始终为可行内点.

设当前迭代点为 $x^k \in S, x^k > 0$，作如下投影变换 T

$$T: x \in \Delta \to y = \frac{D^{-1}x}{eD^{-1}x} \in \Delta \tag{3.4.4}$$

即
$$y_i = T(x_i) = \frac{x_i / x_i^k}{\sum\limits_{j=1}^{n} (x_j / x_j^k)}, \quad (i = 1,2,\cdots,n) \tag{3.4.5}$$

其中
$$D = \begin{pmatrix} x_1^k & 0 & \cdots & 0 \\ 0 & x_2^k & \cdots & 0 \\ \vdots & \vdots & \ddots & \vdots \\ 0 & 0 & \cdots & x_n^k \end{pmatrix} = \mathrm{diag}(x_1^k, x_2^k, \cdots, x_n^k),$$

$$e = (1,1,\cdots,1).$$

那么由初等变换的基本知识易知变换 T 的逆变换为

$$T^{-1}: y \in \Delta \to x = \frac{Dy}{eDy} \tag{3.4.6}$$

则 T 为单纯形 Δ 上的1—1 映射，并且通过映射 T，单纯形 Δ 的各顶点映射到同样的顶点，边界面映射到同样的边界面，如图 3.2 所示.

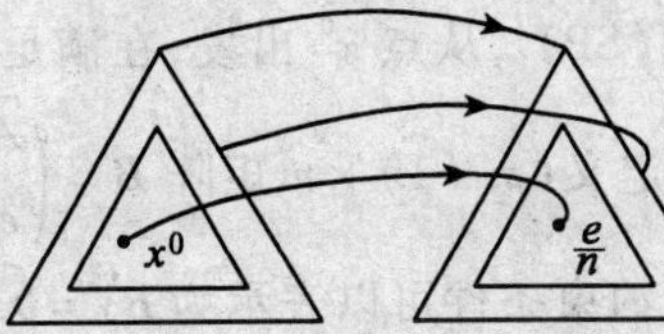

图 3.2

进一步,利用投影变换 T 和式(3.4.6),问题(SP)的目标函数变为:$cx = \frac{cDy}{eDy}$,约束条件 $Ax = \frac{ADy}{eDy} = 0$,并且注意到 T 把单纯形映射为自身,对 $y \in S$,则成立 $eDy > 0$. 所以问题(SP)等价于下面的问题

(SP)′　　　　　$\min \bar{C}y$

$$\text{s.t.} \begin{cases} \bar{A}y = 0 \\ ey = 1 \\ y \geqslant 0 \end{cases} \tag{3.4.7}$$

其中 $\bar{c} = cD$, $\bar{A} = AD$, $y \in S$. 易知问题(SP)′同样满足假设 H1 和 H2,类似地,其势函数可以定义为

$$f(y) = f(y, \bar{c}) = \sum_{j=1}^{n} \ln\left(\frac{\bar{c}y}{y_j}\right) \tag{3.4.8}$$

除此之外,变换 T 还具有如下性质:

性质 3.1　T 将 x^k 变换到 Δ 的中心 x^0,将子空间 $\Omega = \{x \mid Ax = 0\}$ 变换为子空间 $\Omega' = \{y \mid \bar{A}y = 0\}$,且 $\bar{A}(x^0) = \frac{1}{n}Ax^k = 0$. (证略).

性质 3.2　T 将问题(SP)的势函数变换为

$$f(x, c) = f(y, \bar{c}) - \sum_{j=1}^{n} \ln x_j^k. \tag{3.4.9}$$

证　$f(x, c) = \sum_{j=1}^{n} \ln\left(\frac{cx}{x_j}\right) = n\ln cx \quad \sum_{j=1}^{n} \ln x_j$

$$= n\ln\frac{cDy}{eDy} - \sum_{j=1}^{n} \ln\frac{y_j x_j^k}{eDy} = n\ln\bar{c}y - \sum_{j=1}^{n} \ln y_j - \sum_{j=1}^{n} \ln x_j^k$$

$$= \sum_{j=1}^{n} \ln\left(\frac{\bar{c}y}{y_j}\right) - \sum_{j=1}^{n} \ln x_j^k = f(y, \bar{c}) - \sum_{j=1}^{n} \ln x_j^k.$$

性质 3.3　$f(y, \bar{c}) - f(x, c) = f(x^0, \bar{c}) - f(x^k, c) = \sum_{j=1}^{n} \ln x_j^k.$　(3.4.10)

证　根据投影变换 T 的定义,$x^k \to x^0$, $x \to y$,由性质 3.2,则可证得.

对给定的问题(SP),首先把当前迭代内点 x^k 投影变换为单纯形的重心 x^0,然后考虑问题(SP)的等价问题(SP)′,从点 x^0 出发,在满足约束条件的同时,沿目标函数减少的方向移动. 这里,定义 $(m+1)\times n$ 矩阵 $\boldsymbol{B}=\begin{pmatrix}\overline{\boldsymbol{A}}\\ e\end{pmatrix}$,令 $\boldsymbol{b}=(0,0,\cdots,0,1)^{\mathrm{T}}\in\mathbf{R}^{m+1}$,则问题(SP)′的等式约束条件可以表示为 $\boldsymbol{B}y=\boldsymbol{b}$. 为简化讨论,假定 $\mathrm{Rank}\boldsymbol{B}=m+1$,则 $\boldsymbol{B}^{\mathrm{T}}\boldsymbol{B}$ 非奇异. 定义 $n\times n$ 矩阵

$$\boldsymbol{P}_B=\boldsymbol{I}-\boldsymbol{B}^{\mathrm{T}}(\boldsymbol{B}\boldsymbol{B}^{\mathrm{T}})^{-1}\boldsymbol{B} \tag{3.4.11}$$

则 $\boldsymbol{P}_B$ 满足

$$\boldsymbol{B}\boldsymbol{P}_B=0,\boldsymbol{P}_B^{\mathrm{T}}\boldsymbol{P}_B=\boldsymbol{P}_B \tag{3.4.12}$$

定义线性子空间 $\boldsymbol{B}^{\perp}=\{\boldsymbol{d}\in\mathbf{R}^n\mid\boldsymbol{B}\boldsymbol{d}=0\}$,那么对于任意向量 $\boldsymbol{d}\in\mathbf{R}^n$,在 $\boldsymbol{B}^{\perp}$ 的垂直投影为 $\tilde{\boldsymbol{d}}=\boldsymbol{P}_B\boldsymbol{d}$;另一方面,考虑势函数 $f(y,\bar{c})$ 的梯度. $f(y,\bar{c})$ 在中心点 x^0 的梯度矢量为 $\nabla f(x^0,\bar{c})=n^2\Big/\bar{c}e^{\mathrm{T}\bar{c}\mathrm{T}-ne\mathrm{T}}$,则 $\nabla f(x^0,\bar{c})$ 在 $\boldsymbol{B}^{\perp}$ 的投影为 $P_B\ \nabla f(x^0,\bar{c})=n^2\Big/\bar{c}e^{\mathrm{T}P_B\bar{c}\mathrm{T}}$,而 $\bar{c}$ 在 $\boldsymbol{B}^{\perp}$ 的投影 c_d^{T} 为 $\boldsymbol{P}_B\boldsymbol{c}^{\mathrm{T}}$,则函数 $\bar{c}y$ 的最速下降方向在 $\boldsymbol{B}^{\perp}$ 上的投影与 $\nabla f(x^0,\bar{c})$ 在 $\boldsymbol{B}^{\perp}$ 的投影是平行的. 所以,Karmarkar 算法是把 $-\boldsymbol{c}_d^{\mathrm{T}}$ 单位化:$\boldsymbol{d}=-\dfrac{\boldsymbol{c}_d^{\mathrm{T}}}{\|\boldsymbol{c}_d\|}$,并以此为搜索方向,置 $y=x^0+\beta\boldsymbol{d}\ (1>\beta>0)$. 进一步,对点 y 作投影变换的逆变换 T^{-1} 得到点

$$x^{k+1}=T^{-1}(y)=\frac{\boldsymbol{D}y}{e\boldsymbol{D}y}.$$

只要 β 的取值适当,容易验证 x^{k+1} 是问题(SP)的可行内点,这样用点 x^{k+1} 代替 x^k,重复上述迭代过程,如此可以得到迭代序列 $\{x^k\}$.

3.4.3 Karmarkar 算法的基本步骤

Step1. 置 $x^0=\dfrac{e^{\mathrm{T}}}{n}$,$k:=0$,令精度 $\varepsilon=2^{-q}$;

Step2. 若 $cx^k\leqslant 2^{-q}$,则停止迭代,否则转到 Step3;

Step3. 令 $D=\mathrm{diag}(x_1^k,x_2^k,\cdots,x_n^k)$,$\bar{\boldsymbol{A}}=\boldsymbol{A}\boldsymbol{D}$,$\bar{c}=c\boldsymbol{D}$,置 $\boldsymbol{B}=\begin{pmatrix}\overline{\boldsymbol{A}}\\ \boldsymbol{e}\end{pmatrix}$;

Step4. 计算 $\boldsymbol{c}_d^{\mathrm{T}}=[\boldsymbol{I}-\boldsymbol{B}^{\mathrm{T}}(\boldsymbol{B}\boldsymbol{B}^{\mathrm{T}})^{-1}\boldsymbol{B}]\bar{\boldsymbol{c}}^{\mathrm{T}}$;

Step5. 计算搜索方向 $\boldsymbol{d}=\dfrac{-\boldsymbol{c}_d^{\mathrm{T}}}{\|\boldsymbol{c}_d\|}$,取 $r=\dfrac{1}{\sqrt{n(n-1)}}$,令 $\beta=\alpha r(0<\alpha<1)$,并置 $y=x^0+\beta\boldsymbol{d}(1>\beta>0)$;

Step6. 令 $x^{k+1}=\dfrac{\boldsymbol{D}y}{e\boldsymbol{D}y}$,$k:=k+1$,转到 step2.

例 7. $\min z=x_3$

$$\text{s.t.}\quad \begin{aligned}&x_1 - x_2 = 0\\&x_1 + x_2 + x_3 = 1\\&x_i \geqslant 0, i = 1,2,3\end{aligned}$$

解 $\boldsymbol{A} = (1, -1, 0), \boldsymbol{C} = (0, 0, 1)$ 令 $\alpha = \frac{1}{4}, r = \frac{1}{\sqrt{n(n-1)}} = \frac{1}{\sqrt{6}}$，则 $\beta = \frac{1}{4\sqrt{6}}$.

第一次迭代：(1) $k = 0, x^0 = \frac{e^{\mathrm{T}}}{n} = \left(\frac{1}{3}, \frac{1}{3}, \frac{1}{3}\right)^{\mathrm{T}}$.

(2) $$\boldsymbol{D}_0 = \begin{pmatrix}\frac{1}{3} & 0 & 0\\0 & \frac{1}{3} & 0\\0 & 0 & \frac{1}{3}\end{pmatrix}, \boldsymbol{AD}_0 = (1, -1, 0)\begin{pmatrix}\frac{1}{3} & 0 & 0\\0 & \frac{1}{3} & 0\\0 & 0 & \frac{1}{3}\end{pmatrix}$$

$$= \left(\frac{1}{3}, -\frac{1}{3}, 0\right)$$

$$\boldsymbol{B} = \begin{pmatrix}\boldsymbol{AD}_k\\e\end{pmatrix} = \begin{pmatrix}\frac{1}{3} & -\frac{1}{3} & 0\\1 & 1 & 1\end{pmatrix}, \bar{c} = c\boldsymbol{D}_0 = (0\quad 0\quad 1)\begin{pmatrix}\frac{1}{3} & 0 & 0\\0 & \frac{1}{3} & 0\\0 & 0 & \frac{1}{3}\end{pmatrix} = \begin{pmatrix}0\\0\\\frac{1}{3}\end{pmatrix}^{\mathrm{T}}$$

(3) $$\boldsymbol{BB}^{\mathrm{T}} = \begin{pmatrix}\frac{1}{3} & -\frac{1}{3} & 0\\1 & 1 & 1\end{pmatrix}\begin{pmatrix}\frac{1}{3} & 1\\-\frac{1}{3} & 1\\0 & 1\end{pmatrix} = \begin{pmatrix}\frac{2}{9} & 0\\0 & 3\end{pmatrix},$$

$$(\boldsymbol{BB}^{\mathrm{T}})^{-1} = \begin{pmatrix}\frac{9}{2} & 0\\0 & \frac{1}{3}\end{pmatrix}$$

$$\boldsymbol{c}_d^{\mathrm{T}} = [\boldsymbol{I} - \boldsymbol{B}^{\mathrm{T}}(\boldsymbol{BB}^{\mathrm{T}})^{-1}\boldsymbol{B}]\bar{\boldsymbol{c}}^{\mathrm{T}}$$

$$= \left[\begin{pmatrix}1 & 0 & 0\\0 & 1 & 0\\0 & 0 & 1\end{pmatrix} - \begin{pmatrix}\frac{1}{3} & 1\\-\frac{1}{3} & 1\\0 & 1\end{pmatrix}\begin{pmatrix}\frac{9}{2} & 0\\0 & \frac{1}{3}\end{pmatrix}\begin{pmatrix}\frac{1}{3} & -\frac{1}{3} & 0\\1 & 1 & 1\end{pmatrix}\right]\begin{pmatrix}0\\0\\\frac{1}{3}\end{pmatrix}$$

$$=\left[\begin{pmatrix}1&0&0\\0&1&0\\0&0&1\end{pmatrix}-\begin{pmatrix}\frac{3}{2}&\frac{1}{3}\\-\frac{3}{2}&\frac{1}{3}\\0&\frac{1}{3}\end{pmatrix}\begin{pmatrix}\frac{1}{3}&-\frac{1}{3}&0\\1&1&1\end{pmatrix}\right]\begin{pmatrix}0\\0\\\frac{1}{3}\end{pmatrix}$$

$$=\left[\begin{pmatrix}1&0&0\\0&1&0\\0&0&1\end{pmatrix}-\begin{pmatrix}\frac{5}{6}&-\frac{1}{6}&\frac{1}{3}\\-\frac{1}{6}&\frac{5}{6}&\frac{1}{3}\\\frac{1}{3}&\frac{1}{3}&\frac{1}{3}\end{pmatrix}\right]\begin{pmatrix}0\\0\\\frac{1}{3}\end{pmatrix}$$

$$=\begin{pmatrix}\frac{1}{6}&\frac{1}{6}&-\frac{1}{3}\\\frac{1}{6}&\frac{1}{6}&-\frac{1}{3}\\-\frac{1}{3}&-\frac{1}{3}&\frac{2}{3}\end{pmatrix}\begin{pmatrix}0\\0\\\frac{1}{3}\end{pmatrix}=\begin{pmatrix}-\frac{1}{9}\\-\frac{1}{9}\\\frac{2}{9}\end{pmatrix}$$

$$\boldsymbol{d}=-\frac{c_d^{\mathrm{T}}}{\|c_d\|}=-\frac{1}{\frac{1}{9}\sqrt{6}}\begin{pmatrix}-\frac{1}{9}\\-\frac{1}{9}\\\frac{2}{9}\end{pmatrix}=\frac{1}{\sqrt{6}}\begin{pmatrix}1\\1\\-2\end{pmatrix}$$

(4) 令 $\alpha=\frac{1}{4}, r=\frac{1}{\sqrt{6}}$,故 $\beta=\frac{1}{4\sqrt{6}}$

$$y=x^0+\boldsymbol{\beta d}=\frac{1}{3}\begin{pmatrix}1\\1\\1\end{pmatrix}+\frac{1}{4\sqrt{6}}\frac{1}{\sqrt{6}}\begin{pmatrix}1\\1\\-2\end{pmatrix}=\begin{pmatrix}\frac{1}{3}\\\frac{1}{3}\\\frac{1}{3}\end{pmatrix}+\frac{1}{24}\begin{pmatrix}1\\1\\-2\end{pmatrix}=\begin{pmatrix}\frac{3}{8}\\\frac{3}{8}\\\frac{1}{4}\end{pmatrix}$$

$$\boldsymbol{D}_0y=\begin{pmatrix}\frac{1}{3}&0&0\\0&\frac{1}{3}&0\\0&0&\frac{1}{3}\end{pmatrix}\begin{pmatrix}\frac{3}{8}\\\frac{3}{8}\\\frac{1}{4}\end{pmatrix}=\begin{pmatrix}\frac{1}{8}\\\frac{1}{8}\\\frac{1}{12}\end{pmatrix}, e\boldsymbol{D}_0y=(1\quad 1\quad 1)\begin{pmatrix}\frac{1}{8}\\\frac{1}{8}\\\frac{1}{12}\end{pmatrix}=\frac{1}{3}$$

$$x^1=\frac{\boldsymbol{D}_0y}{e\boldsymbol{D}_0y}=\left(\frac{3}{8},\frac{3}{8},\frac{1}{4}\right)^{\mathrm{T}}$$

继续这样的迭代,可以得到解:$x=\left(\frac{1}{2},\frac{1}{2},0\right)^{\mathrm{T}}$

则最优解为 $x_1=\frac{1}{2},x_2=\frac{1}{2},x_3=0$.

同时我们注意到:当选择 $\beta=\frac{1}{\sqrt{6}}$时

$$y=x^0+\beta\boldsymbol{d}=\begin{pmatrix}\frac{1}{3}\\ \frac{1}{3}\\ \frac{1}{3}\end{pmatrix}+\frac{1}{\sqrt{6}}\frac{1}{\sqrt{6}}\begin{pmatrix}1\\ 1\\ -2\end{pmatrix}=\begin{pmatrix}\frac{1}{2}\\ \frac{1}{2}\\ 0\end{pmatrix}$$

$$\boldsymbol{D}_0y=\frac{1}{3}\left(\frac{1}{2},\frac{1}{2},0\right)^{\mathrm{T}},\quad e\boldsymbol{D}_0y=\frac{1}{3},\quad x^1=\frac{\boldsymbol{D}_0y}{e\boldsymbol{D}_0y}=\left(\frac{1}{2},\frac{1}{2},0\right)^{\mathrm{T}}.$$

3.4.4 Karmarkar 算法收敛性与计算复杂性分析

引理 3.1 若 $y_i\geqslant 0(i=1,2,\cdots,n)$,则

$$\sum_{i=1}^{n}\ln(1+y_i)\geqslant\ln\left(1+\sum_{i=1}^{n}y_i\right).$$

证 由 $y_i\geqslant 0$ 及 $\prod_{i=1}^{n}(1+y_i)\geqslant 1+\sum_{i=1}^{n}y_i$,则可以得

$$\sum_{i=1}^{n}\ln(1+y_i)\geqslant\ln\left(1+\sum_{i=1}^{n}y_i\right).$$

引理 3.2 若$|x|\leqslant\beta<1$,则$|\ln(1+x)-x|\leqslant\frac{x^2}{2(1-\beta)}$.

证明由柯西中值定理直接得到.

引理 3.3 设$\left\|y-\frac{\boldsymbol{e}^{\mathrm{T}}}{n}\right\|\leqslant\beta<1,\boldsymbol{ey}=1$,则

$$\left|\sum_{i=1}^{n}\ln y_i\right|\leqslant\frac{\beta^2}{2(1-\beta)}.$$

证 由 $\left\|y-\frac{\boldsymbol{e}^{\mathrm{T}}}{n}\right\|\leqslant\beta<1\Rightarrow\sum_{i=1}^{n}\left(y_i-\frac{1}{n}\right)^2\leqslant\beta^2\Rightarrow\left|y_i-\frac{1}{n}\right|\leqslant\beta\quad(i=1,2,\cdots,n)$

$$\left|\ln y_i-\left(y_i-\frac{1}{n}\right)\right|<\left|\ln\left(1+y_i-\frac{1}{n}\right)-\left(y_i-\frac{1}{n}\right)\right|\leqslant\frac{\left(y_i-\frac{1}{n}\right)^2}{2(1-\beta)}$$

又因 $ey=1$,则

$$\left|\sum_{i=1}^{n}\ln y_i\right|=\left|\sum_{i=1}^{n}\ln y_i-\sum_{i=1}^{n}\left(y_i-\frac{1}{n}\right)\right|=\left|\sum_{i=1}^{n}\left[\ln y_i-\left(y_i-\frac{1}{n}\right)\right]\right|$$

$$\leqslant \sum_{i=1}^{n}\left|\ln y_i-\left(y_i-\frac{1}{n}\right)\right|\leqslant \sum_{i=1}^{n}\frac{\left(y_i-\frac{1}{n}\right)^2}{2(1-\beta)}\leqslant \frac{\beta^2}{2(1-\beta)}$$

引理 3.4 $n\ln\bar{c}y\leqslant n\ln\bar{c}x^0-\beta$.

证明较复杂,在此不作讨论.

引理 3.5 $f(x^0,\bar{c})-f(y,\bar{c})\geqslant\delta \quad \left(\delta=\beta-\frac{\beta^2}{2(1-\beta)}\right)$.

证 $f(y,\bar{c})=\sum_{j=1}^{n}\ln\bar{c}y-\sum_{j=1}^{n}\ln y_j,\quad f(x^0,\bar{c})=\sum_{j=1}^{n}\ln\bar{c}x^0$

所以可得 $f(x^0,\bar{c})-f(y,\bar{c})=n\ln cx^0-n\ln\bar{c}y+\sum_{j=1}^{n}\ln y_j$

$$\geqslant\beta-\left|\sum_{j=1}^{n}\ln y_j\right|\geqslant\beta-\frac{\beta^2}{2(1-\beta)}\approx\delta.$$ 证毕.

定理 3.7 Karmarkar 算法得到的点列$\{x^k\}$满足

$$cx^k\leqslant cx^0\left(2^{-\frac{k\delta}{n}}\right).$$

证 由引理 3.5 可得

$$f(x^k,c)-f(x^{k+1},c)=f(x^0,\bar{c})-f(y,\bar{c})\geqslant\delta$$

从 x^0 出发重复执行 $x^k\to x^{k+1}$ 的过程,则有

$$f(x^0,c)-f(x^k,c)\geqslant k\delta\qquad(k=1,2,\cdots)$$

因
$$f(x,c)=n\ln cx-\sum_{i=1}^{n}\ln x_i$$

$$k\delta\leqslant f(x^0,c)-f(x^k,c)=n\ln cx^0-n\ln cx^k+\sum_{j=1}^{n}\ln x_j^k$$

因为$\sum_{j=1}^{n}x_j^k=1$及$x_j^k\geqslant0$,所以$x_j^k\leqslant1$,进而$\ln x_j^k<0$,所以可得$n\ln\frac{cx^0}{cx^k}\geqslant k\delta \Rightarrow\frac{cx^0}{cx^k}\geqslant e^{\frac{k\delta}{n}}>2^{\frac{k\delta}{n}}$. 故

$$cx^k\leqslant cx^0\left(2^{-\frac{k\delta}{n}}\right)$$ 证毕.

定理 3.8 设$cx^0\leqslant2^L$,所要求的精度$\varepsilon=2^{-q}$,只要当$k\geqslant\frac{n}{\delta}(L+q)$时,就有$cx^k<\varepsilon$.

下面讨论 Karmarkar 算法的复杂性:

首先,由引理3.4知,Karmarkar算法在$O(nL)$次迭代后,停止条件一定会得到满足;其次,每次迭代算法中,主要的计算量是计算$\boldsymbol{c}_d^{\mathrm{T}}=[\boldsymbol{I}-\boldsymbol{B}^{\mathrm{T}}(\boldsymbol{B}\boldsymbol{B}^{\mathrm{T}})^{-1}\boldsymbol{B}]\bar{\boldsymbol{c}}^{\mathrm{T}}$,这又可以归结为求逆$(\boldsymbol{B}\boldsymbol{B}^{\mathrm{T}})^{-1}$的计算量. 实际上,Gauss 求逆需要$O(n^3L)$的运算量,那么我们针对 Karmarkar 算法的计算复杂性给出下面的定理.

定理 3.9 针对问题(SP)的 Karmarkar 算法在$O(nL)$次迭代后一定停止,而

且,每次迭代的计算量可以控制在 $O(n^3L)$,所以 Karmarkar 算法为多项式时间算法.

习　　题

1. 考虑以下线性规划问题

$$\max Z=69x_1+x_3-x_5-2x_6$$

$$\text{s. t.}\begin{cases}5x_2+10x_3+x_4+2x_5=15\\x_1-10x_2+2x_3=4\\x_2+3x_3+3x_5+x_6=6\\x_i\geqslant 0\quad i=1,2,\cdots,6.\end{cases}$$

(1)试找出一个初始基可行解及相应的基变量与非基变量.

(2)试将线性规划转化为典式,并列出相应的单纯形表.

(3)以上初始基可行解是否为最优解？为什么？

2. 试用单纯形法求解如下问题

(1) $\max Z=3x_1+2x_2$

$$\text{s. t.}\begin{cases}-x_1+2x_2\leqslant 4\\3x_1+2x_2\leqslant 16\\x_1-x_2\leqslant 3\\x_1,x_2\geqslant 0;\end{cases}$$

(2) $\min Z=2x_1+3x_2-x_3$

$$\text{s. t.}\begin{cases}x_1-4x_4+x_5-2x_6=5\\x_2+2x_4-3x_5+x_6=4\\x_3+2x_4-5x_5+6x_6=6\\x_i\geqslant 0\quad i=1,\cdots,6.\end{cases}$$

3. 对于下面的线性规划问题,以 $\boldsymbol{B}=(\boldsymbol{A}_2,\boldsymbol{A}_3,\boldsymbol{A}_6)$ 为基写出对应的典式.

$$\min Z=x_1-2x_2+x_3$$

$$\text{s. t.}\begin{cases}3x_1-x_2+2x_3+x_4=7\\-2x_1+4x_2+x_5=12\\-4x_1+3x_2+8x_3+x_6=10\\x_j\geqslant 0,j=1,2,\cdots,6\end{cases}$$

4. 用两阶段法求解下列问题

(1) $\max Z=3x_1+4x_2+2x_3$

$$\text{s. t.}\begin{cases}x_1+x_2+x_3+x_4\leqslant 30\\3x_1+6x_2+x_3-2x_4\leqslant 0\\x_2\geqslant 4\\x_j\geqslant 0,j=1,2,3,4;\end{cases}$$

(2) $\min Z=4x_1+x_2$

$$\text{s. t.}\begin{cases}3x_1+x_2=3\\4x_1+3x_2\geqslant 6\\x_1+2x_2\leqslant 3\\x_1,x_2\geqslant 0.\end{cases}$$

5. 用大 M 法及两阶段法求解以下线性规划问题

(1) $\min f=3x_1-x_2$　　　(2) $\max Z=2x_1-x_2+x_3$

$$\text{s. t.}\begin{cases}x_1+3x_2\geqslant 3\\2x_1-3x_2\geqslant 6\\2x_1+x_2\leqslant 8\\-4x_1+x_2\geqslant -16\\x_1,x_2\geqslant 0;\end{cases}\qquad \text{s. t.}\begin{cases}x_1+x_2-2x_3\leqslant 8\\4x_1-x_2+x_3\leqslant 2\\2x_1+3x_2-x_3\geqslant 4\\x_1,x_2,x_3\geqslant 0;\end{cases}$$

(3) $\max Z=x_1+3x_2+4x_3$ (4) $\min f=x_1+3x_2-x_3$

$$\text{s. t.}\begin{cases}3x_1+2x_2\leqslant 13\\x_2+3x_3\leqslant 17\\2x_1+x_2+x_3=13\\x_1,x_2,x_3\geqslant 0;\end{cases}\qquad \text{s. t.}\begin{cases}x_1+x_2+x_3\geqslant 3\\-x_1+2x_2\geqslant 2\\-x_1+5x_2+x_3\leqslant 4\\x_1,x_2,x_3\geqslant 0.\end{cases}$$

6. 分别用大 M 法和两阶段法求解下列线性规划问题

(1) $\max Z=-2x_1-x_2+x_3+x_4$ (2) $\max Z=3x_1-x_2-3x_3+x_4$

$$\text{s. t.}\begin{cases}x_1-x_2+2x_3-x_4=2\\2x_1+x_2-3x_3+x_4=6\\x_1+x_2+x_3+x_4=7\\x_1,x_2,x_3,x_4\geqslant 0;\end{cases}\qquad \text{s. t.}\begin{cases}x_1+2x_2-x_3+x_4=0\\2x_1-2x_2+3x_3+3x_4=9\\x_1-x_2+2x_3-x_4=6\\x_1,x_2,x_3,x_4\geqslant 0;\end{cases}$$

(3) $\max Z=10x_1+15x_2+12x_3$ (4) $\max Z=5x_1+3x_2+6x_3$

$$\text{s. t.}\begin{cases}5x_1+3x_2+x_3\leqslant 9\\-5x_1+6x_2+15x_3\leqslant 15\\2x_1+x_2+x_3\geqslant 5\\x_1,x_2,x_3\geqslant 0;\end{cases}\qquad \text{s. t.}\begin{cases}x_1+2x_2+x_3\leqslant 18\\2x_1+x_2+3x_3\leqslant 16\\x_1+x_2+x_3=10\\x_1,x_2\geqslant 0,x_3\text{ 无约束.}\end{cases}$$

7. 用两阶段法中的第一阶段,求下列线性不等式的基可行解

$$\begin{cases}-6x_1+x_2-x_3\leqslant 5\\-2x_1+2x_2-3x_3\geqslant 3\\2x_2-4x_3=1\\x_1,x_2,x_3\geqslant 0.\end{cases}$$

8. 用大 M 法证明下列线性规划不可行

$$\max Z=2x_1+4x_2$$

$$\text{s. t.}\begin{cases}2x_1-3x_2\geqslant 2\\-x_1+x_2\geqslant 3\\x_1,x_2\geqslant 0.\end{cases}$$

9. 用改进单纯形法求解下列线性规划

(1) $\max Z=6x_1-2x_2-x_3$ (2) $\max Z=4x_1+3x_2+6x_3$

$$\text{s. t.}\begin{cases}2x_1-x_2+2x_3\leqslant 2\\ x_1+4x_3\leqslant 4\\ x_1,x_2,x_3\geqslant 0;\end{cases}\qquad \text{s. t.}\begin{cases}3x_1+3x_2+3x_3\leqslant 30\\ 2x_1+2x_2+3x_3\leqslant 40\\ x_1,x_2,x_3\geqslant 0.\end{cases}$$

第四章 对偶规划与灵敏度分析

线性规划问题具有对偶性是指对于任何一个极大化问题有一个与其相关的极小化问题与之对应. 如果把其中一个称为原问题,则另一个就是对偶问题. 研究原问题和其对偶问题之间的关系及其解的性质,构成线性规划的对偶理论(duality theory).

另外,本章还将讨论灵敏度分析(sensitivity analysis)问题,前几章讨论线性规划问题时,总是假设 a_{ij}、b_j、c_j($i=1,2,\cdots,m$;$j=1,2,\cdots,n$)是不变的常数,但在实际问题中这些数据有些随情况变化经常发生变化. 自然要考虑当这些数据中的一个或几个发生变化时已求得的线性规划问题的最优解会有什么变化;或者这些数据允许在什么范围内变化使已求得的最优解或最优基不变. 对于上述问题的讨论分析通常称为线性规划的灵敏度分析.

§4.1 对偶规划的基本概念

4.1.1 对偶规划问题举例

例 1. 资源的合理利用问题.

某工厂计划在下一个生产周期内生产甲、乙两种产品,生产每件产品所需资源量及每件产品的利润如表 4.1 所示,试问如何安排生产计划,使得既能充分利用现有资源又使工厂所获利润最大?

设 x_1、x_2 分别表示下一个生产周期内计划生产甲、乙两种产品的数量,于是利用相关数据构造线性规划模型为

$$(\text{LP})\qquad \max z = 10x_1 + 18x_2 \qquad (\text{两种产品总利润})$$

$$\text{s.t.}\begin{cases} 5x_1 + 2x_2 \leqslant 17 & (\text{资源 } A_1 \text{ 的限制}) \\ 2x_1 + 3x_2 \leqslant 10 & (\text{资源 } A_2 \text{ 的限制}) \\ x_1 + 5x_2 \leqslant 15 & (\text{资源 } A_3 \text{ 的限制}) \\ x_1, x_2 \geqslant 0 & (\text{非负限制}) \end{cases}$$

若市场形势发生变化,决策者决定不再生产甲、乙两种产品,为保证工厂不受损失,准备把现有资源用于接受外来加工,收取加工费,试问如何确定各种资源的单位收费标准能确保工厂不受损失?

表 4.1

资源消耗/件 产品 资源	甲	乙	拥有资源量
A_1	5	2	17
A_2	2	3	10
A_3	1	5	15
利润/件	10	15	

为确保工厂不受损失,制定单位资源收费标准时考虑下列因素:

(1) 应用资源对外加工时,生产每一件产品所用资源用于对外加工时收取的加工费不应低于生产该产品所获利润.

(2) 资源单位定价不能过高,使对方能接受.

设 $\omega_1,\omega_2,\omega_3$ 分别表示这三种资源的单位收费,根据已有数据建立线性规划模型如下:

(DP)
$$\min w=17\omega_1+10\omega_2+15\omega_3 \qquad \text{(已有资源的总价值)}$$
$$\text{s.t.}\quad 5\omega_1+2\omega_2+\omega_3\geqslant 10$$
(生产 1 件甲产品的资源用于对外加工时,对售价的限制)
$$2\omega_1+3\omega_2+5\omega_3\geqslant 18$$
(生产 1 件乙产品的资源用于对外加工时,对售价的限制)
$$\omega_1,\omega_2,\omega_3\geqslant 0 \qquad \text{(非负限制)}$$

上述构造的两个线性规划数学模型(LP)和(DP)具有相同的数据,从两个不同的角度出发,达到同一个目的(利润最大)而建立. 若把前者称为原问题,后者就称为其对偶问题,反之亦然. 记原规划问题为问题(LP),其对偶规划问题为(DP),显然(LP)与(DP)是互为对偶的线性规划问题.

4.1.2　对偶规划的构造

从上述例 1 中可以看到原线性规划问题(LP)和其对偶规划问题(DP)之间有密切关系,如何根据原规划问题直接构造出其相应的对偶规划问题,这是我们所关心的问题.

1. 对称型的对偶规划问题

定义 4.1　设(LP)原线性规划问题为

(LP)
$$\max z = c_1x_1 + c_2x_2 + \cdots + c_nx_n$$
$$\text{s. t.}\begin{cases} a_{11}x_1 + a_{12}x_2 + \cdots + a_{1n}x_n \leqslant b_1 \\ a_{21}x_1 + a_{22}x_2 + \cdots + a_{2n}x_n \leqslant b_2 \\ \quad\vdots \qquad\quad \vdots \qquad\qquad\quad \vdots \qquad\quad \vdots \\ a_{m1}x_1 + a_{m2}x_2 + \cdots + a_{mn}x_n \leqslant b_m \end{cases} \tag{4.1.1}$$
$$x_1, x_2, \cdots, x_n \geqslant 0$$

则称下列线性规划问题

(DP)
$$\min w = b_1\omega_1 + b_2\omega_2 + \cdots + b_m\omega_m$$
$$\text{s. t.}\begin{cases} a_{11}\omega_1 + a_{21}\omega_2 + \cdots + a_{m1}\omega_n \geqslant c_1 \\ a_{12}\omega_1 + a_{22}\omega_2 + \cdots + a_{m2}\omega_m \geqslant c_2 \\ \quad\vdots \qquad\quad \vdots \qquad\qquad\quad \vdots \qquad\quad \vdots \\ a_{1n}\omega_1 + a_{2n}\omega_2 + \cdots + a_{mn}\omega_m \geqslant c_m \end{cases} \tag{4.1.2}$$
$$\omega_1, \omega_2, \cdots, \omega_m \geqslant 0$$

为原规划问题的对偶规划问题，记为(DP). $\omega_i(i=1,2,\cdots,m)$为对偶变量. 具有问题(4.1.1)和问题(4.1.2)对称型的对偶关系问题称为对称对偶规划问题.

把问题(LP)和问题(DP)分别用矩阵表示如下：

原规划问题(LP)
$$\max z = \boldsymbol{cx}$$
$$\text{s. t}\quad \boldsymbol{Ax} \leqslant \boldsymbol{b}$$
$$\boldsymbol{x} \geqslant \boldsymbol{0} \tag{4.1.3}$$

对偶规划问题(DP)
$$\min w = \boldsymbol{\omega b}$$
$$\text{s. t}\quad \boldsymbol{\omega A} \geqslant \boldsymbol{c}$$
$$\boldsymbol{\omega} \geqslant \boldsymbol{0} \tag{4.1.4}$$

其中 $\boldsymbol{c} = (c_1, c_2, \cdots, c_n)$, $\boldsymbol{x} = (x_1, x_2, \cdots, x_n)^{\mathrm{T}}$, $\boldsymbol{A} = (a_{ij})_{m \times n}$, $\boldsymbol{b} = (b_1, b_2, \cdots, b_m)^{\mathrm{T}}$, $\boldsymbol{\omega} = (\omega_1, \omega_2, \cdots, \omega_m)$.

由定义 4.1 知，原规划问题(LP)与其对偶规划问题(DP)之间有如下关系：

(1)(DP)中对偶变量个数等于(LP)中约束条件个数.

(2)(DP)中目标函数的系数是(LP)中约束条件右端的常数项.

(3)(DP)中约束条件的系数矩阵是(LP)中约束条件系数矩阵的转置.

(4)(DP)中约束条件的不等号(或等号)与(LP)中决策变量的正负(或无符号限制)有关.

(5)(DP)中对偶变量的正负(或无符号限制)与(LP)中约束条件的不等号(或等号)有关.

2. 非对称型的对偶规划问题

设原规划

(LP)
$$\max z = \boldsymbol{cx}$$

$$\text{s.t.}\quad \boldsymbol{A}x = \boldsymbol{b}$$
$$\boldsymbol{x} \geqslant \boldsymbol{0} \qquad (4.1.5)$$

其等价形式为

(LP)
$$\max z = \boldsymbol{cx}$$
$$\text{s.t.} \begin{cases} \boldsymbol{Ax} \leqslant \boldsymbol{b} \\ -\boldsymbol{Ax} \leqslant -\boldsymbol{b} \\ \boldsymbol{x} \geqslant \boldsymbol{0} \end{cases} \qquad (4.1.6)$$

引入对偶变量向量($\boldsymbol{U}$、$\boldsymbol{V}$),其中 $\boldsymbol{U} = (u_1, u_2, \cdots, u_m)^{\mathrm{T}}$, $\boldsymbol{V} = (v_1, v_2, \cdots, v_m)^{\mathrm{T}}$,利用对称型对偶规划的构造方法得到

(DP′)
$$\min w = (\boldsymbol{U}, \boldsymbol{V})\begin{pmatrix} b \\ -\boldsymbol{b} \end{pmatrix}$$
$$\text{s.t.}\quad (\boldsymbol{U}, \boldsymbol{V})\begin{pmatrix} \boldsymbol{A} \\ -\boldsymbol{A} \end{pmatrix} \geqslant \boldsymbol{c}$$
$$\boldsymbol{U}, \boldsymbol{V} \geqslant 0 \qquad (4.1.7)$$

即(DP″)
$$\min w = (\boldsymbol{U} - \boldsymbol{V})\boldsymbol{b}$$
$$\text{s.t.}\quad (\boldsymbol{U} - \boldsymbol{V})\boldsymbol{A} \geqslant \boldsymbol{c}$$
$$\boldsymbol{U}, \boldsymbol{V} \geqslant \boldsymbol{0} \qquad (4.1.8)$$

令 $\boldsymbol{\omega} = (\boldsymbol{U} - \boldsymbol{V})$ 为 m 维行向量,于是上式又可以写成如下形式

(DP)
$$\min w = \omega b$$
$$\text{s.t.}\ \omega \boldsymbol{A} \geqslant \boldsymbol{c} \qquad (4.1.9)$$
$$\boldsymbol{\omega}\ \text{无符号限制}$$

式(4.1.9)中,由于 $\boldsymbol{\omega}$ 无符号限制,于是又称 $\boldsymbol{\omega}$ 为自由变量构成的向量. 通常把线性规划问题(4.1.5)对应的对偶规划问题(4.1.9)称为非对称形式的对偶规划问题.

3. 混合型的对偶规划问题

设线性规划问题

(LP)
$$\max z = \boldsymbol{c}_1 x_1 + \boldsymbol{c}_2 x_2$$
$$\text{s.t.} \begin{cases} \boldsymbol{A}_{11} x_1 + \boldsymbol{A}_{12} x_2 \leqslant \boldsymbol{b}_1 \\ \boldsymbol{A}_{21} x_1 + \boldsymbol{A}_{22} x_2 = \boldsymbol{b}_2 \\ \boldsymbol{A}_{31} x_1 + \boldsymbol{A}_{32} x_2 \geqslant \boldsymbol{b}_3 \end{cases} \qquad (4.1.10)$$
$$x_1 \geqslant 0,\ x_2\ \text{无符号限制},$$

其中,$\boldsymbol{c}_j$ 为 n_j 维行向量,$j = 1,2$;$\boldsymbol{x}_j$ 为 $\boldsymbol{n}_j$ 维列向量,$j = 1,2$. $\boldsymbol{A}_{ij} = (a_{ij})_{m_i \times n_j}$ $(i = 1,2,3; j = 1,2)$ 且 $\sum_{i=1}^{3} m_i = m$, $\sum_{j=1}^{2} n_j = n$, $\boldsymbol{b}_i$ 是 m_i 维列向量,$(i = 1,2,3)$.

要写出线性规划问题(4.1.10)的对偶规划,首先把线性规划问题(4.1.10)化成标准型问题(4.1.5)的形式. 为此,引入松弛变量 x_s 和剩余变量 x_t,令 $x_2 = x_{21} - x_{22}$,其

中 $x_{21},x_{22}\geqslant 0$,从而线性规划问题(4.1.10)转化为

$$(\mathrm{LP}')\qquad \max z=\boldsymbol{c}_1x_1+\boldsymbol{c}_2(x_{21}-x_{22})$$

$$\text{s.t.}\begin{cases}\boldsymbol{A}_{11}x_1+\boldsymbol{A}_{12}(x_{21}-x_{22})+\boldsymbol{I}_s\boldsymbol{x}_s=\boldsymbol{b}_1\\ \boldsymbol{A}_{21}x_1+\boldsymbol{A}_{22}(x_{21}-x_{22})=\boldsymbol{b}_2\\ \boldsymbol{A}_{31}x_1+\boldsymbol{A}_{32}(x_{21}-x_{22})-\boldsymbol{I}_t\boldsymbol{x}_t=\boldsymbol{b}_3\\ \boldsymbol{x}_1,x_{21},x_{22},x_s,x_t\geqslant 0\end{cases}\qquad(4.1.11)$$

其中 $\boldsymbol{I}_s,\boldsymbol{I}_t$ 分别是与 x_s,x_t 相容的单位距阵. 从而利用非对称型对偶规划的构造方法写出线性规划问题(4.1.11)的对偶规划问题为

$$(\mathrm{DP})\qquad \min w=b_1\omega_1+b_2\omega_2+b_3\omega_3$$

$$\text{s.t.}\begin{cases}\omega_1\boldsymbol{A}_{11}+\omega_2\boldsymbol{A}_{21}+\omega_3\boldsymbol{A}_{31}\geqslant c_1\\ \omega_1\boldsymbol{A}_{12}+\omega_2\boldsymbol{A}_{22}+\omega_3\boldsymbol{A}_{32}\geqslant c_2\\ -(\omega_1\boldsymbol{A}_{12}+\omega_2\boldsymbol{A}_{22}+\omega_3\boldsymbol{A}_{32})\geqslant -c_2\\ \omega_1\boldsymbol{I}_s\geqslant 0\\ -\omega_3\boldsymbol{I}_t\geqslant 0\end{cases}\qquad(4.1.12)$$

把对偶规划问题(4.1.12)整理为

$$(\mathrm{DP})\qquad \min w=b_1\omega_1+b_2\omega_2+b_3\omega_3$$

$$\text{s.t.}\begin{cases}\omega_1\boldsymbol{A}_{11}+\omega_2\boldsymbol{A}_{21}+\omega_3\boldsymbol{A}_{31}\geqslant c_1\\ \omega_1\boldsymbol{A}_{12}+\omega_2\boldsymbol{A}_{22}+\omega_3\boldsymbol{A}_{31}=c_2\\ \omega_1\geqslant 0,\omega_2\text{ 无符号限制},\omega_3\leqslant 0\end{cases}\qquad(4.1.13)$$

对偶规划问题(4.1.13)称为混合型的对偶规划问题.

由于任何一个线性规划问题都可以写成上述三种形式之一,只要掌握上述形式构造对偶规划的方法,总可以写出其相应的对偶规划问题. 事实上我们可以发现原规划问题(LP)和其对偶规划问题(DP)的对应关系如表 4.2 所示.

注 1. 使用表 4.2 时,若原规划极大化,则右边栏是对偶规划规则;若原规划极小化,则左边栏是对偶规划规则.

表 4.2　　**由(LP)构造(DP)的对应规则**

原规划(或对偶规划)	对偶规划(或原规划)
目标函数:max z	目标函数:min $\boldsymbol{w}$
约束条件个数:m 个 第 i 个约束条件:$\begin{cases}\leqslant b_i\\ =b_i\\ \geqslant b_i\end{cases}$	对偶变量个数:m 个 第 i 个对偶变量 $\omega_i\begin{cases}\geqslant 0\\ \text{无符号限制}\\ \leqslant 0\end{cases}$

续表

原规划(或对偶规划)	对偶规划(或原规划)
决策变量个数:n 个	约束条件个数:n 个
第 j 个决策变量 x_j:$\begin{cases}\geqslant 0\\ \text{无符号限制}\\ \leqslant 0\end{cases}$	第 j 个约束条件:$\begin{cases}\geqslant c_j\\ = c_j\\ \leqslant c_j\end{cases}$
第 i 个约束条件 i 右端常数 目标函数第 j 项变量系数	目标函数第 i 项变量系数 第 j 个约束条件右端常数

注 2. 若(LP)的第 i 个不等式为改变不等号方向乘以(-1),其对应的对偶变量按上述规则变化后应乘以(-1),得到最终形式,见例 2.

例 2. 写出下面(LP)的对偶规划(DP)

(LP)
$$\max z = 2x_1 + x_2 + 4x_3$$
$$\text{s. t.}\begin{cases}2x_1 + 3x_2 + x_3 \leqslant 1\\ 3x_1 - x_2 + x_3 \geqslant 4\\ -5x_1 + 6x_2 + x_3 = 3\\ x_1 \leqslant 0, x_2 \geqslant 0, x_3 \text{ 无符号限制.}\end{cases}$$

解　把(LP)的约束条件的不等号统一为"≤"的形式,即(LP)化为等价形式(LP′)

(LP′)
$$\max z = 2x_1 + x_2 + 4x_3$$
$$\text{s. t.}\begin{cases}2x_1 + 3x_2 + x_3 \leqslant 1\\ -3x_1 + x_2 - x_3 \leqslant -4\\ -5x_1 + 6x_2 + x_3 = 3\\ x_1 \leqslant 0, x_2 \geqslant 0, x_3 \text{ 无符号限制}\end{cases}$$

根据表 4.2 由(LP′)构造(DP′)的对应规则,对偶变量为 $\omega_1, \omega_2', \omega_3$,于是(LP′)对应的对偶规划为

(DP′)
$$\min w = \omega_1 - 4\omega_2' + 3\omega_3$$
$$\text{s. t.}\begin{cases}2\omega_1 - 3\omega_2' - 5\omega_3 \leqslant 2\\ 3\omega_1 + \omega_2' + 6\omega_3 \geqslant 1\\ \omega_1 - \omega_2' + \omega_3 = 4\\ \omega_1 \geqslant 0, \omega_2' \geqslant 0, \omega_3 \text{ 无符号限制}\end{cases}$$

令 $\omega_2 = -\omega_2'$,于是(DP′)为

(DP′)
$$\min w = \omega_1 + 4\omega_2 + 3\omega_3$$

$$\text{s.t.}\begin{cases}2\omega_1+3\omega_2-5\omega_3\leqslant 2\\ 3\omega_1-\omega_2+6\omega_3\geqslant 1\\ \omega_1+\omega_2+\omega_3=4\\ \omega_1\geqslant 0,\omega_2\leqslant 0,\omega_3\text{ 无符号限制.}\end{cases}$$

例 3. 已知(LP)

(LP) $$\max z=2x_1-x_2+x_3-3x_4$$

$$\text{s.t.}\begin{cases}x_1+2x_2+4x_4=1\\ 2x_2-3x_3+4x_4\leqslant 2\\ x_1+3x_3\geqslant 3\\ x_1,x_2\geqslant 0,x_3,x_4\text{ 无符号限制}\end{cases}$$

试写出对应的(DP).

解 因为(LP)有 3 个约束条件,对应的(DP)有 3 个对偶变量,不妨设 $\omega_1,\omega_2,\omega_3$,根据表 4.2 由(LP)构造(DP)的对应规则可以写出其对偶规划为

(DP) $$\max w=\omega_1+2\omega+3\omega_3$$

$$\text{s.t.}\begin{cases}\omega_1+\omega_2\leqslant 2\\ 2\omega_1+2\omega_2\leqslant -1\\ -3\omega_2+3\omega_3=1\\ 4\omega_1+4\omega_2=-3\\ \omega_2\leqslant 0,\omega_3\geqslant 0,\omega_1\text{ 无符号限制.}\end{cases}$$

§4.2 对偶规划的基本性质

设对称对偶规划问题

(LP)
$$\max z=\boldsymbol{cx}\tag{4.2.1}$$
$$\text{s.t.}\quad \boldsymbol{Ax}\leqslant\boldsymbol{b}$$
$$\boldsymbol{x}\geqslant\boldsymbol{0}$$

对偶规划

(DP)
$$\min w=\boldsymbol{\omega b}\tag{4.2.2}$$
$$\text{s.t.}\quad \boldsymbol{\omega A}\geqslant\boldsymbol{c}$$
$$\boldsymbol{\omega}\geqslant\boldsymbol{0}$$

为了讨论的方便,下面的性质证明均对对称型的对偶规划问题进行分析讨论,其结论对于其他形式下的对偶规划问题同样成立.

定理 4.1(对称性定理) 对偶规划(DP)的对偶规划是原规划(LP).

证 首先把(DP)变形为

(DP′) $$\max w'=(-\boldsymbol{b}^{\mathrm{T}})\boldsymbol{\omega}^{\mathrm{T}}$$

$$\text{s.t.}\begin{cases}-A^{\mathrm{T}}\omega^{\mathrm{T}}\leqslant -c^{\mathrm{T}}\\ \omega^{\mathrm{T}}\geqslant 0\end{cases}\tag{4.2.3}$$

根据对称形式的对偶规划的定义，写出(DP′)的对偶规划

(DP″)
$$\min z'=x^{\mathrm{T}}(-c^{\mathrm{T}})$$
$$\text{s.t.}\quad x^{\mathrm{T}}(-A^{\mathrm{T}})\geqslant(-b^{\mathrm{T}})\tag{4.2.4}$$

此规划与原规划等价，即

(LP)
$$\max z=cx$$
$$\text{s.t.}\quad Ax\leqslant b\tag{4.2.5}$$
$$x\geqslant 0$$

所以对偶规划(DP)的对偶规划是原规划(LP).

定理 4.2(弱对偶定理)　设 $\tilde{x}$ 和 $\tilde{\omega}$ 分别是问题(LP)和问题(DP)的可行解，则必有 $c\tilde{x}\leqslant\tilde{\omega}b$

证　因为 $\tilde{x}$ 是问题(LP)的可行解，所以满足约束条件

$$A\tilde{x}\leqslant b,\tilde{x}\geqslant 0\tag{4.2.6}$$

又因为 $\tilde{\omega}$ 是问题(DP)的可行解，故必有

$$\tilde{\omega}A\geqslant c,\tilde{\omega}\geqslant 0\ ,\tag{4.2.7}$$

用 $\tilde{\omega}$ 左乘式(4.2.6)前一个不等式两边，得

$$\tilde{\omega}A\tilde{x}\leqslant\tilde{\omega}b\tag{4.2.8}$$

用 $\tilde{x}$ 右乘式(4.2.7)前一个不等式两边，得

$$\tilde{\omega}A\tilde{x}\geqslant c\tilde{x}\tag{4.2.9}$$

由式(4.2.8)和式(4.2.9)知

$$\tilde{\omega}b\geqslant\tilde{\omega}A\tilde{x}\geqslant c\tilde{x}$$

即
$$c\tilde{x}\leqslant\tilde{\omega}b.$$

由弱对偶定理可以得到如下推论：

推论 4.1　若 $\tilde{x}$ 和 $\tilde{\omega}$ 分别是问题(LP)和问题(DP)的可行解，则 $c\tilde{x}$ 是问题(DP)目标函数最小值的一个下界；$\tilde{\omega}b$ 是问题(LP)目标函数最大值的一个上界.

推论 4.2　如果问题(LP)无上界，则对偶规划问题(DP)不可行；如果对偶规划问题(DP)无下界，则原规划问题(LP)不可行.

注意：推论 4.2 的逆命题不正确，当对偶规划问题(或原规划问题)不可行时，原规划问题(或对偶规划问题)可能是无界解，也可能无可行解.

定理 4.3(最优性判别定理)　若 x^* 和 ω^* 分别是问题(LP)和问题(DP)的可行解，且 $cx^*=\omega^*b$，则 x^*,ω^* 分别是问题(LP)和问题(DP)的最优解.

证　由弱对偶定理知，对于问题(LP)的任意一个可行解 x，都有 $cx\leqslant\omega^*b$，但 $cx^*=\omega^*b$，于是对于问题(LP)的所有可行解均有 $cx\leqslant cx^*$，因此 x^* 是问题(LP)的最优解.

同理可证，$\boldsymbol{\omega}^*$是问题(DP)的最优解.

定理 4.4(强对偶定理)　设对偶规划问题(LP)和问题(DP)，如果(LP)有最优解，则(DP)也有最优解，且目标函数值相等.

证　设x^*是问题(LP)的最优解，对应的最优基为$\boldsymbol{B}$，引入松弛向量$\boldsymbol{x}_s=(m_{n+1},x_{n+2},\cdots,x_{n+m})^{\mathrm{T}}$，于是问题(LP)转化为标准形式

$$\begin{aligned}&\max z=\boldsymbol{cx}+0\boldsymbol{x}_s\\&\text{s.t.}\quad \boldsymbol{Ax}+\boldsymbol{Ix}_s=\boldsymbol{b}\\&\qquad\quad \boldsymbol{x},\boldsymbol{x}_s\geqslant\boldsymbol{0}\end{aligned}\tag{4.2.10}$$

显然问题(4.2.10)的最优解为　$\tilde{x}^*=\begin{bmatrix}x^*\\x_s^*\end{bmatrix}$

检验数必为

$$\boldsymbol{\sigma}=(\boldsymbol{c},0)-\boldsymbol{c}_B\boldsymbol{B}^{-1}(\boldsymbol{A},\boldsymbol{I})\leqslant\boldsymbol{0}\tag{4.2.11}$$

令$\boldsymbol{\omega}^*=\boldsymbol{c}_B\boldsymbol{B}^{-1}$，式(4.2.11)变为

$$(\boldsymbol{c}-\boldsymbol{\omega}^*\boldsymbol{A},-\boldsymbol{\omega}^*)\leqslant\boldsymbol{0}\tag{4.2.12}$$

即

$$\boldsymbol{\omega}^*\boldsymbol{A}\geqslant\boldsymbol{c},\boldsymbol{\omega}^*\geqslant\boldsymbol{0}\tag{4.2.13}$$

式(4.2.13)表明$\boldsymbol{\omega}^*$是问题(DP)的可行解，其对应的目标函数值为$\boldsymbol{\omega}^*\boldsymbol{b}=\boldsymbol{c}_B\boldsymbol{B}^{-1}\boldsymbol{b}$，于是$z^*=\boldsymbol{cx}^*=\boldsymbol{cB}^{-1}\boldsymbol{b}=\boldsymbol{\omega}^*\boldsymbol{b}=w^*$. 由最优性判别定理知，$\boldsymbol{\omega}^*$是问题(DP)的最优解，且(LP)和(DP)的最优目标函数值相等.

从上述定理可知(LP)和(DP)的解之间关系如下：

(1)若(LP)(或(DP))无界，则(DP)(或(LP))无可行解.

(2)对偶规划问题(LP)和问题(DP)若有最优解，则一定同时有最优解，且最优目标函数值相等.

定理 4.5(互补松弛定理)　设$\boldsymbol{x}^*,\boldsymbol{\omega}^*$分别是问题(LP)和问题(DP)的可行解，则它们分别是(LP)和(DP)最优解的充要条件是

$$\boldsymbol{\omega}^*(\boldsymbol{b}-\boldsymbol{Ax}^*)=0\tag{4.2.14}$$

$$(\boldsymbol{\omega}^*\boldsymbol{A}-\boldsymbol{c})\boldsymbol{x}^*=0\tag{4.2.15}$$

证明　必要性，已知$\boldsymbol{x}^*,\boldsymbol{\omega}^*$分别是问题(LP)和问题(DP)的最优解，则必有

$$\boldsymbol{Ax}^*\leqslant\boldsymbol{b}\tag{4.2.16}$$

$$\boldsymbol{x}^*\geqslant 0\tag{4.2.17}$$

和

$$\boldsymbol{\omega}^*\boldsymbol{A}\geqslant\boldsymbol{c}\tag{4.2.18}$$

$$\boldsymbol{\omega}^*\geqslant 0\tag{4.2.19}$$

且

$$\boldsymbol{cx}^*=\boldsymbol{\omega}^*\boldsymbol{b}\tag{4.2.20}$$

式(4.2.16)两边左乘$\boldsymbol{\omega}^*$，得

$$\boldsymbol{\omega}^*\boldsymbol{Ax}^*\leqslant\boldsymbol{\omega}^*\boldsymbol{b}\tag{4.2.21}$$

式(4.2.18)两边右乘$\boldsymbol{x}^*$，得

$$\omega^* A x^* \geqslant c x^* \tag{4.2.22}$$

由式(4.2.21)和式(4.2.22),得

$$\omega^* b \geqslant \omega^* A x^* \geqslant c x^*$$

结合式(4.2.20),得

$$\omega^* b = \omega^* A x^* = c x^* \tag{4.2.23}$$

于是

$$\omega^* (b - A x^*) = 0 \tag{4.2.24}$$

$$(\omega^* A - c) x^* = 0 \tag{4.2.25}$$

充分性,由 $\omega^*(b - Ax^*) = 0$,得

$$\omega^* b = \omega^* A x^* \tag{4.2.26}$$

又由 $(\omega^* A - c)x^* = 0$,得

$$\omega^* A x^* = c x^* \tag{4.2.27}$$

由式(4.2.26)、式(4.2.27),得

$$\omega^* b = \omega^* A x^* = c x^*$$

又因为 x^*,ω^* 分别是问题(LP)和问题(DP)的可行解,由最优性判别定理知 x^*,ω^* 分别是问题(LP)和问题(DP)的最优解,证毕.

进一步分析互补松弛定理的结论可以看到在问题(LP)和问题(DP)的最优解 x^*,ω^* 处,有下列结果:

因为 $\omega^* \geqslant 0, Ax^* \leqslant b$,而且 $\omega^*(b - Ax^*) = 0$

等价于

$$\omega_i^* \left(b_i - \sum_{j=1}^{n} a_{ij} x_j^* \right) = 0, i = 1,2,\cdots,m \tag{4.2.28}$$

于是

(i) 若 $\omega_i^* > 0$,则必有 $\sum_{j=1}^{n} a_{ij} x_j^* = b_i (i = 1,2,\cdots,m)$.

(ii) 若 $\sum_{j=1}^{n} a_{ij} x_j^* < b_i$,则必有 $\omega_i^* = 0 (i = 1,2,\cdots,m)$.

又因为 $x^* \geqslant 0, \omega^* A \geqslant c$,由于 $(\omega^* A - c)x^* = 0$ 等价于

$$\left(\sum_{i-1}^{m} a_{ij} \omega_i^* - c_j \right) x_j^* = 0 \quad (j = 1,2,\cdots,n) \tag{4.2.29}$$

于是

(iii) 若 $x_j^* > 0$,则必有 $\sum_{i=1}^{m} a_{ij} \omega_i^* = c_j \quad (j = 1,2,\cdots,n)$.

(vi) 若 $\sum_{i=1}^{m} a_{ij} \omega_i^* > c_j$,则必有 $x_j^* = 0 \quad (j = 1,2,\cdots,m)$.

对于一个不等式约束,若在可行点 x^* 处为严格不等式,则称该不等式约束在可行点 x^* 处为松约束;若在可行点 x^* 处为等式约束,则称该不等式为紧约束. 根据这一规划,上述关系(i) ~ (vi)又可以简述为:对于(LP)和(DP)的最优解 x^* 和

ω^*而言，松约束的对偶约束为紧约束；或紧约束的对偶约束为松约束. 这种对应关系又称为互补松弛关系，于是定理 4.5 的结论又称为互补松弛条件.

对于非对称型的对偶规划问题(LP)和(DP)而言，其互补松弛条件的形式有下列定理.

定理 4.6 设 $\boldsymbol{x}^*$ 和 $\boldsymbol{\omega}^*$ 分别是一对非对称型的对偶规划问题(LP)和(DP)的可行解，则它们分别是最优解的充要条件是

$$(\boldsymbol{\omega}^*\boldsymbol{A}-\boldsymbol{c})\boldsymbol{x}^*=0$$

成立.

定理 4.1 ~ 定理 4.5，对于混合形式的对偶规划问题，同样适用.

互补松弛定理不仅有重要的理论价值，而且也有广泛的应用，如从已知(LP)(或(DP))的最优解，求其对偶(或原)规划(DP)(或(LP))的最优解；也可以验证(LP)的可行解是否为最优解，等等.

例 4. 已知

(LP)
$$\min z=3x_1+4x_2+2x_3+5x_4+9x_5$$
$$\text{s.t.}\begin{cases}x_2+x_3-5x_4+3x_5\geqslant 2\\ x_1+x_2-x_3+x_4+2x_5\geqslant 3\\ x_j\geqslant 0\quad (j=1,2,\cdots,5)\end{cases}$$

其对偶规划问题(DP)的最优解 $\boldsymbol{\omega}^*=(1,3)^{\mathrm{T}}$，试通过(DP)的最优解求出(LP)的最优解.

解 (LP)的对偶规划(DP)为

(DP)
$$\max w=2\omega_1+3\omega_2$$
$$\text{s.t.}\begin{cases}\omega_2\leqslant 3\\ \omega_1+\omega_2\leqslant 4\\ \omega_1-\omega_2\leqslant 2\\ -5\omega_1+\omega_2\leqslant 5\\ 3\omega_1+2\omega_2\leqslant 9\\ \omega_1,\omega_2\geqslant 9\end{cases}$$

因为(DP)的最优解 $\boldsymbol{\omega}^*=(1,3)^{\mathrm{T}}$，所以最优目标值

$$w^*=2\times 1+3\times 3=11.$$

由互补松弛条件，在 $\boldsymbol{x}^*$ 和 $\boldsymbol{\omega}^*$ 处，把 $\boldsymbol{\omega}^*$ 代入(DP)的约束条件，对于 $\boldsymbol{\omega}^*=(1,3)^{\mathrm{T}}$ 来说，(DP)中约束条件 1,2,5 为紧约束，条件 3,4 为松约束，根据互补松弛条件(DP)中约束条件 3,4 对应(LP)中的决策变量 x_3 和 x_4 应是紧的，即

$$x_3^*=x_4^*=0$$

又因为 $\omega_1^*,\omega_2^*>0$，所以(LP)中第一、第二两个约束条件为等式，即

$$\begin{cases} x_2^* + 3x_5^* = 2 \\ x_1^* + x_2^* + 2x_5^* = 3 \end{cases}$$

整理后，得

$$\begin{cases} x_1^* = 1 + x_5^* \\ x_2^* = 2 - 3x_5^* \end{cases}$$

该方程组有无穷多组解，令 $x_5^* = 0$，得

$$\boldsymbol{x}_\alpha^* = (1,2,0,0,0)^{\mathrm{T}}$$

再令 $x_5^* = 1$，得　$\boldsymbol{x}_\beta^* = (2,-1,0,0,1)^{\mathrm{T}}$.

根据线性规划的基本理论知(LP)的最优解为

$$x^* = \lambda x_\alpha^* + (1-\lambda)x_\beta^*, 0 \leqslant \lambda \leqslant 1$$

最优值 $z^* = 11$.

§4.3　原规划与对偶规划的解

从对偶规划的基本性质可以看出，原规划问题(LP)与其对偶规划问题(DP)有紧密联系. 因此，自然会考虑能否通过原规划问题(LP)的最优解求出其相应对偶规划问题(DP)的最优解，或通过原规划问题(LP)的最优单纯形表直接求出其对偶问题(DP)的最优解. 本节介绍几种利用(LP)的最优解(或最优单纯形表)直接求(DP)最优解的方法.

4.3.1　利用(LP)的最优单纯形表求(DP)的最优解

1. 对称形式的对偶规划问题

设问题(LP)

$$\begin{aligned} \max\ & z = \boldsymbol{cx} \\ \text{s.t.}\ & \boldsymbol{Ax} \leqslant \boldsymbol{b} \\ & \boldsymbol{x} \geqslant \boldsymbol{0} \end{aligned} \tag{4.3.1}$$

引入松弛向量 $\boldsymbol{x}_s = (x_{n+1}, x_{n+2}, \cdots, x_{n+m})^{\mathrm{T}}$，取松弛变量为初始基变量，把问题(4.3.1)化为

$$\begin{aligned} \max\ z &= \boldsymbol{cx} + \boldsymbol{0x}_s \\ \text{s.t.}\ \boldsymbol{Ax} + \boldsymbol{Ix}_s &= \boldsymbol{b} \end{aligned} \tag{4.3.2}$$

其中 $\boldsymbol{I}$ 为单位矩阵，应用单纯形法迭代后得到最优单纯形表如表 4.3 所示.

显然，此时表 4.3 中的检验数已满足最优性判别定理，即

$$\boldsymbol{\sigma} = (\boldsymbol{c}, 0) - \boldsymbol{c}_B\boldsymbol{B}^{-1}(\boldsymbol{A}, \boldsymbol{I}) \leqslant \boldsymbol{0}$$

亦即

$$(\boldsymbol{c} - \boldsymbol{c}_B\boldsymbol{B}^{-1}\boldsymbol{A}, -\boldsymbol{c}_B\boldsymbol{B}^{-1}) \leqslant \boldsymbol{0} \tag{4.3.3}$$

表 4.3

c			c_B	c_N	0
c_B	x_B	b	x_B	x_N	x_S
c_B	x_B	$B^{-1}b$	I	$B^{-1}N$	B^{-1}
z		$c_BB^{-1}b$	0	$c_N-c_BB^{-1}N$	$-c_BB^{-1}$

另外，在上节强对偶定理的证明中，已证

$$\omega^* = c_BB^{-1} \tag{4.3.4}$$

是问题(DP)的最优解，其中 B 是问题(LP)的最优基，于是式(4.3.3)又等价于

$$(c-\omega^*A,\ -\omega^*)\leqslant 0 \tag{4.3.5}$$

因此，从式(4.3.4)知，因为 $C_I=0$，要求问题(DP)的最优解，只需将问题(LP)的最优单纯形表上松弛变量对应的检验数反号即得

$$\omega^* = c_BB^{-1}.$$

2. 非对称形式的对偶规划问题

设问题

(LP) $\max z = cx$

$$\text{s.t.}\begin{cases}Ax = b\\ x\geqslant 0\end{cases}$$

若矩阵 A 中没有初始可行基，通过引入人工变量凑成一个单位矩阵作为初始可行基. 此时约束系数矩阵 A 可以用分块矩阵形式表示为

$$A=(B\ \vdots\ I\ \vdots\ D)$$

其中 B 为最优基，I 为初始基，D 为其余非基向量构成的矩阵，把目标函数的系数写成与 A 相对应的分块形式

$$c=(c_B,c_I,c_D)$$

应用二段法或大 M 法迭代后，得到最优单纯形表，在最优单纯形表中检验数向量为

$$\begin{aligned}\sigma &= c-c_BB^{-1}A=(c_B,c_I,c_D)-c_BB^{-1}(B\ \vdots\ I\ \vdots\ D)\\ &=(0,c_I-c_BB^{-1},c_D-c_BB^{-1}D)\leqslant 0,\end{aligned} \tag{4.3.6}$$

已知 $\omega^*=c_BB^{-1}$是(DP)的最优解，式(4.3.6)表示为

$$(0,c_I-\omega^*,c_D-c_BB^{-1}D)\leqslant 0 \tag{4.3.7}$$

因此 $$c_I-(c_I-\omega^*)=\omega^* \tag{4.3.8}$$

由式(4.3.8)知，(LP)的初始基变量对应的目标函数系数向量 c_I 减去对应的检验数向量 $c_I-c_BB^{-1}$即为所求问题(DP)的最优解.

例 5. 已知

(LP) $\max z=3x_1-x_2-x_3$

$$\text{s.t.}\begin{cases}x_1-2x_2+x_3\leqslant 11\\ -4x_1+x_2+2x_3\geqslant 3\\ -2x_1\qquad+x_3=1\end{cases}$$

用大 M 法求得其最优单纯形表如表 4.4 所示.

表 4.4

c			3	-1	-1	0	0	$-M$	$-M$
c_B	x_B	b	x_1	x_2	x_3	x_4	x_5	x_6	x_7
3	x_1	4	1	0	0	$\frac{1}{3}$	$-\frac{2}{3}$	$\frac{2}{3}$	$-\frac{5}{3}$
-1	x_2	1	0	1	0	0	-1	1	-2
-1	x_3	9	0	0	1	$\frac{2}{3}$	$-\frac{4}{3}$	$\frac{4}{3}$	$-\frac{7}{3}$
z		2	0	0	0	$-\frac{1}{3}$	$-\frac{1}{3}$	$\frac{1}{3}-M$	$\frac{2}{3}-M$

试写出对应的(DP),根据(LP)的最优单纯形表写出(DP)的最优解.

解　(LP)对应的(DP)为

$$(\text{DP})\quad \min w=11\omega_1+3\omega_2+\omega_3$$

$$(\text{LP})\quad \text{s.t.}\begin{cases}\omega_1-4\omega_2-2\omega_3\geqslant 3\\ -2\omega_1+\omega_2\geqslant -1\\ \omega_1+2\omega_2+\omega_3\geqslant -1\\ \omega_1\geqslant 0,\omega_2\leqslant 0,\omega_3\text{ 无符号限制.}\end{cases}$$

从(LP)的约束条件知(LP)的最优单纯形表中,x_4 为松弛变量,x_5 为剩余变量,x_6,x_7 为人工变量.于是单位列向量 $\boldsymbol{p}_4,\boldsymbol{p}_6,\boldsymbol{p}_7$ 可以构成一个初始可行基,x_4,x_6,x_7 为初始基变量,其对应的目标函数系数依次是

$$c_4=0,\quad c_6=-M,\quad c_7=-M$$

初始基变量对应的最优检验数依次为

$$\sigma_4=-\frac{1}{3},\quad \sigma_6=\frac{1}{3}-M,\quad \sigma_7=\frac{2}{3}-M.$$

故(DP)的最优解为

$$\omega_1^*=c_4-\sigma_4=0-\left(-\frac{1}{3}\right)=\frac{1}{3}$$

$$\omega_2^*=c_6-\sigma_6=-M-\left(\frac{1}{3}-M\right)=-\frac{1}{3}$$

$$\omega_3^*=c_7-\sigma_7=-M-\left(\frac{2}{3}-M\right)=-\frac{2}{3}$$

于是 $\omega^*=\left(\frac{1}{3},-\frac{1}{3},-\frac{2}{3}\right)^{\mathrm{T}}$,最优目标函数值 $w^*=2$.

4.3.2 应用对偶松弛条件求(DP)的最优解

设 $\boldsymbol{x}^*,\boldsymbol{\omega}^*$ 分别是问题(LP)和问题(DP)的最优解,于是对偶松弛条件又可以表示为

$$\omega_i^*\left(b_i-\sum_{j=1}^{n}a_{ij}x_j^*\right)=0\quad(i=1,2,\cdots,m)\tag{4.3.9}$$

$$\left(\sum_{i=1}^{m}a_{ij}\omega_i^*-c_j\right)x_j^*=0\quad(j=1,2,\cdots,n)\tag{4.3.10}$$

其中 $\boldsymbol{x}^*=(x_1^*,x_2^*,\cdots,x_n^*)^{\mathrm{T}},\boldsymbol{\omega}^*=(x_1^*,\omega_2^*,\cdots,\omega_m^*)^{\mathrm{T}}$.

由式(4.3.9)知 必存在 $i\in(1,2,\cdots,m)$ 使得:

(1) 若 $\sum_{j=1}^{n}a_{ij}x_j^*=b_i$,则必有 $\omega_i^*>0$.

(2) 若 $\sum_{j=1}^{n}a_{ij}x_j^*<b_i$,则必有 $\omega_i^*=0$.

由式(4.3.10)知必存在 $j\in(1,2,\cdots,m)$ 使得:

(3) 若 $x_j^*>0$,则必有 $\sum_{i=1}^{m}a_{ij}\omega_i^*=c_j$.

(4) 若 $x_j^*=0$,则必有 $\sum_{i=1}^{m}a_{ij}\omega_i^*>c_j$.

于是,已知(LP)的最优解 $\boldsymbol{x}^*$ 时,只需把 $\boldsymbol{x}^*$ 代入(LP)的约束条件,若(2)成立,则有 $\omega_i^*=0$,若(3)成立,则有 $\sum_{i=1}^{m}a_{ij}\omega_j^*=c_j$,这样把得到的方程式联立,结合得到的零分量,可以求出(DP)的最优解.

例 6. 设问题

(LP)
$$\max w=4\omega_1+3\omega_2$$
$$\text{s.t.}\begin{cases}\omega_1+2\omega_2\leqslant 2\\ \omega_1-2\omega_2\leqslant 3\\ 2\omega_1+3\omega_2\leqslant 5\\ \omega_1+\omega_2\leqslant 2\\ 3\omega_1+\omega_2\leqslant 3\\ \omega_1,\omega_2\geqslant 0\end{cases}$$

已知其最优解 $\boldsymbol{\omega}^*=\left(\frac{4}{5},\frac{3}{5}\right)^{\mathrm{T}}$,试写出其对偶规划问题(DP),并求问题(DP)的最优解.

解 (DP) $\min z = 2x_1 + 3x_2 + 5x_3 + 2x_4 + 3x_5$

$$\text{s.t.} \begin{cases} x_1 + x_2 + 2x_3 + x_4 + 3x_5 \geqslant 4 \\ 2x_1 - 2x_2 + 3x_3 + x_4 + x_5 \geqslant 3 \\ x_j \geqslant 0, j = 1,2,\cdots,5. \end{cases}$$

把 $\boldsymbol{\omega}^* = \left(\frac{4}{5}, \frac{3}{5}\right)^{\mathrm{T}}$ 代入(LP)的约束条件,知(LP)中第二、三、四,约束条件为严格不等式成立,由互补松弛条件知,(DP)的最优解中 $x_2^* = x_3^* = x_4^* = 0$,又因为 ω_1^*, ω_2^* 不为零,于是(DP)中对应的约束条件一,二在 $\boldsymbol{x}^*$ 处应为等式,故有

$$\begin{cases} x_1^* + 3x_5^* = 4 \\ 2x_1^* + x_5^* = 3 \end{cases}$$

解上述联立方程组得 $x_1^* = 1, x_5^* = 1$. 从而求得(DP)的最优解为 $\boldsymbol{x}^* = (1,0,0,0,1)^{\mathrm{T}}$,最优目标函数值 $z^* = 5$.

§4.4 对偶单纯形法

4.4.1 对偶单纯形法的基本原理

设非对称对偶问题

(LP) $\max z = \boldsymbol{cx}$

s.t. $\boldsymbol{Ax} = \boldsymbol{b}$

$\boldsymbol{x} \geqslant \boldsymbol{0}$

(DP) $\min w = \boldsymbol{\omega b}$

s.t. $\boldsymbol{\omega A} \geqslant \boldsymbol{c}$

$\boldsymbol{\omega}$ 无符号限制.

显然(LP)是线性规划问题的标准型,又设 $\boldsymbol{B}$ 为(LP)的一个基,为讨论的方便,不妨设 $\boldsymbol{B} = (\boldsymbol{p}_1, \boldsymbol{p}_2, \cdots, \boldsymbol{p}_m)$,则

$$\boldsymbol{x}^{(0)} = \begin{bmatrix} \boldsymbol{x}_B \\ \boldsymbol{x}_N \end{bmatrix} = \begin{bmatrix} \boldsymbol{B}^{-1}\boldsymbol{b} \\ \boldsymbol{0} \end{bmatrix} \tag{4.4.1}$$

为(LP)的一个基本解,且当 $\boldsymbol{x}_B = \boldsymbol{B}^{-1}\boldsymbol{b} \geqslant \boldsymbol{0}$ (4.4.2)

时,$\boldsymbol{x}^{(0)}$ 为(LP)的基本可行解. 若检验数向量满足

$$\boldsymbol{\sigma} = \boldsymbol{c} - \boldsymbol{c}_B \boldsymbol{B}^{-1} \boldsymbol{A} \leqslant \boldsymbol{0} \tag{4.4.3}$$

则 $\boldsymbol{x}^{(0)}$ 为(LP)的一个最优解.

单纯形法的基本思路是:求解问题(LP),首先从一个初始基和满足可行解条件(4.4.2)的初始基本可行解 $\boldsymbol{x}^{(0)}$ 开始,经过换基运算得到另一个基本可行解,每一次换基运算得到的解(如果有解)为基本可行解,同时使对应的检验数逐渐满足

最优性条件(4.4.3). 如果得到的某一个基本可行解 x^*,其对应的检验数满足最优性条件式(4.4.3),则 x^* 为最优解.

令 $\boldsymbol{\omega}=\boldsymbol{c}_B\boldsymbol{B}^{-1}$,代入最优性判别条件(4.4.3),得

$$\boldsymbol{\omega}\boldsymbol{A}\geqslant\boldsymbol{c} \tag{4.4.4}$$

式(4.4.4)表明 $\boldsymbol{\omega}$ 是(DP)的一个可行解,式(4.4.4)是对偶规划问题(DP)的可行性条件. 由此可知(LP)的最优性判别条件(4.4.3)和(DP)的可行性条件(4.4.4)等价. 因此(LP)在保持可行性条件下进行迭代,直至使检验数满足最优性的过程,对于(DP)来说就是使(DP)由不可行到可行的过程.

若(LP)已得到最优基 $\boldsymbol{B}$ 和最优解 $\boldsymbol{x}^*=(\boldsymbol{x}_B^*,0)^{\mathrm{T}}$ 及最优值 $z^*=\boldsymbol{c}_B\boldsymbol{x}_B^*$,对于(DP)来说,也得到可行解 $\boldsymbol{\omega}^*=\boldsymbol{c}_B\boldsymbol{B}^{-1}$ 及目标函数值 $w^*=\boldsymbol{\omega}^*\boldsymbol{b}=\boldsymbol{c}_B\boldsymbol{B}^{-1}\boldsymbol{b}=\boldsymbol{c}_B\boldsymbol{x}_B^*$,从而 $z^*=w^*$. 由对偶最优性判别定理 4.3 知 $\boldsymbol{\omega}^*$ 是(DP)的最优解. 说明(LP)和(DP)有相同的最优基. 从上述过程知,单纯形法的迭代过程是从(LP)的可行解去寻找(DP)的可行解;反之也可以从(DP)的可行解去寻找(LP)的可行解. 这就是对偶单纯形法的基本思路.

定义 4.2 设 $\boldsymbol{A}=(\boldsymbol{B},\boldsymbol{N})$,其中 $\boldsymbol{B}$ 是非奇异方阵,对应 $\boldsymbol{c}=(\boldsymbol{c}_B,\boldsymbol{c}_N)$,则 $\boldsymbol{\omega}\boldsymbol{B}=\boldsymbol{c}_B$ 的解 $\boldsymbol{\omega}=\boldsymbol{c}_B\boldsymbol{B}^{-1}$ 是(DP)的一个基本解. 若 $\boldsymbol{c}-\boldsymbol{c}_B\boldsymbol{B}^{-1}\boldsymbol{A}\leqslant 0$,即 $(0,\boldsymbol{c}_N-\boldsymbol{\omega}\boldsymbol{N})\leqslant 0$ 成立,则称 $\boldsymbol{\omega}$ 为(DP)的一个基本可行解;称 $\boldsymbol{B}$ 为(LP)的一个正则基,相应的 $\boldsymbol{x}=(\boldsymbol{B}^{-1}\boldsymbol{b},0)^{\mathrm{T}}$ 为(LP)的正则解.

根据定义 4.2 对偶单纯形法的基本思路又可以叙述为:

从(LP)的一个正则基和正则解开始进行转轴运算,在保持对偶问题(DP)可行的条件下,由一个正则解到另一个正则解进行迭代,直到正则解变成(LP)的基本可行解,此时得到(LP)的最优解.

4.4.2 对偶单纯形法的实现

设(LP)的正则基为 $\boldsymbol{B}$,为讨论方便,不妨设 $\boldsymbol{B}=(\boldsymbol{p}_1,\boldsymbol{p}_2,\cdots,\boldsymbol{p}_m)$,对应的正则解为 $\boldsymbol{x}^{(0)}$,问题(LP)关于正则基 $\boldsymbol{B}$ 的典式为

$$\begin{aligned}
&\max z = z^{(0)} + \sum_{j=m+1}^{n}\sigma_j x_j\\
&\text{s.t. } x_i + \sum_{j=m+1}^{n} a_{ij}' x_j = b_i' \quad (i=1,2,\cdots,m)\\
&\qquad x_j\geqslant 0 \quad (j=1,2,\cdots,n)
\end{aligned} \tag{4.4.5}$$

其中 $\sigma_j=c_j-\boldsymbol{c}_B\boldsymbol{B}^{-1}\boldsymbol{p}_j\leqslant 0, j=m+1,m+2,\cdots,n, b_i', i\in(1,2,\cdots,m)$ 无非负限制.

1. 作出初始单纯形表

初始单纯形表如表 4.5 所示.

表 4.5

c			c_1	$\cdots$	c_r	$\cdots$	c_m	c_{m+1}		c_k		c_n
c_B	x_B	b	x_1	$\cdots$	x_r	$\cdots$	x_m	x_{m+1}	$\cdots$	x_k	$\cdots$	x_n
c_1	x_1	b_1'	1	$\cdots$	0	$\cdots$	0	a'_{1m+1}	$\cdots$	a'_{1k}	$\cdots$	a'_{1n}
$\vdots$	$\vdots$	$\vdots$	$\vdots$		$\vdots$		$\vdots$	$\vdots$		$\vdots$		$\vdots$
c_r	x_r	b_r'	0	$\cdots$	1	$\cdots$	0	a'_{rm+1}	$\cdots$	a'_{rk}	$\cdots$	a'_{rn}
$\vdots$	$\vdots$	$\vdots$	$\vdots$		$\vdots$		$\vdots$	$\vdots$		$\vdots$		$\vdots$
c_m	x_m	b_m'	0	$\cdots$	0	$\cdots$	1	a'_{mm+1}	$\cdots$	a'_{mk}	$\cdots$	a'_{mn}
z		$z^{(0)}$	0	$\cdots$	0	$\cdots$	0	σ_{m+1}	$\cdots$	σ_k	$\cdots$	σ_n

表 4.5 和单纯形表的区别在于表中最下一行检验数 $\sigma_j \leqslant 0, (j=1,2,\cdots,n)$，但 $b_i'(i=1,2,\cdots,m)$ 不一定全部非负.

2. 离基变量的确定

若 $b_r' = \min\{b_i' \mid b_i' < 0, 1 \leqslant i \leqslant m\}$，则取 b_r' 所在行对应的基变量 x_r' 为离基变量.

3. 入基变量的选取

入基变量选取的基本思路：由于离基变量 x_r 所在行 $b_r' < 0$，若取 x_k 入基，则主元为 a_{rk}'，进行转轴变换的第一步是用主元 a_{rk}' 除以 r 行中各系数和常数项，为了消除正则解的不可行性，变换后的 b_r'' 应变为正数，故主元应满足条件 $a_{rk}' < 0$.

其次作转轴运算后应保持对偶问题的可行性（即检验数应满足最优性条件）. 换基运算后检验数变为

$$\sigma_j' = \sigma_j - \frac{a_{rj}'}{a_{rk}'}\sigma_k \quad (j=1,2,\cdots,n)$$

要保持对偶可行性，必有

$$\sigma_j' = \sigma_j - \frac{a_{rj}'}{a_{rk}'}\sigma_k \leqslant 0 \quad (j=1,2,\cdots,n) \tag{4.4.6}$$

成立. 又因为 $a_{rk}' < 0, \sigma_j \leqslant 0 (j=1,2,\cdots,n)$，当 $a_{rj}' \geqslant 0$ 时，式(4.4.6)显然成立，当 $a_{rj}' < 0$ 时，要使式(4.4.6)成立，必须有

$$\frac{\sigma_k}{a_{rk}'} \leqslant \frac{\sigma_j}{a_{rj}'} \quad (j=1,2,\cdots,n) \tag{4.4.7}$$

成立.

令
$$\theta = \min\left\{\frac{\sigma_j}{a_{rj}'} \middle| a_{rj}' < 0, 1 \leqslant j \leqslant n\right\} = \frac{\sigma_k}{a_{rk}'} \tag{4.4.8}$$

于是入基变量 x_k 对应的检验数 σ_k 应满足式(4.4.8).

4. 确定主元作转轴变换

由离基变量 x_r 所在行与入基变量 x_k 所在列相交的元素 a_{rk}' 为主元，作转轴变

换得新的正则解(或基可行解)$\boldsymbol{x}^{(1)}$.

对于正则解(或基可行解)$\boldsymbol{x}^{(1)}$,(DP)的目标函数值得到改善. 因为 $b_r'<0$, $a_{rk}'<0, \sigma_k<0$,故

$$W^{(1)}=z^{(0)}+\frac{\sigma_k}{a_{rk}'}b_r'<z^{(0)}$$

但对于(LP)来说,是减少不可行的因素,使其逐步走向可行,即可行性得到改善.

若 $b_r'<0$,且所有的 $a_{rj}'\geqslant 0(j=1,2,\cdots,n)$,则(LP)无可行解. 因为此时任何一个非基变量入基,都不可能使变换后的 b_r''为非负.

5. 对偶单纯形法的迭代步骤

Step1. 找到一个初始正则基和初始正则解 $\boldsymbol{x}^{(0)}$,列出初始对偶单纯形表.

Step2. 若 $\boldsymbol{b}'=\boldsymbol{B}^{-1}\boldsymbol{b}\geqslant 0$,停止迭代,得到(LP)的最优解;否则存在 $\boldsymbol{b}_r'<0$,转下一步.

Step3. 若 $a_{rj}'\geqslant 0(j=1,2,\cdots,n)$,则迭代停止,(LP)无最优解;否则转下一步.

Step4. 确定离基变量.

若 $b_r'=\min\{b_i' \mid b_i'<0,1\leqslant i\leqslant m\}$,则 x_r 为离基变量.

Step5. 确定入基变量.

若 $\theta=\min\left\{\frac{\sigma_j}{a_{rj}'}\,\middle|\, a_{rj}'<0,1\leqslant j\leqslant n\right\}=\frac{\sigma_k}{a_{rk}'}$,则取 σ_k对应的非基变量 x_k 为入基变量.

Step6. 以 a_{rk}'为主元作换基运算,得到新的正则解(或基本可行解),返回 step2.

例 7. 用对偶单纯形法求(LP)和(DP)的最优解.

(LP)
$$\max z=-3x_1-2x_2$$
$$\text{s.t.}\begin{cases}2x_1+3x_2+x_3=18\\ x_1-x_2\geqslant 2\\ x_1+3x_2\geqslant 10.\end{cases}$$

解 把(LP)化为标准型,引入剩余变量 x_4,x_5

$$\max z=-3x_1-2x_2$$
$$\text{s.t.}\begin{cases}2x_1+3x_2+x_3=18\\ x_1-x_2\qquad -x_4=2\\ x_1+3x_2\qquad -x_5=10\\ x_j\geqslant 0,j=1,2,\cdots,5\end{cases}$$

将第 2 和第 3 个约束方程两边同乘(-1),得到含单位矩阵的标准型

$$\max z=-3x_1-2x_2$$

$$\text{s.t.}\begin{cases}2x_1+3x_2+x_3=18\\-x_1+x_2\qquad\quad+x_4=-2\\-x_1-3x_2\qquad\quad+x_5=-10\\x_j\geqslant 0,j=1,2,\cdots,5\end{cases}$$

列出初始单纯形表,如表 4.6 所示,并进行迭代.

表 4.6

	c		-3	-2	0	0	0
c_b	x_B	b	x_1	x_2	x_3	x_4	x_5
0	x_3	18	2	3	1	0	0
0	x_4	-2	-1	1	0	1	0
0	x_5	-10	-1	-3	0	0	1
	z	0	-3	-2	0	0	0
0	x_3	0	1	0	1	0	1
0	x_4	$-\frac{16}{3}$	$-\frac{4}{3}$	0	0	1	$\frac{1}{3}$
-2	x_2	$\frac{10}{3}$	$\frac{1}{3}$	1	0	0	$-\frac{1}{3}$
	z	$-\frac{20}{3}$	$-\frac{7}{3}$	0	0	0	$-\frac{2}{3}$
0	x_3	4	0	0	1	$\frac{3}{4}$	$\frac{5}{4}$
-3	x_1	4	1	0	0	$-\frac{3}{4}$	$-\frac{1}{4}$
-2	x_2	2	0	1	0	$\frac{1}{4}$	$-\frac{1}{4}$
	z	-16	0	0	0	$-\frac{7}{4}$	$-\frac{5}{4}$

经过两次迭代后,得最优解 $x^*=(4,2,4,0,0)^{\mathrm{T}}$,最优目标值 $z^*=-16$.

由最优表中可以查出其对偶规划(DP)的最优解 $\boldsymbol{\omega}^*=\left(0,-\frac{7}{4},-\frac{5}{4}\right)^{\mathrm{T}}$,最优目标函数值 $w^*=-16$.

4.4.3 初始正则基的求法

使用对偶单纯形法首先必须已知初始正则基和初始正则解,在不具备这些条件的情况下,可以通过解辅助规划问题来获得.

设(LP) $\max z=\boldsymbol{c}\boldsymbol{x}$

$$\text{s.t.} \quad \boldsymbol{Ax}=\boldsymbol{b} \tag{4.4.9}$$
$$\boldsymbol{x}\geqslant 0$$

不妨设基 $\boldsymbol{B}=(\boldsymbol{p}_1,\boldsymbol{p}_2,\cdots,\boldsymbol{p}_m)$，把(LP)化为关于基 $\boldsymbol{B}$ 的典式后，若非基变量的检验数

$$\sigma_j\leqslant 0 \quad (j=m+1,\cdots,n) \tag{4.4.10}$$

且 b_i' 不全大于 0，则基 $\boldsymbol{B}$ 为正则基，相应的基本解为正则解. 若式(4.4.10)不满足，则基 $\boldsymbol{B}$ 不是正则基，对应的解也不是正则解.

为了求出(LP)的一个初始正则基和初始正则解，引入基变量 x_0，构造辅助规划(LP′)

$$(\text{LP}') \qquad \max z = z^{(0)} + \sum_{j=m+1}^{n}\sigma_j x_j$$
$$\text{s.t.} \quad x_0 + \sum_{j=m+1}^{n} x_j = M$$
$$x_i + \sum_{j=m+1}^{n} a_{ij}' x_j = b_i' (i=1,2,\cdots,m)$$
$$x_j \geqslant 0, (j=0,1,2,\cdots,n)$$

其中 $M>0$ 为一个充分大的正数.

在(LP′)的系数矩阵中基 $\boldsymbol{B}'=(\boldsymbol{p}_0,\boldsymbol{p}_1,\cdots,\boldsymbol{p}_m)$，作出单纯形表.

在(LP′)中已隐含一个正则基，用对偶单纯形法对(LP′)进行求解. 其结果有如下结论：

定理 4.7 若辅助规划问题(LP′)无可行解，则(LP)无可行解.

证 用反证法，设(LP′)无可行解，而(LP)有可行解，不妨设其可行解为 $\boldsymbol{x}^{(0)}=(x_1^{(0)},x_2^{(0)},\cdots,x_n^{(0)})^{\mathrm{T}}$，令 $\tilde{\boldsymbol{x}}=(x_0^{(0)},x_1^{(0)},\cdots,x_n^{(0)})^{\mathrm{T}}$，其中 $x_0^{(0)}=M-\sum_{j=m+1}^{n}x_j^{(0)}$，则 $\tilde{\boldsymbol{x}}$ 必为(LP′)的可行解，与假设矛盾.

定理 4.8 若辅助规划问题(LP′)有最优解 $\hat{\boldsymbol{x}}=(x_0^*,x_1^*,\cdots,x_n^*)^{\mathrm{T}}$，且目标函数最优值 $z(\hat{x})$ 与 M 无关，则 $\boldsymbol{x}^*=(x_1^*,x_2^*,\cdots,x_n^*)^{\mathrm{T}}$ 为(LP)的最优解.

证 设 $\hat{\boldsymbol{x}}=(x_0^*,x_1^*,\cdots,x_n^*)^{\mathrm{T}}$ 是(LP′)的最优解，但 $\boldsymbol{x}^*=(x_1^*,x_2^*,\cdots,x_n^*)^{\mathrm{T}}$ 不是(LP)的最优解，于是存在(LP)的可行解 $\boldsymbol{x}'=(x_1',x_2',\cdots,x_n')^{\mathrm{T}}$ 使得

$$z(x')\geqslant z(x^*)$$

令 $\bar{\boldsymbol{x}}=(x_0',x_1',\cdots,x_n')^{\mathrm{T}}$，其中 $x_0'=M-\sum_{j=m+1}^{n}x_j'$，则 $\bar{\boldsymbol{x}}$ 是辅助规划问题(LP′)的可行解.

又因为辅助规划问题(LP′)的目标函数与(LP)的目标函数相同，但都与 x_0' 无关，故必有

$$z(\bar{x})=z(x')\geqslant z(x^*)=z(\hat{x})$$

这与 $\hat{x}$ 是(LP′)的最优解矛盾.

例 8.

$$\max z=2x_1-4x_2$$

$$\text{s.t.}\begin{cases}x_1-2x_2+x_3=2\\-3x_1+x_2\leqslant 3\\x_1+x_2\geqslant 2\\x_1,x_2,x_3\geqslant 0\end{cases}$$

试用对偶单纯形法求解.

解　引入松弛变量 x_4 和剩余变量 x_5,把上述问题化为标准型

$$\max z=2x_1-4x_2$$

$$\text{s.t.}\begin{cases}x_1-2x_2+x_3=2\\-3x_1+x_2+x_4=3\\x_1+x_2-x_5=2\\x_j\geqslant 0\quad(j=1,2,\cdots,5)\end{cases}$$

从上述标准型可以看出 $\boldsymbol{x}^{(0)}=(0,0,2,3,-2)^{\mathrm{T}}$ 是基 $\boldsymbol{B}=(\boldsymbol{p}_3,\boldsymbol{p}_4,\boldsymbol{p}_5)$ 对应的一个基本解. 但对应的检验数 $\sigma=(2,-4,0,0,0)$ 不满足最优性条件,因此 $\boldsymbol{x}^{(0)}$ 不是正则解. 为求正则基和初始正则解,作辅助规划问题(LP′)

(LP′)

$$\max z=2x_1-4x_2$$

$$\text{s.t.}\begin{cases}x_0+x_1+x_2=M\\x_1-2x_2+x_3=2\\-3x_1+x_2+x_4=3\\x_1+x_2-x_5=2\\x_j\geqslant 0\quad(j=0,1,2,\cdots,5)\end{cases}$$

其中 M 为充分大的正数.

作出单纯形表如表 4.7 所示,因为 $\sigma_1=\max\{\sigma_j\mid j=1,2\}=\max\{\sigma_1,\sigma_2\}=\max\{2,-4\}=2$,$x_0$ 为离基变量,x_1 为入基变量,取主元 a_{11},作转轴变换,得到一个正则基和一个正则解(见表 4.7 中Ⅱ).

表 4.7

	$\boldsymbol{c}$								
	$\boldsymbol{c}_B$	$\boldsymbol{x}_B$	$\boldsymbol{b}$	x_0	x_1	x_2	x_3	x_4	x_5
Ⅰ	0	x_0	M	1	1	1	0	0	0
	0	x_3	2	0	1	−2	1	0	0
	0	x_4	3	0	−3	1	0	1	0
	0	x_5	−2	0	−1	−1	0	0	1
	z		0	0	2	−4	0	0	0

续表

	c								
	c_B	x_B	b	x_0	x_1	x_2	x_3	x_4	x_5
Ⅱ	2	x_1	M	1	1	1	0	0	0
	0	x_3	$2-M$	-1	0	-3^*	0	0	0
	0	x_4	$3+M$	3	0	4	1	0	0
	0	x_5	$-2+M$	1	0	0	0	1	0
	z		$2M$	-2	0	-6	0	0	1
Ⅲ	2	x_1	$\frac{2}{3}+\frac{2}{3}M$	$\frac{2}{3}$	1	0	$\frac{1}{3}$	0	0
	-4	x_2	$-\frac{2}{3}+\frac{1}{3}M$	$\frac{1}{3}$	0	1	$-\frac{1}{3}$	0	0
	0	x_4	$\frac{17}{3}+\frac{5}{3}M$	$\frac{5}{3}$	0	0	$\frac{4}{3}$	1	0
	0	x_5	$-2+M$	1	0	0	0	0	1
	z		4	0	0	0	-2	0	0

在表 4.7 Ⅱ 中，$b_3'=2-M<0$，于是 x_3 为离基变量，又因为 $\theta=\min\left\{\frac{\sigma_0}{a_{10}},\frac{\sigma_2}{a_{12}}\right\}=\min\left\{\frac{-2}{-1},\frac{-6}{-3}\right\}=2$，此时 x_0，x_2 均可入基，说明最优解不惟一. 但 x_0 是上一次迭代中已离基的变量，不宜再取，故取 x_2 入基，$a_{22}=-3$ 为主元作转轴变换得表 4.7 Ⅲ. 从表 4.7 Ⅲ 知已得到(LP′)的最优解.

$$\hat{x}=\left(0,\frac{2}{3}+\frac{2}{3}M,\ -\frac{2}{3}+\frac{1}{3}M,0,\frac{17}{3}+\frac{5}{3}M,\ -2+M\right)^{\mathrm{T}}$$

其最优目标函数值 $\hat{z}=4$，但与 M 无关. 故(LP)的最优解为

$$x^*=\left(\frac{2}{3}+\frac{2}{3}M,\ -\frac{2}{3}+\frac{1}{3}M,0,\frac{17}{3}+\frac{5}{3}M,\ -2+M\right)^{\mathrm{T}},$$

最优目标函数值 $z^*=4$.

确定 M 的取值，为使 x^* 成为(LP)的最优基可行解，M 的取值应满足不等式组

$$\begin{cases}\frac{2}{3}+\frac{2}{3}M\geqslant 0\\ -\frac{1}{3}+\frac{1}{3}M\geqslant 0\\ \frac{17}{3}+\frac{5}{3}M\geqslant 0\\ -2+M\geqslant 0\end{cases}\tag{4.4.11}$$

解不等式组(4.4.11)得 $M\geqslant 2$，取 $M=3$ 时得到(LP)的一个最优解

$$x^* = \left(\frac{8}{3}, \frac{1}{3}, 0, \frac{32}{3}, 1\right)^T$$

最优目标函数值 $z^* = 4$.

§4.5 灵敏度分析

考虑标准型问题

$$\begin{aligned} &\max z = \boldsymbol{cx} \\ &\text{s.t.} \quad \boldsymbol{Ax} = \boldsymbol{b} \\ &\qquad \boldsymbol{x} \geqslant \boldsymbol{0} \end{aligned} \tag{4.5.1}$$

对于选定的基 $\boldsymbol{B}$,不妨设

$$\boldsymbol{B} = (\boldsymbol{p}_1, \boldsymbol{p}_2, \cdots, \boldsymbol{p}_m)$$

把问题(4.5.1)化为关于基 $\boldsymbol{B}$ 的典式

$$\begin{aligned} &\max z = \boldsymbol{c}_B\boldsymbol{B}^{-1}\boldsymbol{b} + (\boldsymbol{c}_N - \boldsymbol{c}_B\boldsymbol{B}^{-1}\boldsymbol{N})\boldsymbol{x}_B \\ &\text{s.t.} \quad \boldsymbol{x}_B + \boldsymbol{B}^{-1}\boldsymbol{N}\boldsymbol{x}_N = \boldsymbol{B}^{-1}\boldsymbol{b} \\ &\qquad \boldsymbol{x}_B, \boldsymbol{x}_N \geqslant \boldsymbol{0} \end{aligned} \tag{4.5.2}$$

列出其单纯形表如表 4.8 所示.

表 4.8

$\boldsymbol{c}$			$\boldsymbol{c}_B$	$\boldsymbol{c}_N$
$\boldsymbol{c}_B$	$\boldsymbol{x}_B$	$\boldsymbol{b}$	$\boldsymbol{x}_B$	$\boldsymbol{x}_N$
$\boldsymbol{c}_B$	$\boldsymbol{x}_B$	$\boldsymbol{B}^{-1}\boldsymbol{b}$	$\boldsymbol{I}$	$\boldsymbol{B}^{-1}\boldsymbol{N}$
z		$\boldsymbol{c}_B\boldsymbol{B}^{-1}\boldsymbol{b}$	$\boldsymbol{0}$	$\boldsymbol{c}_N - \boldsymbol{c}_B\boldsymbol{B}^{-1}\boldsymbol{N}$

基本解 $\boldsymbol{x} = \begin{pmatrix} \boldsymbol{x}_B \\ \boldsymbol{x}_N \end{pmatrix} = \begin{pmatrix} \boldsymbol{B}^{-1}\boldsymbol{b} \\ \boldsymbol{0} \end{pmatrix}$ 是问题(4.5.1)的最优解的条件是

$$\boldsymbol{x}_B = \boldsymbol{B}^{-1}\boldsymbol{b} \geqslant \boldsymbol{0} \tag{4.5.3}$$

$$\boldsymbol{\delta}_N = \boldsymbol{c}_N - \boldsymbol{c}_B\boldsymbol{B}^{-1}\boldsymbol{N} \leqslant \boldsymbol{0} \tag{4.5.4}$$

若表 4.8 中的数据满足条件(4.5.3)、(4.5.4),则表 4.8 已是一张最优单纯形表,相应的解 $\boldsymbol{x} = \begin{pmatrix} \boldsymbol{B}^{-1}\boldsymbol{b} \\ \boldsymbol{0} \end{pmatrix}$ 为最优解,$\boldsymbol{B}$ 为最优可行基. 但当其中某些数据发生改变时,这个最优解或最优基可能发生变化.

前面讨论线性规划问题时,总是假设 $a_{ij}, c_j, b_i (i = 1, 2, \cdots, m, j = 1, 2, \cdots, n)$ 是不变的常数,然而,现实世界中这些数据的改变是经常可能发生的. 当这些数据中的一个或几个变化时,可能使最优解条件(4.5.3)、(4.5.4)不满足. 因此,当已求

得问题(4.5.1)的最优解,研究和分析数据中的一个或几个变化时,问题的最优解会有什么变化?或这些数据在什么范围内变化时问题的最优解或最优基不变?这种涉及解的稳定性问题的分析和研究称为灵敏度分析(Sensitivity Analysis).

从表 4.8 可以看到系数矩阵 $\boldsymbol{c},\boldsymbol{A}$ 及常数项矩阵 $\boldsymbol{b}$ 中元素发生变化时,都有可能引起单纯形表中相关部分变化,从而可能引起最优解或最优基的改变.另一方面,由于某些数据只与表中某些部分相关,因此,当这些数据变化时,只需修改相关部分便可以得到新问题的单纯形表继续迭代和判别结果.下面将分别讨论这些变化对最优解或最优基的影响及处理方法.

4.5.1 目标函数系数的灵敏度分析

由最优解的判别条件(4.5.4)知,$\boldsymbol{c}_j$ 的变化会影响(LP)的最优检验数 $\delta_j \in \delta_N$ 的变化. c_j 又可以分为基变量和非基变量的系数,即 $c_j \in \boldsymbol{c}_B$ 和 $c_j \in \boldsymbol{c}_N$ 两种情况,下面将分别进行讨论.

1. 非基变量 x_j 的目标函数系数 c_j 的改变

已知(LP)的最优基 $\boldsymbol{B}$,若 $c_j \in \boldsymbol{c}_N$ 且 c_j 变为 $c_j' = c_j + \Delta c_j$,则相应的检验数变为

$$\sigma_j' = (c_j + \Delta c_j) - \boldsymbol{c}_B \boldsymbol{B}^{-1} \boldsymbol{p}_j \leqslant 0 \tag{4.5.5}$$

于是有

$$\Delta c_j \leqslant -\sigma_j \tag{4.5.6}$$

式(4.5.6)表明,要保持(LP)的最优基和最优解不变,非基变量 x_j 的目标函数系数 c_j 的改变量应满足式(4.5.6).若超出上述范围,原(LP)的最优基和最优解不再是最优基和最优解,必须局部修改(LP)的最优单纯形表中相关部分,然后继续迭代,步骤如下:

Step1. 在(LP)最优单纯形表中 c_j 改为 $c_j + \Delta c_j$;

Step2. 计算 $\sigma_j' = (c_j + \Delta c_j) - \boldsymbol{c}_B \boldsymbol{B}^{-1} \boldsymbol{p}_j$;

Step3. 继续进行迭代或判别结果.

2. 基变量 x_j 的目标函数系数 c_j 的改变

对于(LP)的最优基 $\boldsymbol{B}$,若基变量 x_r 的目标函数的系数 c_r 变为 $c_r' = c_r + \Delta c_r$.因为 $c_r \in \boldsymbol{c}_B$,于是检验数第二项变为

$$\begin{aligned}(\boldsymbol{c}_B + \Delta \boldsymbol{c}_B)\boldsymbol{B}^{-1}\boldsymbol{A} &= \boldsymbol{c}_B \boldsymbol{B}^{-1}\boldsymbol{A} + (0,\cdots,\Delta c_r,\cdots,0)\boldsymbol{B}^{-1}\boldsymbol{A} \\ &= \boldsymbol{c}_B \boldsymbol{B}^{-1}\boldsymbol{A} + \Delta c_r (a_{r_1}', a_{r_2}', \cdots, a_{r_n}')\end{aligned}$$

其中 $(a_{r_1}', a_{r_2}', \cdots, a_{r_n}')$ 是矩阵 $\boldsymbol{B}^{-1}\boldsymbol{A}$ 的第 r 行.因此,变化后的检验数为

$$\sigma_j' = c_j - (\boldsymbol{c}_B \boldsymbol{B}^{-1} \boldsymbol{P}_j + \Delta c_r a_{rj}') = \sigma_j - \Delta c_r a_{rj}' \quad (j = 1, 2, \cdots, n)$$

若要求最优基和最优解不变,则必须满足

$$\sigma_j' = \sigma_j - \Delta c_r a_{rj}' \leqslant 0 \quad (j = 1, 2, \cdots, n) \tag{4.5.7}$$

由式(4.5.7)知:

当 $a'_{rj}<0$ 时 $$\Delta c_r \leqslant \frac{\sigma_j}{a'_{rj}}$$

当 $a'_{rj}>0$ 时 $$\Delta c_r \geqslant \frac{\sigma_j}{a'_{rj}}$$

故要保持(LP)的最优基和最优解不变,Δc_r 的允许变化范围是

$$\max\left\{\frac{\sigma_j}{a'_{rj}}\middle| a'_{rj}>0, j\in(1,2,\cdots,n)\right\}\leqslant \Delta c_r \leqslant \min\left\{\frac{\sigma_j}{a'_{rj}}\middle| a'_{rj}<0, j\in(1,2,\cdots,n)\right\} \tag{4.5.8}$$

例 9. 设(LP)

$$\max z = 9x_1+8x_2+50x_3+19x_4$$
$$\text{s.t.}\begin{cases}3x_1+2x_2+10x_3+4x_4\leqslant 18\\ 2x_3+\frac{1}{2}x_4\leqslant 3\\ x_j\geqslant 0,\quad j=1,2,3,4\end{cases}$$

引入松弛变量 x_5,x_6 后,迭代得最优表如表 4.9 所示.

表 4.9

x_B	b	x_1	x_2	x_3	x_4	x_5	x_6
x_4	2	2	$\frac{4}{3}$	0	1	$\frac{2}{3}$	$-\frac{10}{3}$
x_3	1	$-\frac{1}{2}$	$-\frac{1}{3}$	1	0	$-\frac{1}{6}$	$\frac{4}{3}$
z	88	−4	$-\frac{2}{3}$	0	0	$-\frac{13}{3}$	$-\frac{10}{3}$

(1)若 $c_1=9$ 为保持现有最优解不变,试求 c_1 的允许变化范围.

(2)若 $c_3=50$ 为保持现有最优基 $\boldsymbol{B}$ 不变,试求 c_3 的允许变化范围.

解　(1)从最优单纯形表 4.9 中可知 x_1 是非基变量,c_1 是非基变量 x_1 对应的目标函数系数,若要保持现有最优解不变,c_1 的允许改变量 Δc_1 必须满足式(4.5.6),即

$$\Delta c_1 \leqslant -\sigma_j$$

从最优表中可以查出 $\sigma_1=-4$,故 $\Delta c_1\leqslant 4$,即 $\Delta c_1\leqslant 4$ 时,最优解不发生变化.

(2)因为 x_3 为基变量,c_3 是基变量 x_3 对应的目标函数的系数,若要保持现有最优解不变,c_3 的允许改变量 Δc_3 必须满足式(4.5.7),即有

$$\max\left\{\frac{\sigma_6}{a'_{26}}\middle| a'_{26}>0\right\}\leqslant \Delta c_3 \leqslant \min\left\{\frac{\sigma_j}{a'_{2j}}\middle| a'_{2j}<0, j=1,2,5\right\}$$

$$\max\left\{\frac{-\frac{10}{3}}{\frac{4}{3}}\right\}\leqslant\Delta c_3\leqslant\min\left\{\frac{-4}{-\frac{1}{2}},\frac{-\frac{2}{3}}{-\frac{1}{3}},\frac{-\frac{13}{3}}{-\frac{1}{6}}\right\}$$

$$-\frac{5}{2}\leqslant\Delta c_3\leqslant 2$$

故 c_3 的变化范围是 $\left[47\frac{1}{2},52\right]$.

4.5.2 约束条件右端常数项变化的灵敏度分析

在(LP)的最优单纯形表中

$$\boldsymbol{x}_B=\boldsymbol{B}^{-1}\boldsymbol{b},z=\boldsymbol{c}_B\boldsymbol{B}^{-1}\boldsymbol{b}.$$

显然,若 $b_i\in\boldsymbol{b}$ 变化时,将影响(LP)的最优解和最优目标值. 因此,当 $\boldsymbol{b}$ 变为 $\boldsymbol{b}'$ 时,通常考虑下面两种情况:

1. $\boldsymbol{b}$ 的改变对于现有最优解有何影响.

2. 为保持现有最优基不变,$b_r\in\boldsymbol{b}$ 的允许变化取值区间如何确定.

首先考虑 $\boldsymbol{b}$ 的改变对于现有最优解的影响.

设 $\boldsymbol{b}$ 变为 $\boldsymbol{b}'=\boldsymbol{b}+\Delta\boldsymbol{b}$,由于 $\boldsymbol{b}$ 的改变不影响检验数,只影响最优单纯形表中约束矩阵的常数项,因此,可以从最优单纯形表中找出最优基的逆阵 $\boldsymbol{B}^{-1}$,计算出

$$\boldsymbol{x}_B'=\boldsymbol{B}^{-1}\boldsymbol{b}'=\boldsymbol{B}^{-1}(\boldsymbol{b}+\Delta\boldsymbol{b}).$$

(1)若 $\boldsymbol{x}_B'=\boldsymbol{B}^{-1}\boldsymbol{b}'\geqslant 0$,则最优基不变,得到(LP)新的最优解 $\boldsymbol{x}'=\begin{pmatrix}\boldsymbol{x}_B'\\0\end{pmatrix}$ 和最优目标函数值 $\boldsymbol{z}'=\boldsymbol{c}_B\boldsymbol{B}^{-1}\boldsymbol{b}'$.

(2)若 $\boldsymbol{x}_B'=\boldsymbol{B}^{-1}\boldsymbol{b}'$ 含有负分量,则(LP)的最优基改变,用 $\boldsymbol{x}_B'$,z' 取代(LP)原最优表中相应数据,用对偶单纯形法继续迭代,求出新的最优基和最优解或判断无最优解.

其次讨论当 $b_i(i=1,2,\cdots,m,i\neq r)$ 不变时,为保持现有最优基 $\boldsymbol{B}$ 不变,b_r 允许变化的取值区间的确定.

设 b_r 变为 $b_r'=b_r+\Delta b_r$,则 $\boldsymbol{x}_B'=\boldsymbol{B}^{-1}(\boldsymbol{b}+\Delta\boldsymbol{b})$,其中

$$\boldsymbol{b}=(b_1,b_2,\cdots,b_r,\cdots,b_m)^{\mathrm{T}},\Delta\boldsymbol{b}=(0,0,\cdots,\Delta b_r,\cdots,0)^{\mathrm{T}}.$$

从而

$$\boldsymbol{x}_B'=\boldsymbol{B}^{-1}(\boldsymbol{b}+\Delta\boldsymbol{b})=\boldsymbol{B}^{-1}\boldsymbol{b}+\boldsymbol{B}^{-1}\Delta\boldsymbol{b}=\begin{pmatrix}b_1'\\\vdots\\b_i'\\\vdots\\b_m'\end{pmatrix}+\begin{pmatrix}a_{1r}'\Delta b_r\\\vdots\\a_{ir}'\Delta b_r\\\vdots\\a_{mr}'\Delta b_r\end{pmatrix}=\begin{pmatrix}b_1'+a_{1r}'\Delta b_r\\\vdots\\b_i'+a_{ir}'\Delta b_r\\\vdots\\b_m'+a_{mr}'\Delta b_r\end{pmatrix}\quad(4.5.9)$$

其中$(a'_{1r}, a'_{2r}, \cdots, a'_{mr})^{T}$是基$\boldsymbol{B}$的逆矩阵$\boldsymbol{B}^{-1}$中第$r$列. 若要保持$\boldsymbol{x}_B' \geqslant 0$,即$b'_i + a'_{ir}\Delta b_r \geqslant 0 \quad (i=1,2\cdots,m)$,则:

当$a'_{ir} > 0$时　　$\Delta b_r \geqslant -\dfrac{b_i'}{a'_{ir}}$

当$a'_{ir} < 0$时　　$\Delta b_r \leqslant -\dfrac{b_i'}{a'_{ir}}$

故Δb_r允许取值的变化区间为

$$\max\left\{ -\frac{b_i'}{a'_{ir}} \middle| a'_{ir}>0, \quad i\in(1,2,\cdots,m) \right\} \leqslant \Delta b_r$$
$$\leqslant \min\left\{ -\frac{b_i'}{a'_{ir}} \middle| a'_{ir}<0, \quad i\in(1,2,\cdots,m) \right\} \tag{4.5.10}$$

若Δb_r在式(4.5.10)规定的范围内变化,则(LP)的最优基不变,且可以根据式(4.5.9)算出$\boldsymbol{x}_B'$,从而得新的最优解$x' = \begin{pmatrix} \boldsymbol{x}_B' \\ 0 \end{pmatrix}$和最优值$\boldsymbol{z}' = \boldsymbol{c}_B\boldsymbol{B}^{-1}\boldsymbol{b}'$. 若$\Delta b_r$超出式(4.5.10)的规定范围,则按第2种情况中的(2)处理.

4.5.3　约束条件系数a_{ij}变化的灵敏度分析

约束条件系数a_{ij}的变化分为约束条件系数矩阵$\boldsymbol{A}$中个别元素a_{ij}的改变和增加一行或一列元素这两类情况. 无论哪一种情况,从式(4.5.3)和式(4.5.4)可以知道,系数a_{ij}的变化对于最优基、最优解均可能有影响. 为了叙述的方便,我们分别讨论.

1. 约束条件系数矩阵$\boldsymbol{A}$中个别元素a_{ij}的变化

约束系数矩阵$\boldsymbol{A}$中某一个系数a_{ij}的变化,对于(LP)最优表的影响,从式(4.5.3)和式(4.5.4)知,要根据该系数所在列$\boldsymbol{p}_j$是否属于最优基来考虑.

$\boldsymbol{p}_j$不属于最优基$\boldsymbol{B}$. 设$a_{ij}\in\boldsymbol{p}_j$,但$\boldsymbol{p}_j\notin\boldsymbol{B}$. 也就是说$a_{ij}$是非基变量$x_j$在第$i$个约束条件中的系数,因此$\boldsymbol{p}_j$是非基列.

若$\boldsymbol{p}_j$改变为$\boldsymbol{p}_j' = \boldsymbol{p}_j + \Delta\boldsymbol{p}_j$,其中$\Delta\boldsymbol{p}_j = (0,\cdots,\Delta a_{ij},\cdots,0)^{T}$. 此时,$x_j$对应的检验数为

$$\boldsymbol{\delta}_j' = c_j - \boldsymbol{c}_B\boldsymbol{B}^{-1}\boldsymbol{p}_j' = c_j - \boldsymbol{c}_B\boldsymbol{B}^{-1}(\boldsymbol{p}_j + \Delta\boldsymbol{p}_j) = \delta_j - \boldsymbol{\omega}\Delta\boldsymbol{p}_j$$

其中
$$\boldsymbol{\omega} = \boldsymbol{c}_B\boldsymbol{B}^{-1} = (\omega_1, \omega_2, \cdots, \omega_m).$$

若要求最优基$\boldsymbol{B}$不变,则必须$\delta_j' \leqslant 0$,也就是

$$\boldsymbol{\delta}_j - \boldsymbol{\omega}\Delta\boldsymbol{p}_j \leqslant 0$$

即
$$\boldsymbol{\delta}_j \leqslant \boldsymbol{\omega}\Delta\boldsymbol{p}_j \tag{4.5.11}$$

又因为
$$\boldsymbol{\omega}\Delta\boldsymbol{p}_j=(\omega_1,\omega_2,\cdots,\omega_m)\begin{pmatrix}0\\ \vdots\\ \Delta a_{ij}\\ \vdots\\ 0\end{pmatrix}=\omega_i\Delta a_{ij}$$

于是
$$\omega_i\Delta a_{ij}\geqslant\delta_j,\quad i\in(1,2,\cdots,m)\tag{4.5.12}$$
由式(4.5.12)知，当 $\omega_i>0$ 时，则有
$$\Delta a_{ij}\geqslant\frac{\delta_j}{\omega_{ij}}\tag{4.5.13}$$
成立．当 $\omega_i<0$ 时，则有
$$\Delta a_{ij}\leqslant\frac{\delta_j}{\omega_{ij}}\tag{4.5.14}$$
成立. 说明：

(1) 非基列 $\boldsymbol{p}_j$ 中的某个系数 a_{ij}变化时，其改变量 Δa_{ij}若满足式(4.5.13)和式(4.5.14)时，则最优基不变.

(2) 若非基列 $\boldsymbol{p}_j$ 中的元素 a_{ij}的改变量 Δa_{ij}超出式(4.5.13)和式(4.5.14)的规定，则 $\boldsymbol{\delta}_j'>0$. 此时应把原最优表中的 $\boldsymbol{p}_j$ 改为 $\boldsymbol{p}_j''$，其中 $\boldsymbol{p}_j''=\boldsymbol{B}^{-1}\boldsymbol{p}_j'$，$\boldsymbol{\delta}_j$ 改为 $\boldsymbol{\delta}_j'$，继续迭代.

2. 基变量 x_j 所在列 $\boldsymbol{p}_i$ 中元素 a_{ij}的变化

设基变量 x_j 所对应列 $\boldsymbol{p}_j$ 中的某一个元素 a_{ij}改变，不妨设 $\boldsymbol{p}_j$ 变为 $\boldsymbol{p}_j'=(a_{1j},a_{2j},\cdots,a_{ij}+\Delta_{ij},\cdots,a_{mj})^{\mathrm{T}}$，从式(4.5.3)和式(4.5.4)可知，$\boldsymbol{p}_j$ 的变化可能影响原最优解和最优检验数的变化. 因此，分两种情况讨论.

(1) a_{ij}的变化仅影响检验数 δ_j 的改变，不影响最优解的可行性. 为保持最优基不变，把 x_j 仍视为基变量，计算 $\boldsymbol{p}_j''=\boldsymbol{B}^{-1}\boldsymbol{p}_j'$和$\boldsymbol{\delta}_j'=\boldsymbol{c}_j-\boldsymbol{c}_B\boldsymbol{p}_j''$. 用 $\boldsymbol{p}_j''$，$\boldsymbol{\delta}_j'$取代(LP)最优表中相关部分，以 a_{ij}''为主元，继续迭代.

(2) a_{ij}的变化同时导致(LP)的可行性条件 $\boldsymbol{x}_B=\boldsymbol{B}^{-1}\boldsymbol{b}\geqslant0$ 和最优性条件 $\boldsymbol{\delta}_N=\boldsymbol{c}_N-\boldsymbol{c}_BB^{-1}N\leqslant0$ 均被破坏，此时有下列两种方法可以处理.

(i) 计算 $\boldsymbol{p}_j''=\boldsymbol{B}^{-1}\boldsymbol{p}_j'$和 $\boldsymbol{\delta}_j=\boldsymbol{c}_j-\boldsymbol{c}_B\boldsymbol{p}_j''$，修改(LP)最优单纯形表中相应的部分，进行迭代. 若基本解的可行性被破坏，可以用对偶单纯形法迭代.

(ii) 引进人工变量 x_{n+1}，在(LP)的最优单纯形表中增加一列，即 $\boldsymbol{p}_j'$为第 $n+1$ 列，取 $c_{n+1}=c_j$ 且修改表中 x_j 对应的目标函数系数 c_j 为 M，即 $c_j=M$(其中 $M>0$，且充分大). 修改后的单纯形表如表 4.10 所示.

表 4.10

		c_1	$\cdots$	M	$\cdots$	c_n	c_j
$\boldsymbol{x}_B$	$\boldsymbol{b}$	x_1	$\cdots$	x_j	$\cdots$	x_n	x_{n+1}
x_1	b_1'	a_{11}'	$\cdots$	a_{1j}'	$\cdots$	a_{1n}'	a_{1j}'

续表

		c_1	$\cdots$	M	$\cdots$	c_n	c_j
$\vdots$	$\vdots$	$\vdots$		$\vdots$		$\vdots$	$\vdots$
x_i	b_i'	a_{i1}'	$\cdots$	a_{ij}'	$\cdots$	a_{in}'	$a_{ij}'+\Delta a_{ij}$
$\vdots$	$\vdots$	$\vdots$		$\vdots$		$\vdots$	$\vdots$
x_m	b_m'	a_{m1}'	$\cdots$	a_{mj}'	$\cdots$	a_{mn}'	a_{mj}'
z	$\boldsymbol{c}_B'\boldsymbol{B}^{-1}\boldsymbol{b}'$	δ_1'	$\cdots$	δ_j'	$\cdots$	δ_n'	δ_{n+1}'

在修改后的单纯形表 4.10 中进行迭代，经过迭代后必将 x_j 变为非基变量，x_{n+1} 为基变量，在得到新的最优表中，用 x_{n+1} 的值代替 x_j 的值，得到新的最优解和最优值.

3. 约束条件系数矩阵 $\boldsymbol{A}$ 中增加一列或一行元素

在实际(LP)问题中，若要求增加一个新品种，反映在(LP)模型中就是增加一个决策变量 x_{n+1}，已知其相应的价值系数 c_{n+1} 和约束矩阵中的列向量 $\boldsymbol{p}_{n+1}=(a_{1,n+1},\cdots,a_{m,n+1})^{\mathrm{T}}$. 把 x_{n+1} 视为非基变量，在(LP)的已有最优表中增加一列

$$\boldsymbol{p}_{n+1}'=\boldsymbol{B}^{-1}\boldsymbol{p}_{n+1}=\begin{pmatrix}a_{1,n+1}'\\ \vdots\\ a_{i,n+1}'\\ \vdots\\ a_{m,n+1}'\end{pmatrix} \tag{4.5.15}$$

及相应检验数

$$\delta_{n+1}=c_{n+1}-\boldsymbol{c}_B\boldsymbol{p}_{n+1}'$$

若 $\delta_{n+1}\leqslant 0$，则(LP)的最优解不变，否则继续进行迭代.

在(LP)问题中，若增加约束

$$a_{m+1,1}x_1+a_{m+1,2}+\cdots+,a_{m+1,n}x_n\leqslant b_{m+1} \tag{4.5.16}$$

其中 $a_{m+1,j}(j=1,2,\cdots,n)$ 及 b_{m+1} 为已知常数，此时可以用下列办法处理.

(1) 从(LP)的最优表中，取出已有最优解 $\boldsymbol{x}^*=(x_1^*,x_2^*,\cdots,x_n^*)^{\mathrm{T}}$ 代入式(4.5.16)，若满足新条件，则最优解仍为 $\boldsymbol{x}^*$.

(2) 若(LP)的最优解 $\boldsymbol{x}^*$ 不满足约束条件(4.5.16)，则在(LP)最优单纯形表中增加一行. 亦即在式(4.5.16)中引入松弛变量 x_{n+1}，把约束条件(4.5.16)各项系数放入表中系数矩阵 $\boldsymbol{A}$ 的最后一行，相应在表中增加一列 $\boldsymbol{p}_{n+1}=(0,0,\cdots,0,1)^{\mathrm{T}}$. 修改以后的单纯形表如表 4.11 所示.

表 4.11

			c_1	c_2	…	c_n	0
c_B	x_B	b	x_1	x_2	…	x_n	x_{n+1}
c_1	x_1	b_1'	a_{11}'	a_{12}'	…	a_{1n}'	0
⋮	⋮	⋮	⋮	⋮		⋮	⋮
c_m	x_m	b'_m	$a'_{m,1}$	$a'_{m,2}$		a'_{mn}	0
0	x_{n+1}	b_{m+1}	$a_{m+1,1}$	$a_{m+1,2}$	…	$a_{m+1,n}$	1
z		$c_B B^{-1} b'$	δ_1	δ_2	…	δ_n	δ_{n+1}

在修改后的单纯形表 4.11 中，检查是否破坏了原最优表中的单位矩阵(最优基)，若已破坏，则用矩阵的初等变换将原单位矩阵恢复，继续迭代. 若可行性破坏，则用对偶单纯形法迭代.

例 10. 线性规划问题

$$\max z = 6x_1 + 14x_2 + 13x_3$$

$$\text{s.t.} \begin{cases} \frac{1}{2}x_1 + 2x_2 + x_3 \leqslant 24 \\ x_1 + 2x_2 + 4x_3 \leqslant 60 \\ x_3 \geqslant 0 \end{cases} \quad (j = 1,2,3)$$

用单纯形法求解得最终单纯形表如表 4.12 所示.

表 4.12

		c	6	14	13	0	0
c_B	x_B	b	x_1	x_2	x_3	x_4	x_5
6	x_1	36	1	6	0	4	-1
13	x_3	6	0	-1	1	-1	$\frac{1}{2}$
z		294	0	-9	0	-11	$-\frac{1}{2}$

(1) 如果第一个约束条件变为 $x_1 + 4x_2 + 2x_3 \leqslant 68$ 时，线性规划问题最优解有何变化?

(2) 如果约束条件不变，目标函数变为 $\max z(\theta) = 6x_1 + (14 + 3\theta)x_2 + 13x_3$ 时，试求 θ 在区间$[0,4]$内变化时最优解的变化.

解 (1)因为 $x_1 + 4x_2 + 2x_3 \leqslant 68$ 等价于$\frac{1}{2}x_1 + 2x_2 + x_3 \leqslant 34$，即约束条件右端

常数由 $b_1=24$ 变为 $b_1'=34$. 又因

$$\max\left\{-\frac{b_i'}{a_{i1}'}\middle|\, a_{i1}'>0, i\in(1,2,3,4,5)\right\}=-\frac{36}{4}=-9$$

$$\min\left\{-\frac{b_i'}{a_{i1}'}\middle|\, a_{i1}'<0, i\in(1,2,3,4,5)\right\}=-\frac{6}{-1}=6$$

而 $\Delta b_1=34-24=10\notin[-9,6]$ 故原最优基不可行.

$$\boldsymbol{x}_B'=\begin{pmatrix}x_1\\x_3\end{pmatrix}=\boldsymbol{B}^{-1}(\boldsymbol{b}+\Delta\boldsymbol{b})=\begin{pmatrix}4&-1\\-1&\frac{1}{2}\end{pmatrix}\begin{pmatrix}34\\60\end{pmatrix}=\begin{pmatrix}76\\-4\end{pmatrix}$$

$$z'=\boldsymbol{c}_B\boldsymbol{B}^{-1}(\boldsymbol{b}+\Delta\boldsymbol{b})=(6,13)\begin{pmatrix}76\\-4\end{pmatrix}=404$$

用 $\boldsymbol{x}_B'$, z'取代表中对应项得表 4.13 Ⅰ,继续迭代.

表 4.13

	$\boldsymbol{c}$			6	14	13	0	0
	$\boldsymbol{c}_B$	$\boldsymbol{x}_B$	$\boldsymbol{b}$	x_1	x_2	x_3	x_4	x_5
Ⅰ	6	x_1	76	1	6	0	4	−1
	13	x_3	−4	0	−1	1	−1	$\frac{1}{2}$
	z		404	0	−9	0	−11	$-\frac{1}{2}$
Ⅱ	6	x_1	52	1	0	6	−2	2
	14	$\boldsymbol{x}_2$	4	0	1	−1	1	$-\frac{1}{2}$
	z		368	0	0	−9	−2	−5

从表 4.13 Ⅱ 中,知最优解 $\boldsymbol{x}^*=(52,4,0)^{\mathrm{T}}$,最优目标函数值$z^*=368$.

(2)非基变量 $\boldsymbol{x}_2$ 的价值系数 $\boldsymbol{c}_2$ 由 $\boldsymbol{c}_2=14$ 变为 $\boldsymbol{c}_2'=14+3\theta$,于是对应的检验数变为

$$\delta_2'=(c_2+\Delta c_2)-\boldsymbol{c}_B\boldsymbol{B}^{-1}\boldsymbol{p}_j=(14+3\theta)-(6,13)\begin{pmatrix}6\\-1\end{pmatrix}=3\theta-9$$

当 $3\theta-9\leqslant0$,即 $\theta\leqslant3$ 时,$\delta_2'\leqslant0$,原最优解不变,即 $x^*=(36,0,6)^{\mathrm{T}}$.

当 $\theta\in(3,4]$时,$\delta_2'>0$,用 $\delta_2'=3\theta-9$ 取代表中 δ_2 的值,如表 4.14 所示,继续迭代.

因 $\theta\in(3,4]$,故 $\delta_j\leqslant0(j=1,2,\cdots,5)$ 此时,$\boldsymbol{x}^*=(0,6,12)^{\mathrm{T}}$.

故 当 $\theta\in[0,3]$时,$\boldsymbol{x}^*=(36,0,6)^{\mathrm{T}}$,$z^*=294$.

当 $\theta\in(3,4]$时,$\boldsymbol{x}^*=(0,6,12)^{\mathrm{T}}$,$z^*=240+18\theta$.

表 4.14

	c			6	$14+3\theta$	13	0	0
	c_B	x_B	b	x_1	x_2	x_3	x_4	x_5
Ⅰ	6	x_1	56	1	6^*	0	4	-1
	13	x_3	6	0	-1	1	-1	$\frac{1}{2}$
	z		294	0	$3\theta-9$	0	-11	$-\frac{1}{2}$
Ⅱ	$14+3\theta$	x_2	6	$\frac{1}{6}$	1	0	$\frac{4}{3}$	$-\frac{1}{6}$
	13	x_3	12	$\frac{1}{6}$	0	1	$-\frac{1}{3}$	$\frac{1}{5}$
	z		$240-18\theta$	$\frac{3}{2}-\frac{\theta}{2}$	0	0	$-5-2\theta$	$\frac{\theta}{2}-2$

例 11. 已知问题(LP)

$$\max z=10x_1+5x_2$$

$$\text{s.t.}\begin{cases}3x_1+4x_2\leqslant 9\\5x_1+2x_2\leqslant 8\\x_1,x_2\geqslant 0\end{cases}$$

用单纯形法求得最终单纯形表如表 4.15 所示.

(1) 目标函数系数 c_1 或 c_2 分别在什么范围内变动,现有最优解不变?

(2) 约束条件右端常数项 b_1,b_2 中,当保持一个不变时另一个在什么范围内变化,现有最优基不变?

(3) 问题(LP)的目标函数变为 $\max z=12x_1+4x_2$ 时,最优解有什么变化?

(4) 约束条件右端常数项由 $\begin{pmatrix}9\\8\end{pmatrix}$ 变为 $\begin{pmatrix}11\\19\end{pmatrix}$ 时,最优解有什么变化?

表 4.15

c			10	5	0	0
c_B	x_B	b	x_1	x_2	x_3	x_4
5	x_2	$\frac{3}{2}$	0	1	$\frac{5}{14}$	$-\frac{3}{14}$
10	x_1	1	1	0	$-\frac{1}{7}$	$\frac{2}{7}$
z		$\frac{35}{2}$	0	0	$-\frac{5}{14}$	$-\frac{25}{14}$

解　(1) 由 $c_r' = c_r + \Delta c_r$，对于基变量 x_r 的系数 c_r，Δc_r 允许变化范围

$$\max_j\left\{\frac{\delta_j}{a'_{rj}}\middle| a'_{rj}>0\right\}\leqslant \Delta c_r \leqslant \min_j\left\{\frac{\delta_j}{a'_{rj}}\middle| a'_{rj}<0\right\}$$

即有
$$\left\{\frac{-25/14}{2/7}\right\}\leqslant \Delta c_1 \leqslant \min\left\{\frac{-5/14}{-1/7}\right\}$$

于是 $\frac{-25}{4}\leqslant \Delta c_1 \leqslant \frac{5}{2}$，即$\frac{25}{4}\leqslant c_1 \leqslant \frac{25}{2}$时，现有最优解不变.

同理
$$\max\left\{\frac{-5/14}{5/14}\right\}\leqslant \Delta c_2 \leqslant \min\left\{\frac{-25/14}{-3/14}\right\}$$

$$-1\leqslant \Delta c_2 \leqslant \frac{25}{3}，即 4\leqslant c_2 \leqslant \frac{40}{3}时，现有最优解不变.$$

(2) (i) b_2 不变时，b_1 变化，因为

$$\max\left\{-\frac{b_j'}{a_{i'1}'}\middle| a_{i1}'>0\right\} = -\frac{3/2}{5/14} = -\frac{21}{5}$$

$$\min\left\{-\frac{b_j'}{a_{i'1}'}\middle| a_{i1}'<0\right\} = -\frac{1}{-1/7} = 7$$

故 $\Delta b_1 \in \left[-\frac{21}{5}, 7\right]$，　即 $b_1 \in \left[\frac{24}{5}, 16\right]$.

(ii) 若 b_1 不变，b_2 变化，因为

$$\max\left\{-\frac{b_j'}{a_{i'2}'}\middle| a_{i2}'>0\right\} = -\frac{1}{2/7} = -\frac{7}{2}$$

$$\min\left\{-\frac{b_j'}{a_{i'2}'}\middle| a_{i2}'<0\right\} = -\frac{3/2}{-3/14} = 7$$

故　$\Delta b_2 \in \left[-\frac{7}{2}, 7\right]$，即 $b_2 \in \left[\frac{9}{5}, 15\right]$. 故当 $b_1 \in \left[\frac{24}{5}, 16\right]$ 或 $b_2 \in \left[\frac{9}{5}, 15\right]$ 时，现有最优基不变.

(3) 目标函数变为：$\max z = 12x_1 + 4x_2$ 时，即 $\boldsymbol{c}_B = (-5, 10) \to \boldsymbol{c}_B'(4, 12)$ 代入单纯形表见表 4.16 中的迭代.

表 4.16

$\boldsymbol{c}$			12	4	0	0
$\boldsymbol{c}_B$	$\boldsymbol{x}_B$	$\boldsymbol{b}$	x_1	x_2	x_3	x_4
4	x_2	$\frac{3}{2}$	0	1	$\frac{5}{14}^*$	$-\frac{3}{14}$
12	x_1	1	1	0	$-\frac{1}{7}$	$\frac{2}{7}$
z		-18	0	0	$\frac{2}{7}$	$-\frac{18}{7}$

续表

c			12	4	0	0
c_B	x_B	b	x_1	x_2	x_3	x_4
0	x_3	$\frac{21}{5}$	0	$\frac{14}{5}$	2	$-\frac{3}{5}$
12	x_1	$\frac{8}{5}$	1	$\frac{2}{5}$	0	$\frac{1}{5}$
z		$-\frac{96}{5}$	0	$-\frac{4}{5}$	0	$-\frac{12}{5}$

故 $$x^*=\left(-\frac{8}{5},0,\frac{21}{5},0\right)^{\mathrm{T}}\quad z^*=\frac{96}{5}.$$

(4)约束条件右端常数项 $b=\begin{pmatrix}9\\8\end{pmatrix}$变为 $b'=\begin{pmatrix}11\\19\end{pmatrix}$时

$$\boldsymbol{x}_B{}'=\begin{pmatrix}x_2\\x_1\end{pmatrix}=\boldsymbol{B}^{-1}(\boldsymbol{b}+\Delta\boldsymbol{b})=\begin{pmatrix}\frac{5}{14}&-\frac{3}{14}\\-\frac{1}{7}&\frac{2}{7}\end{pmatrix}\begin{pmatrix}11\\19\end{pmatrix}=\begin{pmatrix}-\frac{1}{7}\\\frac{27}{27}\end{pmatrix}$$

$$z'=\boldsymbol{c}_B\boldsymbol{B}^{-1}(b+\Delta\boldsymbol{b})=(5,10)\left(-\frac{1}{7},\frac{27}{7}\right)^{\mathrm{T}}=\frac{256}{7}.$$

此时 $\boldsymbol{x}_B{}'$不可行,用对偶单纯形法继续迭代. 如表 4.17 所示.

表 4.17

c			10	5	0	0
c_B	x_B	b	x_1	x_2	x_3	x_4
5	x_2	$-\frac{1}{7}$	0	1	$\frac{5}{14}$	$-\frac{3}{14}^*$
10	x_1	$\frac{27}{7}$	1	0	$-\frac{1}{7}$	$\frac{2}{7}$
z		$-\frac{265}{7}$	0	0	$-\frac{5}{14}$	$-\frac{25}{14}$
0	x_4	$\frac{2}{3}$	0	$-\frac{14}{3}$	$-\frac{5}{3}$	1
10	x_1	$\frac{11}{3}$	1	$\frac{4}{3}$	$\frac{1}{3}$	0
z		$-\frac{110}{3}$	0	$-\frac{25}{3}$	$-\frac{10}{3}$	0

迭代后,得新的最优解 $\boldsymbol{x}^*=\left(\frac{11}{3},0,0,\frac{3}{2}\right)$,最优目标函数值 $z^*=\frac{110}{3}$.

习 题

1. 写出下列线性规划问题的对偶问题

(1) $\max z = 2x_1 + x_2 + 3x_3 + x_4$

$$\text{s.t.}\begin{cases} x_1 + x_2 + x_3 + x_4 \leqslant 5 \\ x_1 - x_3 + x_4 \geqslant 1 \\ 2x_1 - x_2 + 3x_3 = -4 \\ x_1, x_3 \geqslant 0, x_2, x_4 \text{ 无符号限制;} \end{cases}$$

(2) $\max z = 5x_1 + 6x_2 + 7x_3$

$$\text{s.t.}\begin{cases} -x_1 + 5x_2 - 3x_3 \geqslant 15 \\ -5x_1 - 6x_2 + 10x_3 \leqslant 20 \\ x_1 - x_2 - x_3 = -5 \\ x_1 \leqslant 0, x_2 \geqslant 0, x_3 \text{ 无符号限制;} \end{cases}$$

(3) $\min z = 3x_1 + 2x_2 - 3x_3 + 4x_4$

$$\text{s.t.}\begin{cases} x_1 - 2x_2 + 3x_3 + 4x_4 \leqslant 3 \\ x_2 + 3x_3 + 4x_4 \geqslant -5 \\ 2x_1 - 3x_2 - 7x_3 - 4x_4 = 2 \\ x_1 \geqslant 0, x_4 \leqslant 0, x_2, x_3 \text{ 无约束.} \end{cases}$$

2. 应用对偶理论证明线性规划问题

$$\max z = x_1 - x_2 + x_3$$

$$\text{s.t.}\begin{cases} x_1 - x_3 \geqslant 4 \\ x_1 - x_2 + 2x_3 \geqslant 3 \\ x_j \geqslant 0, j = 1,2,3 \end{cases}$$

有可行解,但无最优解.

3. 应用对偶理论证明线性规划问题

$$\max z = 3x_1 + 2x_2$$

$$\text{s.t.}\begin{cases} -x_1 + 2x_2 \leqslant 4 \\ 3x_1 + 2x_2 \leqslant 14 \\ x_1 - x_2 \leqslant 3 \\ x_1, x_2 \geqslant 0 \end{cases}$$

有最优解,并说明其对偶问题也有最优解.

4. 设(LP)

$$\min z = 2x_1 - x_2 + 2x_3$$

$$\text{s. t.}\begin{cases}-x_1+x_2+x_3=4\\-x_1+x_2-kx_3\leqslant 6\\x_1\leqslant 0,x_2\geqslant 0,x_3\ \text{无约束}.\end{cases}$$

其中最优解为：$x^*=(-5,0,-1)^{\mathrm{T}},z^*=-12$.

(1)试写出其对偶问题(DP)；

(2)试求 k 值；

(3)试求(DP)的最优解.

5. 设(LP)

$$\max z=2x_1+x_2+3x_3$$

$$\text{s. t.}\begin{cases}x_1+x_2+2x_3\leqslant 5\\2x_1+3x_2+4x_3=12\\x_j\geqslant 0,j=1,2,3\end{cases}$$

(1)试写出其对偶问题(DP)；

(2)已知 $x^*=(3,2,0)^{\mathrm{T}}$ 是(LP)的最优解，试根据互补松弛定理，求(DP)的最优解.

6. 设(LP) $\min z=\boldsymbol{cx}$,

$\text{s. t. } \boldsymbol{Ax}=\boldsymbol{b},\boldsymbol{x}\geqslant 0$

(1)试写出其对偶问题(DP)；

(2)试求出(LP)和(DP)目标函数之间的关系；

(3)设 $\boldsymbol{x}^*$ 是(LP)的最优解，$\boldsymbol{\omega}^*$ 是(DP)的最优解，如果用 $\boldsymbol{b}'$ 代替 $\boldsymbol{b}$ 后(LP)的最优解为 $\boldsymbol{x}'$，证明：$\boldsymbol{c}(\boldsymbol{x}^*-\boldsymbol{x}')\leqslant\boldsymbol{\omega}^*(\boldsymbol{b}-\boldsymbol{b}')$.

7. 用对偶单纯形法求解下列线性规划问题

(1)
$$\max z=9x_1-7x_2+4x_3$$

$$\text{s. t.}\begin{cases}5x_1+x_2+7x_3\leqslant 5\\3x_1+4x_2+8x_3=4\\2x_1+6x_2+8x_3\geqslant 6\\x_j\geqslant 0,j=1,2,3;\end{cases}$$

(2)
$$\max z=2x_1+x_2+3x_3+x_4$$

$$\text{s. t.}\begin{cases}x_1+x_2+x_3+x_4\leqslant 5\\2x_1-x_2+3x_3=-4\\x_1-x_3+x_4\geqslant 1\\x_1,x_3\geqslant 0,x_2,x_4\ \text{无符号限制};\end{cases}$$

(3)
$$\min z=5x_1+2x_2+4x_3$$

$$\text{s.t.}\begin{cases}3x_1+x_2+2x_3\geqslant 4\\6x_1+3x_2+5x_3\geqslant 10\\x_j\geqslant 0, j=1,2,3.\end{cases}$$

8. 设问题（LP）

$$\max z=10x_1+5x_2$$

$$\text{s.t.}\begin{cases}3x_1+4x_2\leqslant 9\\5x_1+2x_2\leqslant 8\\x_1,x_2\geqslant 0\end{cases}$$

用单纯形法求得最终单纯形表如表 4.18 所示.

表 4.18

c			10	5	0	0
c_B	x_B	b	x_1	x_2	x_3	x_4
5	x_2	$\frac{3}{2}$	0	1	$\frac{5}{14}$	$-\frac{3}{14}$
10	x_1	1	1	0	$-\frac{1}{7}$	$\frac{2}{7}$
z		$\frac{35}{2}$	0	0	$-\frac{5}{14}$	$-\frac{25}{14}$

(1)目标函数系数 c_1 或 c_2 分别在什么范围内变化，现最优解不变？

(2)约束条件右端常数项 $\boldsymbol{b}=\begin{pmatrix}9\\8\end{pmatrix}$ 变为 $\boldsymbol{b}'=\begin{pmatrix}10\\8\end{pmatrix}$，现有最优基是否变化？

(3)约束矩阵 $\boldsymbol{A}$ 中，$\boldsymbol{p}_1=\begin{pmatrix}3\\5\end{pmatrix}$ 变为 $\boldsymbol{p}_1'=\begin{pmatrix}4\\5\end{pmatrix}$，最优解是否变化？

9. 已知(LP)

$$\max z=-5x_1+5x_2+13x_3$$

$$\text{s.t.}\begin{cases}-x_1+x_2+3x_3\leqslant 20\\12x_1+4x_2+10x_3\leqslant 90\\x_j\geqslant 0, j=1,2,3.\end{cases}$$

用单纯形法求出其最优解和最优单纯形表，再分析下列条件单独变化时，最优解有何变化？

(1)目标函数中 $c_3=13$ 变为 $c_3'=8$；

(2)约束条件右端常数 $b_2=90$ 变为 $b_2'=70$；

(3)约束矩阵 $\boldsymbol{A}$ 中，$\boldsymbol{p}_1=\begin{pmatrix}-1\\12\end{pmatrix}$ 变为 $\boldsymbol{p}_1'=\begin{pmatrix}0\\5\end{pmatrix}$；

(4)约束矩阵 $\boldsymbol{A}$ 中，$\boldsymbol{p}_2=\begin{pmatrix}1\\4\end{pmatrix}$变为 $\boldsymbol{p}_2'=\begin{pmatrix}2\\5\end{pmatrix}$；

(5)增加一个约束条件 $2x_1+3x_2+5x_3\leqslant 50$.

10. 设(LP)

$$\begin{aligned}\max z&=3x_1+6x_2\\ \text{s.t.}\quad &x_1\leqslant 4\\ &3x_1+2x_2\leqslant 18\\ &x_1,x_2\geqslant 0.\end{aligned}$$

其最优单纯形表如表 4.19 所示.

表 4.19

$\boldsymbol{c}$			3	6	0	0
$\boldsymbol{x}_B$		$\boldsymbol{b}$	x_1	x_2	x_3	x_4
0	x_3	4	0	0	1	0
6	x_2	9	$\frac{3}{2}$	1	0	$\frac{1}{2}$
z		54	-6	0	0	-3

若 $c_2=6-4\theta$，$\boldsymbol{b}=\begin{pmatrix}4\\18\end{pmatrix}+\theta\begin{pmatrix}8\\-24\end{pmatrix}$，$\boldsymbol{p}_1=\begin{pmatrix}1\\3\end{pmatrix}+\theta\begin{pmatrix}2\\-3\end{pmatrix}$，$c_1$，$\boldsymbol{p}_2$ 不变，为保持现最优基可行解不变，试确定 θ 的取值范围.

第五章　整数规划

整数规划(Integer Programming,简记 IP)是近 30 年来发展起来的数学规划的一个重要的理论分支.整数规划问题是要求决策变量全部或部分取整数值的线性或非线性规划问题.由于整数非线性规划尚无一般解法,因此本章仅考虑整数线性规划模型及其解法,文中所提及的整数规划均指整数线性规划.

根据对变量的要求不同,整数规划又分为:

(1)纯整数规划:所有决策变量均要求为整数的线性规划.

(2)混合整数规划:部分决策变量要求为整数的线性规划.

(3)0—1 整数规划:所有决策变量均要求为 0—1 的整数规划.

(4)混合 0—1 规划:部分决策变量要求为 0—1 的整数规划.

本章主要介绍整数规划的一些基本概念和常用算法,还将介绍一些特殊的整数规划问题(0—1 规划、分配问题)的解法.

§5.1　整数规划问题及其数学模型

5.1.1　整数规划问题引例

在现实生活中,当决策变量代表人数、机器数、项目数等时,往往只能取整数值.涉及这些变量的线性规划问题,非整数的解显然不符合要求.

例 1. 某建筑公司承包建两种类型宿舍,甲种宿舍每幢占地面积为 0.25×10^3 (m^2);乙种宿舍每幢占地面积为 0.4×10^3(m^2).该公司已购进 3×10^3(m^2)的建筑土地,计划要求建甲种宿舍不超过 8 幢,乙种宿舍不超过 4 幢.建甲种宿舍一幢可获利 10 万元,建乙种宿舍一幢可获利 20 万元.试问应建甲、乙种宿舍各几幢,公司获利最大?

解　设建甲种宿舍 x_1 幢,乙种宿舍 x_2 幢,则该问题的数学模型为

$$\max z = 10x_1 + 20x_2$$

$$\text{s.t.}\begin{cases} 0.25x_1 + 0.4x_2 \leqslant 3 \\ x_1 \leqslant 8 \\ x_2 \leqslant 4 \\ x_1, x_2 \geqslant 0 \text{ 且为整数.} \end{cases}$$

在这个例子中,所有的决策变量都要求为整数,所以是一个纯整数规划问题.

例 2.(选址问题) 某种商品有 n 个销售地,各销售地每月的需求量分别为 b_j 吨($j=1,2,\cdots,n$),现在 m 个地点中选址建厂,用来生产这种产品以满足供应,且规定一个地址最多只能建一个工厂,若选择第 i 个地址建厂,将来生产能力每月为 a_i 吨,每月的生产成本为 d_i($i=1,2,\cdots,m$)元,已知从第 i 个工厂至第 j 个销售地点的运价为 c_{ij}元/吨,应如何选择厂址和安排调运可以使总的费用最少?

解 设每月从厂址 i 至销售地 j 的运量为 x_{ij}吨,z 为每月的总费用(元),

$$y_i=\begin{cases}1,\text{若在第 } i \text{ 个地址建厂},\\0,\text{否则}.\end{cases}$$
则该问题的数学模型为

$$\min z = \sum_{i=1}^{m}\sum_{j=1}^{n} c_{ij}x_{ij} + \sum_{i=1}^{m} d_i y_i$$

$$\text{s.t.}\begin{cases}\sum\limits_{j=1}^{n} x_{ij} \leqslant a_i y_i (i = 1,2,\cdots,m)\\ \sum\limits_{i=1}^{m} x_{ij} = b_j (j = 1,2,\cdots,n)\\ x_{ij} \geqslant 0, y_i = 0 \text{ 或 } 1.\end{cases}$$

在这个例子中,x_{ij}可以取非负实数,而 y_i 只能取 0 或 1,这类问题称为混合整数规划问题.

例 3.(投资决策问题) 设有 n 个投资项目,其中第 j 个项目需要资金 a_j 万元,将来可获利润 c_j 万元,若现有资金总额为 b 万元,则应选择哪些投资项目,才能获利最大?

解 设 $x_j=\begin{cases}1,\text{对第 } j \text{ 个项目投资},\\0,\text{不然}.\end{cases}$

这里 $j=1,2,\cdots,n$,设 z 为可获得的总利润(万元),则该问题的数学模型为

$$\max z = \sum_{j=1}^{n} c_j x_j$$

$$\text{s.t.}\begin{cases}\sum\limits_{j=1}^{n} a_j x_j \leqslant b\\ x_j = 0 \text{ 或 } 1 (j = 1,2,\cdots,n)\end{cases}$$

这个例子中所有的决策变量 x_j($j=1,2,\cdots,n$)只能取 0 或 1 值,所以是一个纯 0—1 规划问题.

5.1.2 整数规划的数学模型

一般地,整数规划的数学模型是

$$\max z(\text{或} \min z) = \sum_{j=1}^{n} c_j x_j;$$

$$\text{s.t.}\begin{cases}\sum_{j=1}^{n} a_{ij}x_j = b_i (i = 1,2,\cdots,m);\\ x_j \geqslant 0 \ (j = 1,2,\cdots,n) \text{ 且部分或全部为整数.}\end{cases}$$

由前述可知依照决策变量取整要求的不同，如本章引言中所讲的，整数规则可以分为纯整数规划、全整数规划、混合整数规划、0—1 整数规划等.

5.1.3 整数规划与线性规划的关系

考虑如下形式的(IP)

$$\text{(IP)} \quad \min c^{\mathrm{T}}\boldsymbol{x}$$

$$\text{s.t.}\begin{cases}\boldsymbol{A}\boldsymbol{x} = \boldsymbol{b}\\ \boldsymbol{x} \geqslant \boldsymbol{0}\\ \boldsymbol{x} \text{ 为整数向量.}\end{cases} \tag{5.1.1}$$

在式(5.1.1)问题中除去 $\boldsymbol{x}$ 为整数向量这一约束后，就得到一个普通的(LP)问题，而对于(LP)问题已有有效的算法. 因此，人们对(IP)提出一个问题：为什么不解对应的(LP)，然后用“舍零取整”方法得到整数解呢？为了解答这个问题，让我们来看一个例子.

例 4. 设整数规划问题

$$\max z = x_1 + x_2$$

$$\text{s.t.}\begin{cases}14x_1 + 9x_2 \leqslant 51\\ -6x_1 + 3x_2 \leqslant 1\\ x_1, x_2 \geqslant 0 \text{ 且为整数.}\end{cases}$$

首先不考虑对变量的整数约束，得线性规划问题(称为松弛问题)

$$\max z = x_1 + x_2$$

$$\text{s.t.}\begin{cases}14x_1 + 9x_2 \leqslant 51;\\ -6x_1 + 3x_2 \leqslant 1;\\ x_1, x_2 \geqslant 0\end{cases}$$

解 对于这个问题，可以用图解法得到最优(见图 5.1 中的 A 点)

$$x_1 = \frac{3}{2}, x_2 = \frac{10}{3} \quad \text{且有} \quad z = \frac{29}{6}$$

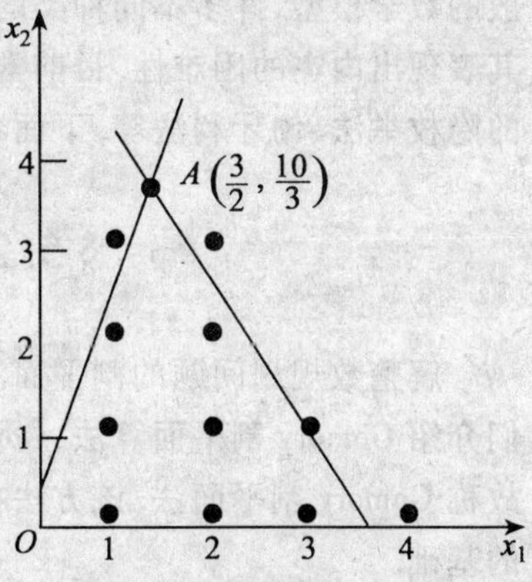

图 5.1

现在求整数最优解.

如果用“舍零取整”的方法，可以得到 4 个点，即(1,3)，(2,3)，(1,4)，(2,4)，上述 4 个点是 A 点附近的点，但由图 5.1 可知，这 4 个点都不是可行点，显然它们都不可能是整数规划的最优解.

整数规划问题的可行解集和最优解的定义与线性规划类似,只是要加上满足整数条件.从图5.1还可以看到,(IP)的可行集合是一些离散的整数点,又称为格点,而取相应的(LP)问题的可行点集合是包含这些格点的多面凸集.对有界的(IP)问题来说,其可行集合内的格点数目是有限的,于是我们就可以想到,是否可以用枚举法求解(IP)呢?即算出目标函数在可行集合内各个格点上的函数值,然后比较这些函数值的大小,以求得(IP)的最优解和最优值.

如上例,有整数可行解

$$\boldsymbol{x}^{(0)}=(0,0)^{\mathrm{T}},\boldsymbol{x}^{(1)}=(1,0)^{\mathrm{T}},\boldsymbol{x}^{(2)}=(2,0)^{\mathrm{T}},$$
$$\boldsymbol{x}^{(3)}=(3,0)^{\mathrm{T}},\boldsymbol{x}^{(4)}=(1,1)^{\mathrm{T}},\boldsymbol{x}^{(5)}=(1,2)^{\mathrm{T}},$$
$$\boldsymbol{x}^{(6)}=(2,1)^{\mathrm{T}},\boldsymbol{x}^{(7)}=(2,2)^{\mathrm{T}},\boldsymbol{x}^{(8)}=(3,1)^{\mathrm{T}}$$

相应的目标函数值为

$$z^{(0)}=0,z^{(1)}=1,z^{(2)}=2,z^{(3)}=3,z^{(4)}=2,$$
$$z^{(5)}=3,z^{(6)}=3,z^{(7)}=4,z^{(8)}=4$$

由此得最优解 $\boldsymbol{x}^*=(2,2)^{\mathrm{T}}$ 或 $\boldsymbol{x}^*=(3,1)^{\mathrm{T}}$,最优值 $z^*=4$.

然而,只有当问题的决策变量个数很少,且可行点集合内的格点个数也很少时,枚举法才是可行的.对一般的(IP)问题,枚举法是无能为力的.如50个城市的货郎担问题,所有可能的旅行路线个数为$\dfrac{(49)!}{2}$(请读者考虑为什么?留作习题),若用枚举法在计算机上求解,即使对未来的计算机速度最乐观的估计,也将需要数十亿年!

由上述可知,求解(IP)比求解(LP)要困难得多.究其原因,(IP)是一个非常一般的数学模型,许多不同种类的问题都可以归结为(IP).正由于这个一般性,而使其表现出内在的困难性.目前常用算法主要有割平面法、分支定界法、解0—1规划的隐枚举法、匈牙利法等.下面各节将逐一介绍这几种方法.

§5.2 Gomory 割平面法

解整数规划问题的割平面法有多种类型,但它们的基本思想是相同的.本节我们介绍 Gomory 割平面算法,Gomory 割平面算法是 R. E. Gomory 于1959年提出的,故称 Gomory 割平面法.该方法在理论和应用上是十分重要的,被认为是整数规划的基础.

5.2.1 割平面法的基本思想

考虑纯整数规划问题

(IP) $\qquad\qquad \min\ \boldsymbol{c}^{\mathrm{T}}\boldsymbol{x}$

$$\text{s.t.}\quad\begin{cases}\boldsymbol{Ax}=\boldsymbol{b}\\ \boldsymbol{x}\geqslant \boldsymbol{0}\\ \boldsymbol{x}\text{ 为整数向量}\end{cases}\tag{5.2.1}$$

(IP)的可行区域记为 D,当 $D\neq\varnothing$ 时,D 是由有限个或可数个格点构成的集合. 记(IP)的松弛问题为(LP),即

(LP) $$\min \boldsymbol{c}^{\mathrm{T}}\boldsymbol{x}$$

$$\text{s.t.}\quad\begin{cases}\boldsymbol{Ax}=\boldsymbol{b}\\ \boldsymbol{x}\geqslant \boldsymbol{0}\end{cases}\tag{5.2.2}$$

(LP)的可行区域 D_0 是一个凸多面体. 这两个问题之间具有如下明显的关系:

(1) $D\subset D_0$;

(2) 若(LP)无可行解,则(IP)无可行解;

(3) (LP)的最优值是(IP)的最优值的一个下界;

(4) 若(LP)的最优解 $\boldsymbol{x}^0$ 是整数向量,则 $\boldsymbol{x}^0$ 是(IP)的最优解.

割平面法的基本思想是:首先用单纯形法求得对应松弛问题(LP)的最优解. 如果得到的最优解是一个非整数解,构造一个新的约束,对松弛问题的可行域进行切割,在保证其整数可行解不被切割掉的情况下,重复这个过程,逐步切割可行域,直至得到一个整数的最优极点为止.

割平面法的关键在于如何选取合适的割平面,才能使切割的部分只包含非整数解,而不切割掉任何整数可行解. 下面介绍怎样产生割平面.

设 $\hat{\boldsymbol{x}}=(\hat{x}_1,\hat{x}_2,\cdots,\hat{x}_n)^{\mathrm{T}}$ 是纯整数规划的一个关于基 $\boldsymbol{B}$ 线性松弛模型(LP)的解,若 $\hat{x}_j(j=1,2,\cdots,n)$ 全为整数,则 $\hat{\boldsymbol{x}}$ 就是原问题(IP)的最优解;若 $\hat{x}_j(j=1,2,\cdots,n)$ 不全为整数,不妨设问题(LP)的最优基为 $\boldsymbol{B}'=(\boldsymbol{p}_1,\boldsymbol{p}_2,\cdots,\boldsymbol{p}_m)$,最优单纯形表的第 i 行的基变量 x_i 取值不是整数,x_i 所在的方程为

$$x_i+\sum_{j\in J}a'_{ij}x_j=b'_i\tag{5.2.3}$$

其中

$$J=\{j\,|\,j\text{ 是关于基 }\boldsymbol{B}\text{ 的非基变量的下标}\}$$

即为非基变量的下标集. $\hat{x}_i=b'_i$ 不是整数. 对整数规划的任意一个可行解 $\boldsymbol{x}=(x_1,x_2,\cdots,x_n)^{\mathrm{T}}$ 也满足式(5.2.3). 我们把式(5.2.3)中的 $a'_{ij}\ (j\in J)$ 与 b'_i 都分解为一个整数 $[a'_{ij}]$ 与一个正的真分数 f 两数之和

$$a'_{ij}=[a'_{ij}]+f_{ij}\quad(0\leqslant f_{ij}<1)$$
$$b'_i=[b'_i]+f_i\quad(0<f_i<1).$$

其中 $[a'_{ij}]$ 表示不超过 a'_{ij} 的最大整数,f_{ij} 是 a'_{ij} 的小数部分. $[b'_i]$ 表示不超过 b'_i 的最大整数,f_i 是 b'_i 的小数部分. 则式(5.2.3)可以改写为

$$x_i+\sum_{j\in J}[a'_{ij}]x_j+\sum_{j\in J}f_{ij}x_j=[b'_i]+f_i$$

或

$$x_i + \sum_{j\in J}[a'_{ij}]x_j - [b'_i] = f_i - \sum_{j\in J}f_{ij}x_j \qquad (5.2.4)$$

由于 $\boldsymbol{x} = (x_1, x_2, \cdots, x_n)^{\mathrm{T}}$ 为整数规划的一个可行解,所以 $x_i, x_j\ (j \in J)$ 均须为整数,而$[a'_{ij}]\ (j \in J)$ 与$[b'_i]$ 是整数,故式(5.2.4) 左端一定为整数,则右端也须为整数. 由于$0 \leqslant f_{ij} < 1, 0 < f_i < 1$,且$x_j \geqslant 0$,因而$\sum_{j\in J}f_{ij}x_j \geqslant 0$,于是有$f_i - \sum_{j\in J}f_{ij}x_j \leqslant f_i < 1$,故式(5.2.4)右端必须满足

$$f_i - \sum_{j\in J}f_{ij}x_j \leqslant 0 \qquad (5.2.5)$$

这就是一个割平面. 由于式(5.2.5)来源于单纯形表的第 i 行,故称为源于第 i 行的割平面.

把式(5.2.5)添入原整数规划问题的线性松弛模型的约束中,可以切割掉线性松弛模型的最优基可行解 $\hat{\boldsymbol{x}}$,但不会割去整数规划的整数可行解,这两个特点正是割平面的两条性质:

性质 5.1 割平面约束条件(5.2.5)割去了对应(LP)问题的非整数最优解.

证 (反证法) 假设 $\hat{\boldsymbol{x}}$ 未被式(5.2.5)切割掉,则 $\hat{\boldsymbol{x}}$ 应满足式(5.2.5),即有

$$f_i - \sum_{j\in J}f_{ij}x_j \leqslant 0.$$

因 $\hat{x}_j = 0, j \in J$,故上式即

$$f_i \leqslant 0,$$

这与$f_i > 0$ 矛盾,故 $\hat{\boldsymbol{x}}$ 不可能满足式(5.2.5),即 $\hat{\boldsymbol{x}}$ 被式(5.2.5)切割掉了.

性质 5.2 割平面未割去(IP)问题的任一整数可行解.

证 设 $\tilde{\boldsymbol{x}} = (\tilde{x}_1, \tilde{x}_2, \cdots, \tilde{x}_n)^{\mathrm{T}}$ 为整数规划问题的任一整数可行解,则 $\tilde{\boldsymbol{x}}$ 必然满足整数规划问题的约束方程组,当然也满足等价方程组

$$x_i + \sum_{j\in J}a'_{ij}x_j = b'_i \quad (i = 1, 2, \cdots, m).$$

由于式(5.2.3)是上述方程之一,故 $\tilde{\boldsymbol{x}}$ 满足式(5.2.3). 而 $\tilde{x}_j\ (j = 1, 2, \cdots, n)$ 均为整数,必然满足式(5.2.5),因为式(5.2.5)恰是假定所有变量均为整数而由式(5.2.3)导出的.

5.2.2 割平面法的算法步骤

综上所述,我们将求解整数规划的割平面法的步骤归纳如下:

Step1. 用单纯形法求解(IP)对应的松弛问题(LP).

若(LP)问题没有可行解,则(IP)问题亦无可行解,计算停止;

若(LP)问题有最优解,且符合(IP)问题的整数要求,则(LP)问题的最优解即为(IP)问题的最优解,计算停止;

若(LP)问题有最优解,但不符合(IP)问题的整数约束,则转下一步.

Step2. (1) 从(LP)的最优解中,任选一个不为整数的分量 x_i,将最优单纯

形表中该行的系数a'_{ij}和b'_r分解为一个整数和一个正的真分数之和,并以该行为源行,按式(5.2.5)作割平面方程.

(2)　将所得的割平面方程作为一个新的约束条件置于最优单纯形表中约束条件栏最后一行(同时增加一个单位列向量),用对偶单纯形法求出新的最优解.返回(1).

下面举例加以说明.

例5. 试用割平面法求解一整数规划模型

$$\max z = x_1 + x_2$$

$$\text{s.t.}\begin{cases}2x_1 + x_2 \leqslant 5\\ 4x_1 - x_2 \geqslant 2\\ x_1, x_2 \geqslant 0\\ x_1, x_2 \text{ 均为整数.}\end{cases}$$

解　先把该问题的线性松弛模型化为标准型

$$\min z = -x_1 - x_2$$

$$\text{s.t.}\begin{cases}2x_1 + x_2 + x_3 = 5\\ 4x_1 - x_2 - x_4 = 2\\ x_1, x_2, x_3, x_4 \geqslant 0.\end{cases}$$

将第二个约束条件两端同乘以(-1),用交替单纯形法(即单纯形法和对偶单纯形法交替使用)解之,具体过程见表5.1,得$\boldsymbol{x}_0=\left(\frac{7}{6},\frac{8}{3}\right)^{\mathrm{T}}$.由于$\boldsymbol{x}_0$是非整数解,因此须构造割平面.根据最优单纯形表,构造源于第1行的割平面

$$\frac{2}{3}-\left(\frac{2}{3}x_3+\frac{1}{3}x_4\right)\leqslant 0$$

给该割平面引入一个松弛变量x_5,得

$$-\frac{2}{3}x_3-\frac{1}{3}x_4+x_5=-\frac{2}{3}$$

把该约束添加到表5.1的倒数第二行,得表5.2,用对偶单纯形法求得一个新问题的最优解$\boldsymbol{x}_1=\left(\frac{3}{2},2\right)^{\mathrm{T}}$.

表5.1

	x_1	x_2	x_3	x_4	
x_3	2	1	1	0	5
x_4	4	-1	0	-1	2
	-1	-1	0	0	

续表

	x_1	x_2	x_3	x_4	
x_3	2	1	1	0	5
x_4	-4^*	1	0	1	-2
	-1	-1	0	0	
x_3	0	$\frac{3}{2}^*$	1	$\frac{1}{2}$	4
x_1	1	$\frac{-1}{4}$	0	$\frac{-1}{4}$	$\frac{1}{2}$
	0	$\frac{-5}{4}$	0	$\frac{-1}{4}$	
x_2	0	1	$\frac{2}{3}$	$\frac{1}{3}$	$\frac{8}{3}$
x_1	1	0	$\frac{1}{6}$	$\frac{-1}{6}$	$\frac{7}{6}$
	0	0	$\frac{5}{6}$	$\frac{1}{6}$	

因表 5.2 中 $x_1=\frac{3}{2}$仍不是整数,故构造源于该行的割平面

$$\frac{1}{2}-\left(\frac{1}{2}x_3+\frac{1}{2}x_5\right)\leqslant 0$$

表 5.2

	x_1	x_2	x_3	x_4	x_5	
x_2	0	1	$\frac{2}{3}$	$\frac{1}{3}$	0	$\frac{8}{3}$
x_1	1	0	$\frac{1}{6}$	$\frac{-1}{6}$	0	$\frac{7}{6}$
x_5	0	0	$\frac{-2}{3}$	$\frac{-1}{3}^*$	1	$\frac{-2}{3}$
	0	0	$\frac{5}{6}$	$\frac{1}{6}$	0	
x_2	0	1	0	0	1	2
x_1	1	0	$\frac{1}{2}$	0	$\frac{-1}{2}$	$\frac{3}{2}$
x_4	0	0	2	1	-3	2
	0	0	$\frac{1}{2}$	0	$\frac{1}{2}$	

给该割平面引入一个松弛变量 x_6,得

$$-\frac{1}{2}x_3-\frac{1}{2}x_5+x_6=-\frac{1}{2}.$$

把上式添入表 5.2 的倒数第二行，得表 5.3，继续用对偶单纯形法求解，得到表 5.3 中的第二部分．

表 5.3

	x_1	x_2	x_3	x_4	x_5	x_6	
x_2	0	1	0	0	1	0	2
x_1	1	0	$\frac{1}{2}$	0	$-\frac{1}{2}$	0	$\frac{3}{2}$
x_4	0	0	2	1	-3	0	2
x_6	0	0	$-\frac{1}{2}$	0	$-\frac{1}{2}$	1	$-\frac{1}{2}$
	0	0	$\frac{1}{2}$	0	$\frac{1}{2}$	0	
x_2	0	1	0	0	1	0	2
x_1	1	0	0	0	-1	1	1
x_4	0	0	0	1	-5	4	0
x_3							1
	0	0	0	0	0	1	

表 5.3 已给出原问题的一个最优解

$$\boldsymbol{x}_1^*=(1,2)^{\mathrm{T}},z^*=3.$$

但因表 5.3 中有一个非基变量 x_5 的检验数为 0，故让 x_5 入基，再用单纯形法迭代一次，又得到另一个最优解

$$\boldsymbol{x}_2^*=(2,1)^{\mathrm{T}},z^*=3.$$

割平面法在执行过程中经常会遇到收敛很慢的情况，而且求解整数规划问题都离不开计算机，而割平面法在构造割平面时需要用到分数部分，因此，根据割平面法编制软件往往很复杂．所以，人们常将该算法和其他方法结合使用，能收到比较好的效果．

§5.3　分枝定界法

分枝定界法是 Land 提出并由 Dakin 修正的一种部分枚举的方法．这种方法便于用计算机求解，所以成为目前求解整数规划问题的重要方法之一．分枝定界法的基本思想是根据某种规则将原整数模型的可行域分解为越来越小的子区域，并检查子区域内整数解的情况，直至找到最优的整数解或探明整数解不存在．

5.3.1 分枝定界法的基本原理

为了说明分枝定界法的具体步骤,首先来理解以下几个事实:

(1) 如果求解一个整数规划问题的线性松弛模型时得到一个整数最优解,这个解一定也是整数规划问题的最优解.

(2) 如果得到的解不是一个整数最优解,则最优整数解的目标值一定不会优于所得到的线性松弛模型的目标函数值.因此,线性规划松弛模型的最优值是整数规划目标函数值的一个界(求最大值为上界,求最小值为下界).

(3) 如果在求解过程中已经找到一个整数解,则最优整数解一定不会劣于该整数解.因此,该整数解也是整数规划最优目标值的一个界(求最大值为下界,求最小值为上界).

如果用(LP_0)记线性松弛模型,z_0 表示线性松弛模型的最优目标值,z_i 表示已经找到的最好整数解的目标值,z^* 为原整数规划的最优值,$\underline{z}$ 表示下界,$\bar{z}$ 表示上界,则最优目标值一定满足以下关系

$$\underline{z}=z_i\leqslant z^*\leqslant z_0=\bar{z}(\text{求最大值模型});$$

$$\underline{z}=z_0\leqslant z^*\leqslant z_i=\bar{z}(\text{求最小值模型}).$$

分枝定界法就是不断降低上界,提高下界,最后使得下界充分接近上界,就可以搜索到最优整数解.因此,分枝定界法从求解线性规划松弛模型开始,将线性松弛模型的可行域分成多个子区域,这一过程称做分枝(将一个模型分解成两个子模型);通过求解子模型找到更好的子模型的最优解或整数最优解,算出其对应的目标函数值,比较后修改模型最优值的上,下界.这一过程称做定界.上述过程就是分支定界法的由来.下面对分枝定界法的基本步骤进行简单的介绍:

考虑整数规划问题

$$(\text{IP})\quad \max z=\sum_{j=1}^{n}c_jx_j \tag{5.3.1}$$

$$\text{s.t.}\begin{cases}\sum_{j=1}^{n}a_{ij}x_j=b_i(i=1,2,\cdots,m) & (5.3.2)\\ x_j\geqslant 0\ (j=1,2,\cdots,n)\ \text{且部分或全部为整数.} & (5.3.3)\end{cases}$$

计算过程:

Step1. 首先不考虑整数约束,解(IP)的松弛问题(LP),可能得到以下情况之一:

(1)若(LP)没有可行解,则(IP)也没有可行解,迭代停止;

(2)若(LP)有最优解,并符合(IP)的整数条件,则(LP)的最优解即为(IP)的最优解,迭代停止;

(3)若(LP)有最优解,但不符合(IP)整数条件,为讨论方便,不妨设(LP)的最优解为

$$x^{(0)}=(b_1',b_2',\cdots,b_r',\cdots,b_m',0,\cdots,0)^{\mathrm{T}}$$

目标函数最优值为 $z^{(0)}$. 其中 $b_i'(i=1,2,\cdots,m)$ 不全为整数.

Step2. 定界:记(IP)的目标函数最优值为 z^*,以 $z^{(0)}$ 作为 z^* 的上界,记为 $\bar{z}=z^{(0)}$. 再用观察法寻找(IP)的一个整数可行解 x',并以其对应的目标函数值 z' 作为 z^* 的下界,记为 $\underline{z}=z'$,也可以令 $\underline{z}=-\infty$,则有

$$\underline{z}\leqslant z^*\leqslant\bar{z}\tag{5.3.4}$$

Step3. 分枝:在(LP)最优解 $x^{(0)}$ 中,任选一个不符合整数条件的变量,例如 $x_r=b_r'$(不为整数),以 $[b_r']$ 表示不超过 b_r' 的最大整数. 构造两个约束条件

$$x_r\leqslant[b_r']\tag{5.3.5}$$

和

$$x_r\geqslant[b_r']+1\tag{5.3.6}$$

将这两个约束条件分别加入问题(IP),形成两个子问题(IP_1)和(IP_2),再解这两个子问题的松弛问题(LP_1)和(LP_2).

Step4. 修改上,下界:修改界值按照以下两点规则:

(1)在各分枝问题中,寻找出目标函数值最大者作为新的上界;

(2)从已符合整数条件的分枝中,寻找出目标函数值最小者作为新的下界.

Step5. 比较与剪枝:各分枝的目标函数值中,若有小于 $\underline{z}$ 者,则剪掉该枝,表明该子问题已经探查清楚,不必再分枝了;否则还要继续分枝.

如此反复进行,一直到最后得到 $\underline{z}=z^*=\bar{z}$ 为止,即得整数最优解 X^*.

例 6. 用分枝定界法求解下列整数规划

$$\max z=5x_1+6x_2,$$

$$\text{s.t.}\begin{cases}x_1+x_2\leqslant 6,\\5x_1+9x_2\leqslant 45,\\x_1,x_2\geqslant 0,\\x_1,x_2\text{ 为整数}.\end{cases}$$

解 Step1. 求解该模型的线性松弛模型(LP),得到最优值 $z_0=\dfrac{135}{4}$,最优解为 $x_1=\dfrac{9}{4},x_2=\dfrac{15}{4}$. 如图 5.2 所示.

Step2. 因为该模型是求最大值模型,整数规划的最优值不可能大于 z_0,也不可能小于负无穷,所以可以令上界 $\bar{z}=z_0=\dfrac{135}{4}$,下界 $\underline{z}=-\infty$.

Step3. 由于此时两个变量都不是整数,我们可以从中选择一个变量进行分支. 假定选 x_1,要求 x_1 变为整数,由于 $[x_1]=\left[\dfrac{9}{4}\right]=2$,因此希望 x_1 或小于等于 2,或大于等于 3. 分枝后形成两个子模型,子模型(LP_1)由(LP)增加约束 $x_1\leqslant 2$ 得到,子模型(LP_2)由(LP)增加约束 $x_1\geqslant 3$ 得到. 具体如下

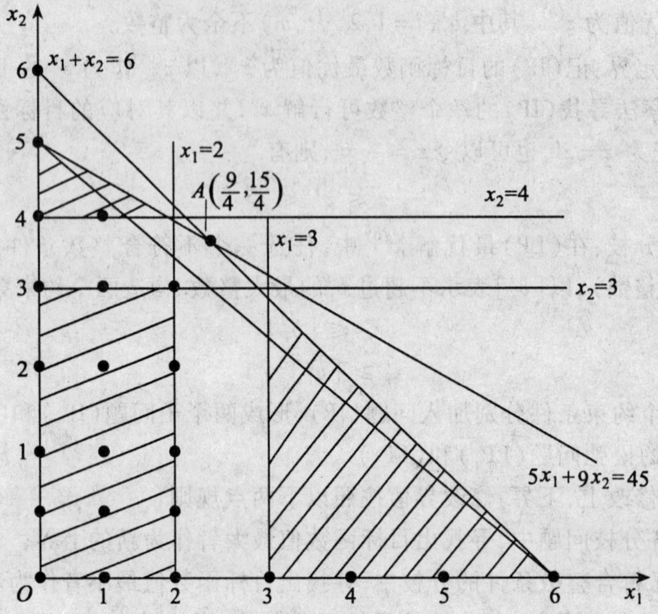

图 5.2

(LP₁) $\max z=5x_1+6x_2$,　　(LP₂) $\max z=5x_1+6x_2$,

$$\text{s.t.}\begin{cases}x_1+x_2\leqslant 6,\\5x_1+9x_2\leqslant 45,\\x_1\leqslant 2,\\x_1,x_2\geqslant 0.\end{cases}\qquad \text{s.t.}\begin{cases}x_1+x_2\leqslant 6,\\5x_1+9x_2\leqslant 45,\\x_1\geqslant 3,\\x_1,x_2\geqslant 0.\end{cases}$$

求解(LP_1),求出子模型(LP_1)的最优值为 $z_1=\dfrac{100}{3}$,最优解为 $x_1=2,x_2=\dfrac{35}{9}$. 该解还不是整数解,修改上、下界 $\underline{z}=-\infty<z^*\leqslant\bar{z}=\dfrac{100}{3}$,继续分枝. 由于子模型($LP_1$)中只有 x_2 取值不是整数,应对 x_2 进行分枝. 分枝后又形成两个新的子模型(LP_3)和(LP_4). 子模型(LP_3)是由子模型(LP_1)加上约束 $x_2\leqslant 3$ 构成的,子模型(LP_4)是由子模型(LP_1)加上约束 $x_2\geqslant 4$ 构成的,即

(LP_3) $\max z=5x_1+6x_2$,　　(LP_4) $\max z=5x_1+6x_2$,

$$\text{s.t.}\begin{cases}x_1+x_2\leqslant 6,\\5x_1+9x_2\leqslant 45,\\x_1\leqslant 2,\\x_2\leqslant 3,\\x_1,x_2\geqslant 0.\end{cases}\qquad \text{s.t.}\begin{cases}x_1+x_2\leqslant 6,\\5x_1+9x_2\leqslant 45,\\x_1\leqslant 2,\\x_2\geqslant 4,\\x_1,x_2\geqslant 0.\end{cases}$$

Step4. 解子模型(LP_2)得最优值为 $z_2=33$,最优解为 $x_1=3,x_2=3$. 该解已是整数解,不需继续分枝,且新的下界可以计算如下

$$\underline{z}=\max\{z_2,\underline{z}\}=\max\{33,-\infty\}=33.$$

修改下界为 $\underline{z}=z_2=33$,于是 $\underline{z}=33\leqslant z^*\leqslant\bar{z}=\frac{100}{3}$

解子模型(LP_3)得最优值为 $z_3=28$,最优解为 $x_1=2,x_2=3$,该解是整数解,但最优值小于现有目标值的下界,所以子模型(LP_3)无需继续向下分枝.

子模型(LP_4)的可行域为三角形,求得最优值为 $z_4=33$,最优解为 $x_1=\frac{9}{5},x_2=4$. 该最优解仍不满足所有变量取整数要求,但其最优值 $z_4<\bar{z}$,于是修改上界为 $\bar{z}=z_4=33$,此时 $\underline{z}=33\leqslant z^*\leqslant\bar{z}=33$ 即 $\underline{z}=\bar{z}=z^*$,在本例中子模型($LP_4$)不需再进行分枝,因为不可能找到比子模型($LP_2$)更好的满足所有整数要求的最优解.

于是整数规划模型的最优解为子模型(LP_2)中得到的最优解,即 $x_1^*=3,x_2^*=3$,最优值为 $z^*=33$.

为了更清楚地描述求解的全过程,我们作出各子模型关系的树形图如图 5.3 所示.

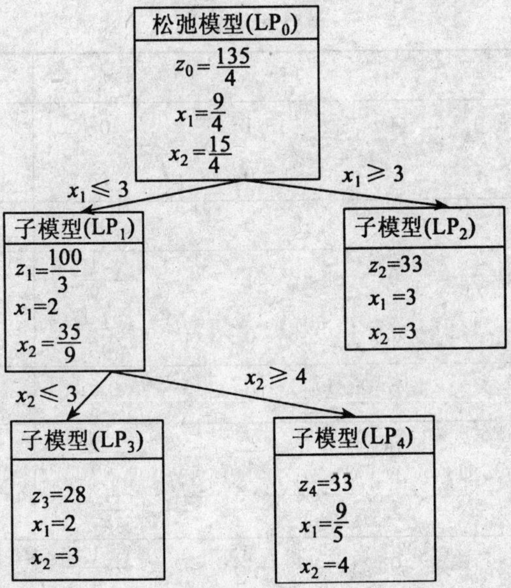

图 5.3

5.3.2 分枝定界单纯形算法

求解整数规划的计算量是非常大的,如果用单纯形方法求解线性松弛模型及

各子模型的最优解，充分利用各模型之间的特殊关系，保留更多的信息，结合对偶单纯形法，可以大大减少计算量. 下面给出例 6 的单纯形解法的详细过程.

首先必须将(IP)对应的(LP)化为标准型

$$\max z = 5x_1 + 6x_2,$$

$$\text{s. t.} \begin{cases} x_1 + x_2 + x_3 = 6, \\ 5x_1 + 9x_2 + x_4 = 45, \\ x_1, x_2, x_3, x_4 \geqslant 0. \end{cases}$$

从表 5.4 中得(LP_0)的最优值 $z_0 = \frac{135}{4}$，最优解为 $x_1 = \frac{9}{4}, x_2 = \frac{15}{4}$.

将(LP_1)化为标准型

$$\max z = 5x_1 + 6x_2,$$

$$\text{s. t.} \begin{cases} x_1 + x_2 + x_3 = 6, \\ 5x_1 + 9x_2 + x_4 = 45, \\ x_1 + x_5 = 2, \\ x_1, x_2, x_3, x_4, x_5 \geqslant 0. \end{cases}$$

表 5.4　　求(LP)的最优解

	x_1	x_2	x_3	x_4	
x_4	1	1	1	0	6
x_5	5	9^*	0	1	45
	5	6	0	0	
x_4	$\frac{4^*}{9}$	0	1	$-\frac{1}{9}$	1
x_2	$\frac{5}{9}$	1	0	$\frac{1}{9}$	5
	$\frac{15}{9}$	0	0	$-\frac{2}{3}$	
x_1	1	0	$\frac{9}{4}$	$-\frac{1}{4}$	$\frac{9}{4}$
x_2	0	1	$-\frac{5}{4}$	$\frac{1}{4}$	$\frac{15}{4}$
	0	0	$-\frac{15}{4}$	$-\frac{1}{4}$	$\frac{135}{4}$

为求(LP_1)的最优解把约束条件 $x_1 + x_5 = 2$ 放入表 5.4 的最优单纯形表中，即加入一行和一列，得表 5.5，并用初等行变换恢复原单位列向量，即得表 5.4 中第二个表格，由基变量 x_1, x_2 和 x_5 所对应的表格中的第一、二、五列向量组成单位矩阵，然后用对偶单纯形法进行计算，即得(LP_1)的最优解.

表 5.5　　　　　　**求(LP_1)的最优解**

	x_1	x_2	x_3	x_4	x_5	
x_1	1	0	$\frac{9}{4}$	$-\frac{1}{4}$	0	$\frac{9}{4}$
x_2	0	1	$-\frac{5}{4}$	$\frac{1}{4}$	0	$\frac{15}{4}$
x_5	1	0	0	0	1	2
	0	0	$-\frac{15}{4}$	$-\frac{1}{4}$	0	
x_1	1	0	$\frac{9}{4}$	$-\frac{1}{4}$	0	$\frac{9}{4}$
x_2	0	1	$-\frac{5}{4}$	$\frac{1}{4}$	1	$\frac{15}{4}$
x_5	0	0	$-\frac{9}{4}$	$\frac{1}{4}$	1	$-\frac{1}{4}$
	0	0	$-\frac{15}{4}$	$-\frac{1}{4}$	0	
x_1	1	0	0	0	1	2
x_2	0	1	0	$\frac{1}{9}$	$-\frac{5}{9}$	$\frac{35}{9}$
x_3	0	0	1	$-\frac{1}{9}$	$-\frac{4}{9}$	$\frac{1}{9}$
	0	0	0	$-\frac{2}{3}$	$-\frac{5}{3}$	$\frac{100}{3}$

从表 5.5 得(LP_1)的最优值 $z_1=\frac{100}{3}$,最优解为 $x_1=2, x_2=\frac{35}{9}$.

将(LP_2)化为标准型

$$\max z=5x_1-6x_2,$$

$$\text{s.t.}\begin{cases}x_1+x_2+x_3=6,\\5x_1+9x_2+x_4=45,\\-x_1+x_5=-3,\\x_1,x_2,x_3,x_4,x_5\geqslant 0.\end{cases}$$

类似地,把约束条件 $-x_1+x_5=-3$ 放入表 5.5 中的最后表格,即最优单纯形表中加入一行和一列,然后用初等变换恢复原单位列向量得表 5.6,用来求(LP_2)的最优解.

表 5.6 求(LP_2)的最优解

	x_1	x_2	x_3	x_4	x_5	
x_1	1	0	$\frac{9}{4}$	$-\frac{1}{4}$	0	$\frac{9}{4}$
x_2	0	1	$-\frac{5}{4}$	$\frac{1}{4}$	0	$\frac{15}{4}$
x_5	-1	0	0	0	1	-3
	0	0	$\frac{15}{4}$	$\frac{1}{4}$	0	
x_1	1	0	$\frac{9}{4}$	$-\frac{1}{4}$	0	$\frac{9}{4}$
x_2	0	1	$-\frac{5}{4}$	$\frac{1}{4}$	0	$\frac{15}{4}$
x_5	0	0	$\frac{9}{4}$	$-\frac{1}{4}$	1	$-\frac{3}{4}$
	0	0	$-\frac{15}{4}$	$-\frac{1}{4}$	0	
x_1	1	0	0	0	-1	3
x_2	0	1	1	0	1	3
x_3	0	0	-9	1	-4	3
	0	0	-6	0	-1	33

从表 5.6 中得(LP_2)的最优值 $z_2=33$,最优解为 $x_1=3,x_2=3$.

将(LP_3)化为标准型

$$\max z=5x_1+6x_2,$$

$$\text{s. t.}\begin{cases}x_1+x_2+x_3=6,\\5x_1+9x_2+x_4=45,\\x_1+x_5=2,\\x_2+x_6=3,\\x_1,x_2,x_3,x_4,x_5\geqslant 0.\end{cases}$$

在表 5.5 中的最后中加入一行和一列,得表 5.7,用来求(LP_3)的最优解.

表 5.7 求(LP_3)的最优解

	x_1	x_2	x_3	x_4	x_5	x_6	
x_1	1	0	0	0	1	0	2
x_2	0	1	0	$\frac{1}{9}$	$-\frac{5}{9}$	0	$\frac{35}{9}$
x_3	0	0	1	$-\frac{1}{9}$	$-\frac{4}{9}$	0	$\frac{1}{9}$

续表

	x_1	x_2	x_3	x_4	x_5	x_6	
x_6	0	1	0	0	0	1	3
	0	0	0	$-\frac{2}{3}$	$-\frac{5}{3}$	0	
x_1	1	0	0	0	1	0	2
x_2	0	1	0	$\frac{1}{9}$	$-\frac{5}{9}$	0	$\frac{35}{9}$
x_3	0	0	1	$-\frac{1}{9}$	$-\frac{4}{9}$	0	$\frac{1}{9}$
x_6	0	0	0	$-\frac{1^*}{9}$	$\frac{5}{9}$	1	$-\frac{8}{9}$
	0	0	0	$-\frac{2}{3}$	$-\frac{5}{3}$	0	
x_1	1	0	0	0	1	0	2
x_2	0	1	0	0	0	1	3
x_3	0	0	1	0	-1	-1	1
x_4	0	0	0	1	-5	-9	8
	0	0	0	0	-5	-6	28

从表 5.7 中得(LP_3)的最优值 $z_3 = 28$,最优解为 $x_1 = 2, x_2 = 3$.

将(LP_4)化为标准型

$$\max z = 5x_1 + 6x_2,$$

$$\text{s.t.} \begin{cases} x_1 + x_2 + x_3 = 6, \\ 5x_1 + 9x_2 + x_4 = 45, \\ x_1 + x_5 = 2, \\ -x_2 + x_6 = -4, \\ x_1, x_2, x_3, x_4, x_5, x_6 \geqslant 0. \end{cases}$$

在表 5.5 中的最后加入一行和一列,得表 5.8,用来求(LP_4)的最优解.

表 5.8　　求(LP_4)的最优解

	x_1	x_2	x_3	x_4	x_5	x_6	
x_1	1	0	0	0	1	0	2
x_2	0	1	0	$\frac{1}{9}$	$-\frac{5}{9}$	0	$\frac{35}{9}$
x_3	0	0	1	$-\frac{1}{9}$	$-\frac{4}{9}$	0	$\frac{1}{9}$
x_6	0	-1	0	0	0	1	-4

续表

	x_1	x_2	x_3	x_4	x_5	x_6	
	0	0	0	$-\frac{2}{3}$	$-\frac{5}{3}$	0	
x_1	1	0	0	0	1	0	2
x_2	0	1	0	$\frac{1}{9}$	$-\frac{5}{9}$	0	$\frac{35}{9}$
x_3	0	0	1	$-\frac{1}{9}$	$-\frac{4}{9}$	0	$\frac{1}{9}$
x_6	0	0	0	$-\frac{1}{9}$	$-\frac{5}{9}$	1	$-\frac{1}{9}$
	0	0	0	$-\frac{2}{3}$	$-\frac{5}{3}$	0	
x_1	1	0	0	$\frac{1}{5}$	0	$\frac{9}{5}$	$\frac{9}{5}$
x_2	0	1	0	0	0	1	4
x_3	0	0	1	0	-1	-1	$\frac{1}{5}$
x_4	0	0	0	$-\frac{1}{5}$	1	$-\frac{9}{5}$	$\frac{1}{5}$
	0	0	0	-1	0	-3	33

从表 5.8 得(LP_4)的最优值 $z_4=33$,最优解为 $x_1=\frac{9}{5}, x_2=4$.

用分枝定界法求解整数规划的最优解时,结合单纯形法和对偶单纯形法求得各个模型与子模型的最优解及最优值,同时将结果填入图 5.3 的树形图中,就很方便地得到整数规划的最优解及最优值.

§5.4 分配问题与匈牙利法

5.4.1 指派模型

在实际中经常会遇到这样的问题,某单位需要完成 n 项任务,恰好有 n 个人可以承担这些任务,由于每个人的专长不同,同一件工作由不同的人去完成,效率(例如所花的时间或费用)是不同的. 于是就会出现应分配哪个人去完成哪项任务,使完成这 n 项任务的总效率最高(例如总时间最省、总费用最少等). 这类问题称为分配问题. 又称为指派问题.

设岗位数(m)与人员数(n)相等,$x_{ij}=1$,表示第 i 个人做第 j 项工作,否则 $x_{ij}=0$. 于是指派模型为

$$(\mathrm{P})\ \min z = \sum_{i=1}^{n}\sum_{j=1}^{m} c_{ij}x_{ij},$$

$$\text{s.t.}\ \begin{cases} \sum\limits_{j=1}^{m} x_{ij} = 1(i = 1,2,\cdots,n)(\text{每个人做一项工作}), \\ \sum\limits_{i=1}^{n} x_{ij} = 1(j = 1,2,\cdots,m)(\text{每项工作有一个人做}), \\ x_{ij} = 0 \text{ 或 } 1. \end{cases}$$

记 $C=(c_{ij})$,为 n 阶方阵,称为指派模型(P)的效益矩阵;若 x_{ij}^0 为(P)的最优解,则 n 阶方阵 $x=(x_{ij}^0)$ 称为(P)的最优解方阵. 事实上方阵 x 为一置换方阵,即该矩阵中的每一行、每一列只有一个“1”. 显然,指派模型为运输问题的特殊情形.

5.4.2　匈牙利法

解决指派模型的方法是匈牙利数学家康尼格(D. Konig)首先提出来的,因此得名匈牙利法(The Hungarian Method of Assignment).

1. *匈牙利法的基本原理*

匈牙利法基于下面两个性质:

性质 5.3　设一个指派模型的效益矩阵为(c_{ij}). 若(c_{ij})的第 i 行元素均减去一个常数 $u_i(i=1,2,\cdots,n)$,第 j 列元素均减去一个常数 $v_j(j=1,2,\cdots,n)$,得到一个新的效益矩阵(c'_{ij}),其中每一元素 $c'_{ij}=c_{ij}-u_i-v_j$,则以(c'_{ij})为效益矩阵的指派模型的最优解也是以(c_{ij})为效益矩阵的指派模型的最优解.

如果取 $u_i(i=1,2,\cdots,n)$ 为第 i 行元素的最小值,设 C' 为矩阵 C 的各元素减去其所在行的最小值,$v_j(j=1,2,\cdots,n)$ 为 C' 的第 j 列元素的最小值,则得到新的效益矩阵(c''_{ij})为非负矩阵(即所有元素均为非负数). 性质 5.3 说明可以通过求以(c''_{ij})为效益矩阵的指派模型的最优解得到原指派模型的最优解.

直观地讲,求指派模型的最优解方阵就是在效益矩阵中找到 n 个元素,要求位于不同行、不同列上,使这些元素之和最小. 将这 n 个元素所在位置赋值为“1”,其他元素均为“0”,就得到最优解方阵. 效益矩阵(c''_{ij})中最小元素为“0”,因此,求指派模型(P)的最优解又转化为在矩阵(c'_{ij})中找出 n 个在不同行、不同列上的“0”元素,就很容易构造出最优解矩阵.

性质 5.4　若一方阵中的一部分元素为 0,一部分元素为非 0,则覆盖方阵内所有 0 元素的最少直线数恰好等于那些位于不同行、不同列的 0 元素的最多个数.

此时有两个问题:

(i)当效益矩阵的阶数 n 较大时,如何得知不存在 n 个位于不同行、不同列的

0 元素,即如何得知覆盖方阵内所有 0 元素的最少直线数需要 n 条?

(ii)赋予实际背景的指派模型总存在最优解. 因此任意一个指派模型均有最优解,当确切得知效益矩阵中不存在 n 个位于不同行、不同列的 0 元素时,如何进一步按性质 5.3 构造出新的效益矩阵,使位于不同行、不同列的 0 元素的个数不断增加,直至达到 n 个?

(1) 为了解决第一个问题,我们先引入两个定义和一些性质.

定义 5.1 矩阵 $\boldsymbol{A}=(a_{ij})_{n\times n}$ 的积和式(permutation) per $\boldsymbol{A}$ 定义为

$\mathrm{per}\boldsymbol{A} = \sum\limits_{(i_1,i_2,\cdots,i_n)} a_{1i_1}a_{2i_2}\cdots a_{ni_n}$,其中$(i_1,i_2,\cdots,i_n)$ 取遍$(1,2,\cdots,n)$ 所有排列.

积和式是矩阵的一个重要参数,在组合理论中经常将积和式与其他参数建立联系,积和式类似于矩阵的行列式,但又有很大的区别. 行列式的计算方法有许多,但积和式的计算主要用拉普拉斯展开法,按某行(列)展开,直至到 2 阶. 例如,计算下列 3 阶方阵的积和式时,按第一行展开,则转化为计算三个 2 阶矩阵的积和式.

$$
\begin{aligned}
\mathrm{per}\begin{pmatrix}1&2&3\\4&5&6\\7&8&9\end{pmatrix} &= 1\times\mathrm{per}\begin{pmatrix}5&6\\8&9\end{pmatrix}+2\times\mathrm{per}\begin{pmatrix}4&6\\7&9\end{pmatrix}+3\times\mathrm{per}\begin{pmatrix}4&5\\7&8\end{pmatrix}\\
&=1\times(5\times9+6\times8)+2\times(4\times9+6\times7)+3\times\\
&\quad(4\times8+5\times7)=450.
\end{aligned}
$$

定义 5.2 称 $\boldsymbol{D}$ 为 $\boldsymbol{C}$ 的补矩阵. 若 $\boldsymbol{C}=(c_{ij})_{n\times n}$,$\boldsymbol{D}=(d_{ij})_{n\times n}$满足

$$
d_{ij}=\begin{cases}0, c_{ij}\neq 0;\\ 1, c_{ij}=0.\end{cases}
$$

性质 5.5 设 $\boldsymbol{C}$ 为指派模型(P)的效益矩阵,$\boldsymbol{D}$ 为 $\boldsymbol{C}$ 的补矩阵,覆盖 $\boldsymbol{C}$ 中零元素所需最少直线数为 n 的充要条件为 $\mathrm{per}\boldsymbol{D}\neq 0$.

由性质 5.5 得知,当指派模型(P)的效益矩阵或由性质 5.3 所得效益矩阵,其对应的补矩阵 $\boldsymbol{D}$ 的积和式 $\mathrm{per}\boldsymbol{D}\neq 0$ 时,覆盖效益矩阵内所有 0 元素的最少直线数需要 n 条. 因此性质 5.5 也可以称为效益矩阵迭代的终止条件. 特别要指出的是:当迭代终止时,$\mathrm{per}\boldsymbol{D}\neq 0$,且有下列性质.

性质 5.6 指派模型(P)最优解个数等于 $\mathrm{per}\boldsymbol{D}$.

(2) 对于问题(P). 可以按如下方法处理.

当确切得知效益矩阵中不存在 n 个位于不同行、不同列的“0”元素时,一定可以用少于 n 条直线将所有“0”元素覆盖. 在未被直线覆盖的所有元素中,找出最小元素,记为 Δ;所有未被直线覆盖的元素都减去 Δ;覆盖线十字交叉处元素(即同时被两条直线覆盖的元素)都加上 Δ,其余元素不变.

事实上,这一过程相当于将效益矩阵的每一行的所有元素均减去 Δ,同时将直线覆盖的行(或列)上的所有元素均加上 Δ. 由性质 5.3 保证最优解矩阵不发生改

变，同时，在新的效益矩阵中位于不同行、不同列的0元素个数不会减少，并逐渐增加到 n.

2. 匈牙利方法步骤

Step1. 将效益矩阵 $\boldsymbol{C}$ 每个元素减去其所在行的最小元素，在所得矩阵中，每个元素再减去其所在列的最小元素，得新的效益矩阵 $\boldsymbol{C}'$.

Step2. 构造效益矩阵 $\boldsymbol{C}'$ 的补矩阵 $\boldsymbol{D}$，计算 per$\boldsymbol{D}$.

Step3. 判断 per$\boldsymbol{D}$ 是否等于0. 若是，则转 Step5；否则，转 Step4.

Step4. 检查 $\boldsymbol{C}'$ 的每行、每列，从中找出"0"元素最少的一排（即行或列），从该排圈出一个"0"元素，若该排有多个"0"元素，则任圈一个，用⓪表示，把刚得到的⓪元素所在行、列划去. 在剩下的矩阵中重复上述过程，直至找到 n 个⓪. 将 n 个⓪所在位置赋值"1"，其他元素赋值"0"，得到的矩阵就是原指派模型的最优解矩阵.

Step5. 一定可以用少于 n 条直线将效益矩阵 $\boldsymbol{C}'$ 中所有"0"元素覆盖，在未被直线覆盖的所有元素中，找出最小元素 Δ. 所有未被直线覆盖的元素都减去 Δ；覆盖线十字交叉处元素都加上 Δ；其余元素不变. 得到的效益矩阵仍记为 $\boldsymbol{C}'$，回到 Step2.

3. 举例

例7. 现有5辆货车装货待卸，调度员分配5个装卸组卸货，由于各班技术专长不同，各班组所需时间如表5.9所示，调度员应如何分配，使所花的总时间最少？

表5.9

装卸组 / 待卸车	B_1	B_2	B_3	B_4	B_5
1	4	5	7	3	6
2	1	3	5	8	4
3	2	6	5	7	2
4	3	5	6	3	6
5	9	3	4	3	4

解　效益矩阵

$$\boldsymbol{C}=\begin{pmatrix}4&5&7&3&6\\1&3&5&8&4\\2&6&5&7&2\\3&5&6&3&6\\9&3&4&3&4\end{pmatrix}$$

Step1.

(1)将 C 每行元素减去该行的最小元素，得矩阵 C_1；

(2)将所得矩阵 C_1 各列元素减去该列的最小元素，得 C_2.

$$\text{效益矩阵}C=\begin{pmatrix}4&5&7&3&6\\1&3&5&8&4\\2&6&5&7&2\\3&5&6&3&6\\9&3&4&3&4\end{pmatrix}\begin{matrix}-3\\-1\\-2\\-3\\-3\end{matrix}\rightarrow$$

$$C_1=\begin{pmatrix}1&2&4&0&3\\0&2&4&7&3\\0&4&3&5&0\\0&2&3&0&3\\6&0&1&0&1\end{pmatrix}\rightarrow$$
$$\begin{matrix}-0&-0&-1&-0&-0\end{matrix}$$

$$C_2=\begin{pmatrix}1&2&3&0&3\\0&2&3&7&3\\0&4&2&5&0\\0&2&2&0&3\\6&0&0&0&1\end{pmatrix}$$

Step2. 构造效益矩阵 C_2 的补矩阵 D_1，计算 $\mathrm{per}D_1$.

$$\mathrm{per}D_1=\mathrm{per}\begin{pmatrix}0&0&0&1&0\\1&0&0&0&0\\1&0&0&0&1\\1&0&0&1&0\\0&1&1&1&0\end{pmatrix}(\text{按第一行展开})=\mathrm{per}\begin{pmatrix}1&0&0&0\\1&0&0&1\\1&0&0&0\\0&1&1&0\end{pmatrix}=0.$$

Step3. 由于 $\mathrm{per}D$ 等于 0，则转 Step5.

Step4. 用 4 条直线(少于 5 条)就可以将效益矩阵 C_2 中所有“0”元素覆盖；4 条直线分别覆盖 C_2 第三行、第五行、第一列和第四列. 在未被直线覆盖的所有元素中，找出最小元素 $\Delta_1=2$. 所有未被直线覆盖的元素都减去 Δ_1；覆盖线十字交叉处元素都加上 Δ_1，其余元素不变. 得到的效益矩阵记为 C_3，回到 Step2.

$$C_3=\begin{pmatrix}1&0&1&0&1\\0&0&1&7&1\\2&4&2&7&0\\0&0&0&0&1\\8&0&0&2&1\end{pmatrix}$$

Step2. 构造效益矩阵 C_3 的补矩阵 D_2，计算 $\mathrm{per}D_2$.

$$\mathrm{per}\boldsymbol{D}_2=\mathrm{per}\begin{pmatrix}0&1&0&1&0\\1&1&0&0&0\\0&0&0&0&1\\1&1&1&1&0\\0&1&1&0&0\end{pmatrix}(\text{按第三行展开})=\mathrm{per}\begin{pmatrix}0&1&0&1\\1&1&0&0\\1&1&1&1\\0&1&1&0\end{pmatrix}$$

$$(\text{按第一行展开})=\mathrm{per}\begin{pmatrix}1&0&0\\1&1&1\\0&1&0\end{pmatrix}+\mathrm{per}\begin{pmatrix}1&1&0\\1&1&1\\0&1&1\end{pmatrix}=1+3=4\neq 0.$$

Step3. 由于 $\mathrm{per}\boldsymbol{D}_2$ 不等于 0,则转 Step4.

Step4. 检查 $\boldsymbol{C}_3$ 的每行、每列,第三行中的"0"元素最少,只有一个,只能选这个 0 元素,换成⓪表示,在 $\boldsymbol{C}_3$ 中把第三行和第五列划去. 在剩下的矩阵中重复上述过程,很容易找到 5 个在不同行、不同列中的⓪. 将 5 个⓪所在位置赋值"1",其他元素赋值为"0",得到的矩阵就是指派模型的最优解矩阵 $\boldsymbol{x}_1$.

$$\boldsymbol{C}_3=\begin{pmatrix}1&⓪&1&0&1\\⓪&0&1&7&1\\2&4&2&7&⓪\\0&0&0&⓪&1\\8&0&⓪&2&1\end{pmatrix},\boldsymbol{x}_1=\begin{pmatrix}0&1&0&0&0\\1&0&0&0&0\\0&0&0&0&1\\0&0&0&1&0\\0&0&1&0&0\end{pmatrix}.$$

由性质 5.6 知该指派模型有四组最优解. 另三个最优解矩阵分别为

$$\boldsymbol{x}_2=\begin{pmatrix}0&0&0&1&0\\1&0&0&0&0\\0&0&0&0&1\\0&1&0&0&0\\0&0&1&0&0\end{pmatrix},\boldsymbol{x}_3=\begin{pmatrix}0&0&0&1&0\\1&0&0&0&0\\0&0&0&0&1\\0&0&0&0&1\\0&1&0&0&0\end{pmatrix},$$

$$\boldsymbol{x}_4=\begin{pmatrix}0&0&0&1&0\\0&1&0&0&0\\0&0&0&0&1\\1&0&0&0&0\\0&0&1&0&0\end{pmatrix}.$$

最优解矩阵 $\boldsymbol{x}_1$ 对应分配方案:1 卸 B_2,2 卸 B_1,3 卸 B_5,4 卸 B_5,5 卸 B_3,目标值 $z=5+1+2+3+4=15$. 其他最优解所对应的最优值都为 15.

4. 极大化分配问题

以上讨论仅限于目标函数为极小化的分配问题. 对于目标函数为极大化的分配问题

$$\max z = \sum_{i=1}^{n}\sum_{j=1}^{m} c_{ij}x_{ij},$$

$$\text{s. t.}\begin{cases}\sum_{j=1}^{m} x_{ij} = 1\ (i = 1,2,\cdots,n)\\ \sum_{i=1}^{n} x_{ij} = 1\ (j = 1,2,\cdots,m)\\ x_{ij} = 0 \text{ 或 } 1.\end{cases} \tag{5.4.1}$$

可以令

$$c_{ij}' = M - c_{ij} \quad (i,j = 1,2,\cdots,n), \tag{5.4.2}$$

其中 M 是足够大的正数(如选 c_{ij}中最大元素作为 M 即可). 将问题(5.4.1)转化为

$$\min z' = \sum_{i=1}^{n}\sum_{j=1}^{m} c_{ij}x_{ij},$$

$$\text{s. t.}\begin{cases}\sum_{j=1}^{m} x_{ij} = 1\ (i = 1,2,\cdots,n)\\ \sum_{i=1}^{n} x_{ij} = 1\ (j = 1,2,\cdots,m)\\ x_{ij} = 0 \text{ 或 } 1.\end{cases} \tag{5.4.3}$$

此时,$c_{ij}' \geqslant 0$,可以用匈牙利法求解. 该问题与极大目标函数的原问题具有相同的最优解,因为,由式(5.4.2)有

$$\begin{aligned} z' &= \sum_{i=1}^{n}\sum_{j=1}^{m} c_{ij}' x_{ij} = \sum_{i=1}^{n}\sum_{j=1}^{m}(M - c_{ij})x_{ij}\\ &= \sum_{i=1}^{n}\sum_{j=1}^{m} Mx_{ij} - \sum_{i=1}^{n}\sum_{j=1}^{m} c_{ij}x_{ij}\\ &= nM - \sum_{i=1}^{n}\sum_{j=1}^{m} c_{ij}x_{ij}. \end{aligned} \tag{5.4.4}$$

式(5.4.4)中,nM 为常数,所以当 $\sum_{i=1}^{n}\sum_{j=1}^{m} c_{ij}' x_{ij}$ 取最小时,$\sum_{i=1}^{n}\sum_{j=1}^{m} c_{ij}x_{ij}$ 为最大.

在实际工作中,我们还会碰到人数小于工作数或工作数小于人数的分配问题,称这类问题为不平衡分配问题. 对于不平衡分配问题,可以依照运输问题中的处理方法,化为平衡分配问题,再按匈牙利法求解,这里就不详述了.

习 题

1. 某市为方便学生上学,拟在新建的居民小区增设若干所小学. 已知备选校址代号及其能覆盖的居民小区编号如表 5.10 所示. 试建立该问题的整数规划模型.

合 格 证		
检验员	15	

如此书因印装质量而影响阅读敬请读者连同此证寄回本厂，包换、包赔。

地址：湖北鄂东印务有限公司

（黄冈市八一路76号）

邮编：438000

电话：0713—8352350

表 5.10

校址代号	小区编号
A	1,5,7
B	1,2,5
C	1,3,5
D	2,4,5
E	3,6
F	4,6

2. 试用割平面法求解下列整数规划问题

(1) $\max z=7x_1+9x_2$

$$\text{s.t.}\begin{cases}-x_1+3x_2\leqslant 6\\7x_1+x_2\leqslant 35\\x_1,x_2\geqslant 0 \text{ 且是整数;}\end{cases}$$

(2) $\max z=11x_1+4x_2$

$$\text{s.t.}\begin{cases}-x_1+2x_2\leqslant 4\\5x_1+2x_2\leqslant 16\\2x_1-x_2\leqslant 4\\x_1,x_2\geqslant 0 \text{ 且是整数.}\end{cases}$$

3. 试用分枝定界法求解下列整数规划问题

(1) $\max z=2x_1+3x_2$

$$\text{s.t.}\begin{cases}5x_1+7x_2\leqslant 35\\4x_1+9x_2\leqslant 36\\x_1,x_2\geqslant 0 \text{ 且是整数;}\end{cases}$$

(2) $\max z=40x_1+90x_2$

$$\text{s.t.}\begin{cases}9x_1+7x_2\leqslant 56\\7x_1+20x_2\leqslant 70\\x_1,x_2\geqslant 0 \text{ 且是整数.}\end{cases}$$

4. 试用匈牙利法求解下列分配问题,已知效益矩阵分别为

$$(1)\ (c_{ij})=\begin{pmatrix}7&9&10&12\\13&12&16&17\\15&16&14&15\\11&12&15&16\end{pmatrix};\quad (2)\ (c_{ij})=\begin{pmatrix}3&8&2&10&3\\8&7&2&9&7\\6&4&2&7&5\\8&4&2&3&5\\9&10&6&9&10\end{pmatrix}$$

5. 试求下列具有最大利润的分配问题,如表 5.11 所示.

表 5.11

利润	B_1	B_2	B_3	B_4	B_5
A_1	3	2	1	3	4
A_2	4	3	2	3	5
A_3	5	4	3	6	4
A_4	6	6	3	7	6
A_5	7	6	6	4	3

第六章 动态规划

动态规划(Dynamic Programming)是运筹学的另一个分支,是解决多阶段决策过程最优化的一种数学方法.1951年美国数学家贝尔曼(Richard Bellman)等人根据多阶段决策问题的特点,把多阶段决策问题变换为一系列相互联系的单阶段问题,即把一个n维最优化问题转换为n个一维最优化问题来逐个加以解决,与此同时,他提出了解决这类问题的“最优化原理”,研究了许多实际问题,从而创建了解决最优化问题的一种新的方法——动态规划.

动态规划的方法在工程技术、管理科学、经济学、工业生产及军事领域中都有广泛的应用,并且获得了显著的效果.在管理科学方面,动态规划可以用来解决最优路径问题、资源分配问题、生产调度问题、库存问题、装载问题、排序问题、设备更新问题、生产过程最优控制问题,等等.所以动态规划的方法是现代企业管理中的一种重要的决策方法,特别是对于离散性的问题,由于解析数学无法施展,因此动态规划的方法就成为非常有用的工具.

应该指出,动态规划是解决某些问题的途径和方法,而不是一种特殊算法.因此,该方法不能用一个标准的数学分析式定义的规划模型表示,而必须对具体问题进行具体分析处理.读者在学习时,正确理解本章的基本概念、方法且掌握建模技巧就显得十分必要.

动态规划模型的分类,根据多阶段决策过程的时间是离散的还是连续的变量,将过程分为离散决策过程和连续决策过程.根据决策过程的演变是确定性的还是随机性的,过程又可以分为确定性决策过程和随机性决策过程,组合起来就有离散确定性、离散随机性、连续确定性、连续随机性四种决策过程模型.

§6.1 基本概念与基本方程

6.1.1 基本概念

动态规划是解决多阶段决策问题的一种方法,作为引例,先介绍一个经典的多阶段决策问题——最短路线问题的求解.

例1. 图6.1是一个线路图,连线上的数字表示两点之间的距离,试找出一点由A到G的最短路线.

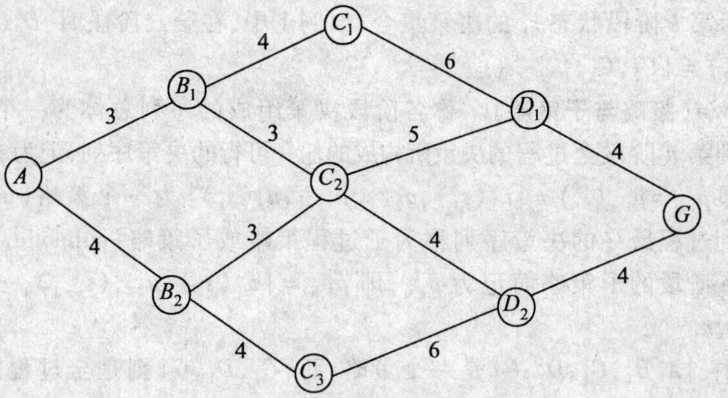

图 6.1

解例 1 之前，先来了解一些基本概念：

定义 6.1（阶段）　阶段（stage）是指一个问题需要做出决策的步数，通常用 k 来表示，问题包含的阶段数称为阶段变量.

用动态规划求解多阶段决策问题，首先应将所求问题恰当地分成若干个相互联系的阶段，以便能按一定的次序来求解. 通常阶段是按照总决策进行的时间或空间的先后顺序来划分的. 如例 1 中的最短路线问题，就可以分四个阶段来求解，$k=1,2,3,4$. 由 A 到 (B_1,B_2) 中的一点是第一阶段，由 (B_1,B_2) 中的一点到 (C_1,C_2,C_3) 中的一点是第二阶段，由 (C_1,C_2,C_3) 中的一点到 (D_1,D_2) 中的一点是第三阶段，由 (D_1,D_2) 中的一点到终点 G 是第四阶段.

定义 6.2（状态）　状态（state）是动态规划问题各阶段信息的传递点和结合点，各阶段的状态通常用状态变量 s_k 来描述.

s_k 的取值范围称为状态的可能集，用 S_k 来表示，$s_k \in S_k$. 如例 1 中，在第三阶段时的状态 S_3 可以取 C_1,C_2,C_3 三种状态，此时的状态集合 $S_3=\{C_1,C_2,C_3\}$.

采用动态规划求解多阶段决策问题，要求阶段状态应具有“无后效性”. 所谓无后效性，是指过程的历史只能通过当前的状态去影响该过程的未来，当前的状态是以往历史的一个总结，是未来过程的初始状态. 也就是说：如果某阶段的状态给定后，则这一阶段以后过程的发展不受这一阶段以前各阶段状态的影响，而只与当前的状态有关，与过程过去的历史无关. 例如，例 1 中，若第二阶段的状态 B_2 已知，则以后的问题只考虑如何从 B_2 到 G 的最短路，至于如何从 A 到 B_2，对以后各阶段的选择无直接影响.

定义 6.3（决策）　决策（decision）是指某阶段初从给定的状态出发，决策者面临若干不同方案做出的选择. 决策变量 $u_k(s_k)$ 表示第 k 阶段状态为 s_k 时对方案的选择.

与状态变量一样，决策变量的取值也有一定的允许范围，称为决策集合，用 $D_k(s_k)$ 表示第 k 阶段状态 s_k 的决策集合. 如例 1 中，在第二阶段时，$D_2(B_1)=\{C_1, C_2\}$，$D_2(B_2)=\{C_2,C_3\}$.

定义 6.4（策略与子策略） 称各阶段决策组成的序列总体为一个策略. 即由第一阶段到第 n 阶段全过程的决策所构成的任一可行的决策序列，记为 $p_{1,n}(s_1)$ 或简记为 $p_{1,n}$，即 $p_{1,n}=p_{1,n}(s_1)=\{u_1(s_1),u_2(s_2),\cdots,u_n(s_n)\}$ 为一个策略（policy），从某阶段开始到过程最终的决策序列称为子过程策略或子策略（subpolicy）. 如从第 k 阶段到第 n 阶段的子策略简记为 $p_{k,n}$，即 $p_{k,n}=\{u_k(s_k),u_{k+1}(s_{k+1}),\cdots,u_n(s_n)\}$，$k=1,2,\cdots,n$.

例 1 中，$\{A,B_1,C_1,D_1,G\}$ 是一个策略，而 $\{C_1,D_1,G\}$ 则是全过程的一个子策略.

在实际问题中，可供选择的策略有一定的范围，该范围称为允许策略集合，用 $P_{1,n}$ 表示. 同样，子策略也有一定的范围，该范围称为允许子策略集合，从第 k 阶段到第 n 阶段的子策略集合用 $P_{k,n}$ 表示. 从允许策略集合中找出的最优效果的策略，就称为最优策略，记为 $p_{1,n}^*=p_{1,n}^*(s_1)=\{u_1^*(s_1),u_2^*(s_2),\cdots,u_n^*(s_n)\}$. 称由第 k 阶段到第 n 阶段的最优策略为最优子策略，记为 $p_{k,n}^*$，即

$$p_{k,n}^*=\{u_k^*(s_k),u_{k+1}^*(s_{k+1}),\cdots,u_n^*(s_n)\}.$$

由后面例 2 可知例 1 中最优策略为 $p_{1,4}^*=\{A,B_1,C_2,D_2,G\}$，而 $\{B_1,C_2,D_2,G\}$ 为最优子策略.

定义 6.5（状态转移） 从 s_k 的某一状态值出发，当决策变量 $u_k(s_k)$ 的取值决定后，下一阶段状态变量 s_{k+1} 的取值也就随之确定，这种转移过程被称为状态转移.

显然，下一阶段状态 s_{k+1} 的取值是上一阶段决策变量 $u_k(s_k)$ 的函数，记为 $s_{k+1}=T(s_k,u_k(s_k))$ 或 $s_{k+1}=T(s_k,u_k)$，状态转移的过程描述也称为状态转移方程.

例 1 中，易知状态转移方程为：$s_{k+1}=u_k$.

常见的状态转移方程可以分成两种类型：确定型和随机型. 由此形成确定型动态规划和随机型动态规划，这里主要研究确定型动态规划.

定义 6.6（指标函数和最优值函数） 若第 k 阶段的状态为 s_k，采用子策略 $p_{k,n}(s_k)=\{u_k(s_k),\cdots,u_n(s_n)\}$，则从第 k 阶段到第 n 阶段获得的效益称为指标函数，记为 $V_{k,n}$. 即

$$\begin{aligned}V_{k,n}&=V_{k,n}(s_k,u_k,s_{k+1},u_{k+1},\cdots,s_n,u_k)=V_{k,n}(s_k,p_{k,n}(s_k))\\&=\omega_k(s_k,u_k)\odot\omega_{k+1}(s_{k+1},u_{k+1})\odot\cdots\odot\omega_n(s_n,u_n)\end{aligned}$$

由于 $s_{k+1}=T_k(s_k,u_k)$，则

$$\begin{aligned}V_{k,n}&=V_{k,n}(s_k,u_k,s_{k+1},u_{k+1},\cdots,s_n,u_k)\\&=V_{k,n}(s_k,u_k,u_{k+1},\cdots,u_n)=V_{k,n}(s_k,p_{k,n}(s_k))\\&=\omega_k(s_k,u_k)\odot\omega_{k+1}(s_{k+1},u_{k+1})\odot\cdots\odot\omega_n(s_n,u_n).\end{aligned}$$

$$k=1,2,\cdots,n.$$

其中：$\omega_k(s_k,u_k)$为第 k 阶段状态为 s_k，当决策变量为 $u_k(s_k)$后反映这个局部措施的效益指标，称 $\omega_k=\omega_k(s_k,u_k)$为权（或阶段指标函数）. $\odot$表示加法或乘法运算.

显然指标函数具有可分离性，即有

$$V_{k,n}(s_k,u_k,s_{k+1},\cdots,s_{n+1})=\omega_k(s_k,u_k)\odot V_{k+1,n}(s_{k+1},u_{k+1},s_{k+2},\cdots,s_{n+1}),$$

亦即 $V_{k,n}$可以表示为 $s_k,u_k,V_{k+1,n}$的函数，记这一函数为 φ_k，便有 $V_{k,n}=\varphi_k(s_k,u_k,V_{k+1,n})$且函数 φ_k 在权 $\omega_j\geqslant 0(j=k,\cdots,n)$的前提下是关于 $V_{k+1,n}$单调的.

指标函数的最优值称为最优值函数，记做

$$f_k(s_k)=\underset{p_{k,n}(s_k)\in P_{k,n}(s_k)}{\mathrm{Opt}}\{V_{k,n}(s_k,p_{k,n}(s_k))\},$$

$f_k(s_k)$表示从第 k 阶段的状态 s_k 出发，采用策略 $P_{k,n}(s_k)$，到过程结束所获得的最优指标函数值. 其中：Opt 是最优化（optimization）的缩写，在求解实际问题时可以由问题要求而取 min 或 max.

6.1.2 基本方程

多阶段决策过程的特点是每个阶段都要进行决策，n 阶段决策过程的策略是 n 个相继进行的阶段决策构成的决策序列. 前一阶段的终止状态又是后一阶段的初始状态，因此，阶段 k 的决策直接影响到后续阶段的决策.

于是，确定第 k 阶段的最优决策时，不仅仅是考虑本阶段效益最优，而且重要的在于要考虑本阶段及其所有后续阶段的总体效益达到最优.

R. Bellman 深入研究了多阶段决策过程，根据其特点提出了著名的解决多阶段决策问题的最优化原理.

定理 6.1（最优性定理） 对阶段数为 n 的多阶段决策过程，设其阶段编号为 $k=0,1,\cdots,n-1$，则允许策略 $p_{0,n-1}^*=(u_0^*,u_1^*,\cdots,u_{n-1}^*)$是最优策略的充分必要条件是对任一个 k，$0<k<n-1$ 和$s_0\in S_0$，有

$$V_{0,n-1}(s_0,p_{0,n-1}^*)=\underset{p_{0,k-1}\in P_{0,k-1}(s_0)}{\mathrm{Opt}}\{V_{0,k-1}(s_0,p_{0,k-1})+\underset{p_{k,n-1}\in P_{k,n-1}(\tilde{s}_k)}{\mathrm{Opt}}V_{k,n-1}(\tilde{s}_k,p_{k,n-1})\tag{6.1.1}$$

其中，$p_{0,n-1}=(p_{0,k-1},p_{k,n-1})$，$\tilde{s}_k=T_{k-1}(s_{k-1},u_{k-1})$，$\tilde{s}_k$ 是由给定的初始状态 s_0 和子策略 $p_{0,k-1}$所确定的第 k 阶段状态.

证 必要性. 设 $p_{0,n-1}$是最优策略，则

$$V_{0,n-1}(s_0,p_0^*)=\underset{p_{0,n-1}\in P_{0,n-1}(s_0)}{\mathrm{Opt}}V_{0,n-1}(s_0,p_{0,n-1})$$

$$=\underset{p_{0,n-1}\in P_{0,n-1}(s_0)}{\mathrm{Opt}}\left\{V_{0,k-1}(s_0,p_{0,k-1}(s_0))+V_{k,n-1}(\tilde{s}_k,p_{k,n-1}(\tilde{s}_k))\right\}\tag{6.1.2}$$

但是，对于从 k 至 $n-1$ 阶段的子过程而言，其总指标取决于过程的起始点 $\tilde{s}_k=T_{k-1}(s_{k-1},u_{k-1})$和子策略 $p_{k,n-1}$，而这个起始状态 $\tilde{s}_k$ 是由前一段子过程在子策

略 $p_{0,k-1}$ 下确定的. 因此在策略集合 $p_{0,n-1}$ 上求最优解，等价于先在子策略集合 $p_{k,n-1}(\tilde{s}_k)$ 上求最优解，然后再求这些子最优解在子策略集合 $P_{0,k-1}(s_0)$ 上的最优解. 故式(6.1.2)可以表示为

$$V_{0,n-1}(s_0,p_{0,n-1}^*)=\underset{p_{0,k-1}\in P_{0,k-1}(s_0)}{\mathrm{Opt}}\left\{\underset{p_{k,n-1}\in P_{k,n-1}(\tilde{s}_k)}{\mathrm{Opt}}\left[V_{0,k-1}(s_0,p_{0,k-1})+V_{k,n-1}(\tilde{s}_k,p_{k,n-1})\right]\right\} \tag{6.1.3}$$

但式(6.1.3)右端括号内第一项与子策略集合 $p_{k,n-1}$ 无关，故得

$$V_{0,n-1}(s_0,p_{0,n-1}^*)=\underset{p_{0,k-1}\in P_{0,k-1}(s_0)}{\mathrm{Opt}}\left\{V_{0,k-1}(s_0,p_{0,k-1})+\underset{p_{k,n-1}\in P_{k,n-1}(\tilde{s}_k)}{\mathrm{Opt}}V_{k,n-1}(\tilde{s}_k,p_{k,n-1})\right\} \tag{6.1.4}$$

充分性. 设 $p_{0,n-1}=(p_{0,k-1},p_{k,n-1})$ 为任一策略，$\tilde{s}_k$ 为由 $(s_0,p_{0,k-1})$ 所确定的第 k 阶段的起始状态. 则有

$$V_{k,n-1}(\tilde{s}_k,p_{k,n-1})\preccurlyeq\underset{p_{k,n-1}\in P_{k,n-1}(\tilde{s}_k)}{\mathrm{Opt}}V_{k,n-1}(\tilde{s}_k,p_{k,n-1}) \tag{6.1.5}$$

这里记号“$\preccurlyeq$”的含义是：当 Opt 表示 max 时就表示“$\leqslant$”，当 Opt 表示 min 时就表示“$\geqslant$”. 因此式(6.1.3)可以表示为

$$\begin{aligned}V_{0,n-1}(s_0,p_{0,n-1}^*)&=V_{0,k-1}(s_0,p_{0,k-1})+V_{k,n-1}(\tilde{s}_k,p_{k,n-1})\\&\preccurlyeq V_{0,k-1}(s_0,p_{0,k-1})+\underset{p_{k,n-1}\in P_{k,n-1}(\tilde{s}_k)}{\mathrm{Opt}}V_{k,n-1}(\tilde{s}_k,p_{k,n-1})\\&\preccurlyeq\underset{p_{0,n-1}\in P_{0,n-1}(s_0)}{\mathrm{Opt}}\left\{V_{0,k-1}(s_0,p_{0,k-1})+\underset{p_{k,k-1}\in P_{k,n-1}(\tilde{s}_k)}{\mathrm{Opt}}V_{k,n-1}(\tilde{s}_k,p_{k,n-1})\right\}\end{aligned}$$

设 $p_{0,n-1}^*$ 满足式(6.1.3)，结合式(6.1.4)，于是上式右端就是 $V_{0,n-1}(s_0,p_{0,n-1}^*)$. 即对任一策略 $p_{0,n-1}$，都有 $V_{0,n-1}(s_0,p_{0,n-1})\preccurlyeq V_{0,n-1}(s_0,p_{0,n-1}^*)$，因此，$p_{0,n-1}^*$ 是最优策略. 证毕.

推论 6.1(**最优性原理**)　若允许策略 $p_{0,n-1}^*$ 是最优策略，则对任意的 k，$0<k<n-1$，所论过程的子策略 $p_{k,n-1}^*$，对于以 $s_k^*=T_{k-1}(s_{k-1}^*,u_{k-1}^*)$ 为起点的 k 到 $n-1$ 子过程来说，必是最优策略，简言之，一个最优策略的子策略总是最优的.

证　用反证法. 设 $p_{k,n-1}^*$ 不是最优策略，则有

$$V_{k,n-1}(s_k^*,p_{k,n-1}^*)\prec\underset{p_{k,n-1}^*\in P_{k,n-1}(s_k^*)}{\mathrm{Opt}}V_{k,n-1}(s_k^*,p_{k,n-1}^*).$$

这里记号“$\prec$”是：当 Opt 表示 max 时就表示“$<$”，当 Opt 表示 min 时就表示“$>$”，因而

$$\begin{aligned}V_{0,n-1}(s_0,p_{0,n-1}^*)&=V_{0,k-1}(s_0,p_{0,k-1}^*)+V_{k,n-1}(s_k^*,p_{k,n-1}^*)\\&\prec V_{0,k-1}(s_0,p_{0,k-1}^*)+\underset{p_{k,n-1}\in P_{k,n-1}(s_k^*)}{\mathrm{Opt}}V_{k,n-1}(s_k^*,p_{k,n-1}^*)\end{aligned}$$

$$\leqslant \mathop{\mathrm{Opt}}_{p_{0,n-1}\in P_{0,n-1}(s_0)} \left\{ V_{0,k-1}(s_0, p_{0,k-1}) + \mathop{\mathrm{Opt}}_{p_{k,k-1}\in P_{k,n-1}(\tilde{s}_k)} V_{k,n-1}(\tilde{s}_k, p_{k,n-1}) \right\}.$$

这与定理 6.1 的必要性矛盾，故 $p_{k,n-1}^*$ 是最优策略.

定理 6.1 是动态规划的理论基础，根据定理 6.1 写出的计算动态规划问题的递推关系式称为动态规划的基本方程.

(1) 当 $V_{k,n} = \sum_{i=k}^{n} w_i(s_i, u_i)$ 时，有

$$f_k(s_k) = \mathop{\mathrm{Opt}}_{u_k\in D_k(s_k)} \{w_k(s_k, u_k) + f_{k+1}(s_{k+1})\}.$$

(2) 当 $V_{k,n} = \prod_{i=k}^{n} w_i(s_i, u_i)$ 时，有

$$f_k(s_k) = \mathop{\mathrm{Opt}}_{u_k\in D_k(s_k)} \{w_k(s_k, u_k) \cdot f_{k+1}(s_{k+1})\}.$$

作为动态规划的数学模型除基本方程外还包括边界条件. 所谓边界条件，是指上述两式中当 $k=n$ 时，$f_{n+1}(s_{n+1})$ 的值，即问题从后一个阶段向前逆推时需要确定的条件. 边界条件 $f_{n+1}(s_{n+1})$ 的值要根据问题的条件来决定，一般当指标函数是各阶段指标函数值的和时，取 $f_{n+1}(s_{n+1})=0$；当指标函数值是各阶段指标函数值的乘积时，取 $f_{n+1}(s_{n+1})=1$.

在实际问题中，用动态规划求解多阶段决策问题时，先要利用最优化原理建立动态规划的基本方程，然后再由递归方程求出最优决策. 其过程一般包括：

(1) 将问题的过程划分成恰当的阶段；

(2) 正确选择状态变量 s_k，使 s_k 既能描述过程的演变，又要满足无后效性；

(3) 确定决策变量 u_k 及每个阶段的允许决策集合 $D_k(u_k)$；

(4) 正确写出状态转移方程 $s_{k+1}=T(s_k, u_k)$，建立递归方程；

(5) 利用动态规划基本方程求出最优目标效益函数及最优决策.

注：运用动态规划方法求解问题时应注意以下两点：

(1) 将多阶段决策过程划分为 n 个阶段，恰当地选取状态变量、决策变量，定义最优指标函数，从而把问题化成一族同类型的子问题，然后逐个求解.

(2) 求解时从边界条件开始，逆过程方向行进，逐段递推寻优. 在每一个子问题求解时，都要使用该子问题前面已求出的子问题的最优结果，最后一个子问题的最优值就是整个问题的最优值.

§6.2 动态规划的求解

6.2.1 逆序解法

若求解过程是由最终阶段推至最初阶段，这种递推法称为逆序解法，逆序解法可以由以下的递归方程

$$f_k(s_k)=\underset{u_k}{\mathrm{Opt}}\{w_k(s_k,u_k)\odot f_{k+1}(s_{k+1})\}$$

以及终端条件

$$f_{n+1}(s_{n+1})=\varphi(s_{n+1})\quad (\varphi\text{ 为已知函数})\tag{6.2.1}$$

递推求解. 其中 $k=n,n-1,\cdots,2,1$.

用逆序解法求解的计算步骤是:先利用终端条件从最终阶段开始,由式(6.2.1)自后向前递推,求出各阶段的最优决策和最优值函数,最后计算出 $f_1(s_1)$ 便得到最优决策序列 $\{u_k^*(s_k)\mid s_k\in S_k,k=1,2,\cdots,n\}$,再由状态方程 $s_{k+1}^*=T_k(s_k,u_k^*)$,从 $k=1$ 开始由前向后确定 s_k^*.

具体如下:设已知初始状态为 s_1,并假定最优值函数 $f_k(s_k)$ 表示初始状态为 s_k,从第 k 阶段到第 n 阶段所得到的最大效益.

从第 n 阶段开始,则有

$$f_n(s_n)=\max_{u_n\in D_n(s_n)}w_n(s_n,u_n)$$

其中,$D_n(s_n)$ 是由状态 s_n 所确定的第 n 阶段的允许决策集合. 解此一维极值问题,就得到最优解 $u_n^*=u_n^*(s_n)$ 和最优值 $f_n(s_n)$. 要注意的是,若 $D_n(s_n)$ 只有一个决策,则 $u_n\in D_n(s_n)$ 就应写成 $u_n=u_n(s_n)$.

在第 $n-1$ 阶段,有

$$f_{n-1}(s_{n-1})=\max_{u_{n-1}\in D_{n-1}(s_{n-1})}[w_{n-1}(s_{n-1},u_{n-1})\odot f_n(s_n)]$$

其中,$s_n^*=T_{n-1}(s_{n-1},u_{n-1}^*)$,解此一维极值问题,得到最优解 $u_{n-1}^*=u_{n-1}^*(s_{n-1})$ 和最优值 $f_{n-1}(s_{n-1})$.

$$f_{n-1}(s_{n-1})=\max_{u_{n-1}\in D_{n-1}(s_{n-1})}[w_{n-1}(s_{n-1},u_{n-1})\odot f_n(s_n)]$$

在第 k 阶段,有

$$f_k(s_k)=\max_{u_k\in D_k(s_k)}[w_k(s_k,u_k)\odot f_{k+1}(s_{k+1})]$$

其中,$s_{k+1}^*=T_k(s_k,u_k^*)$,解得最优解 $u_k^*=u_k^*(s_k)$ 和最优值 $f_k(s_k)$.

依此类推,直到第一阶段,有

$$f_1(s_1)=\max_{u_1\in D_1(s_1)}[w_1(s_1,u_1)\odot f_2(s_2)]$$

其中,$s_2^*=T_1(s_1,u_1^*)$,解得最优解 $u_1=u_1(s_1)$ 和最优值 $f_1(s_1)$.

由于初始状态 s_1 已知,故 $u_1^*=u_1^*(s_1)$ 和 $f_1(s_1)$ 是确定的,从而 $s_2^*=T_1(s_1,u_1^*)$ 也就可以确定. 于是 $u_2^*=u_2^*(s_2)$ 和 $f_2(s_2)$ 也就可以确定,这样,按照上述递推过程相反的顺序推算下去,就可以逐步确定出每阶段的决策及效益.

逆序解法的示意图如图 6.2 所示.

例 2. 用动态规划中的逆序法求解例 1.

解 本题可以看做一个多阶段决策问题($n=4$),第一阶段只有两个状态,即点 B_1,B_2;第二阶段有三个状态,即 C_1,C_2,C_3;第三阶段有两个状态,即 D_1,D_2;第四阶段有一个状态,即 G. 记最优值函数为 $f_k(s_k)$,决策变量为 $u_k(s_k)$,第 k 阶段是

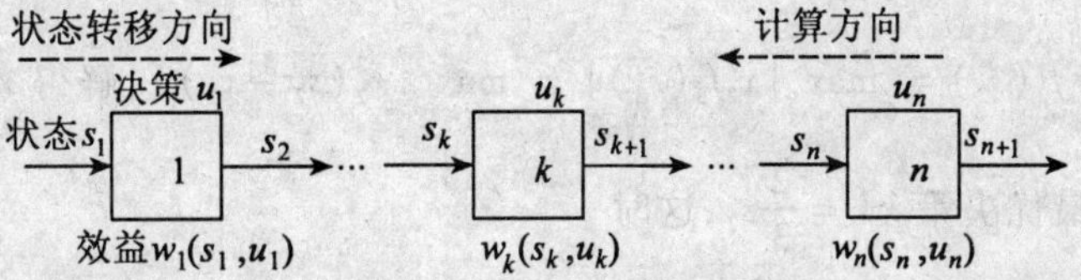

图 6.2

状态为 s_k，决策变量为 $u_k(s_k)$ 下的指标值 $w_k(s_k,u_k)$（这里指标值即为从点 s_k 到点 $u_k(s_k)\triangleq s_{k+1}$ 的弧的路长）. 用逆序法，其递归方程为

$$f_k(s_k) = \min_{u_k}\{w_k(s_k,u_k) + f_{k+1}(s_{k+1})\},k = 4,3,2,1$$

终端条件为 $f_5(G)=0$

于是当 $k=4$ 时 $f_4(D_1)=4+0=4, f_4(D_2)=4+0=4$

当 $k=3$ 时 $f_3(C_1)=6+f_4(D_2)=6+4=10, f_3(C_3)=6+f_4(D_2)=6+4=10,$

$$f_3(C_2)=\min\begin{Bmatrix}5+f_4(D_1)\\4+f_4(D_2)\end{Bmatrix}=\min\begin{Bmatrix}5+4\\4+4\end{Bmatrix}=8 \qquad (u_3(C_3)=D_2)$$

当 $k=2$ 时 $f_2(B_1)=\min\begin{Bmatrix}4+f_3(C_1)\\3+f_3(C_2)\end{Bmatrix}=\min\begin{Bmatrix}4+10\\3+8\end{Bmatrix}=11 \qquad (u_2(B_1)=C_2)$

$$f_2(B_2)=\min\begin{Bmatrix}3+f_3(C_2)\\4+f_3(C_3)\end{Bmatrix}=\min\begin{Bmatrix}3+8\\4+10\end{Bmatrix}=11 \qquad (u_2(B_2)=C_2)$$

当 $k=1$ 时 $f_1(A)=\min\begin{Bmatrix}3+f_2(B_1)\\4+f_2(B_2)\end{Bmatrix}=\min\begin{Bmatrix}3+11\\4+11\end{Bmatrix}=14 \qquad (u_1(A)=B_1)$

所以最优策略为 $\{u_1^*(A)=B_1, u_2^*(B_1)=C_2, u_3^*(C_2)=D_2, u_4^*(D_2)=G\}$，最短路长为 14.

例 3. 用动态规划中的逆序法求解规划问题

$$\max z = x_1^3x_2^2x_3$$

$$\text{s.t.} \quad \begin{cases}x_1+x_2+x_3=c\\x_j\geqslant 0\end{cases} \text{其中 } c\geqslant 0 \quad (j=1,2,3)$$

解 用逆序解法求解. 按问题中变量的个数划分阶段，把该问题看做一个三阶段决策问题. 记状态变量为 s_1,s_2,s_3,s_4,s_k 表示从第 k 阶段到第 n 阶段的资源量，$k=1,2,3,4$. 取问题中的变量 x_1,x_2,x_3 为决策变量；最优值函数为 $f_k(s_k)$（$f_k(s_k)$ 表示第 k 阶段处于 s_k 状态下，从第 k 阶段到第 3 阶段结束得到的最大值）.

状态方程为 $s_{k+1}=s_k-x_k, k=3,2,1, s_1=c$.

允许决策集 $D_3(s_3)=\{x_3 \mid x_3=s_3\}$；$D_2(s_2)=\{x_2 \mid 0\leqslant x_2\leqslant s_2\}$；$D_1(s_1)=\{x_1 \mid 0\leqslant x_1\leqslant s_1=c\}$；

当 $k=3$ 时,有 $f_3(s_3)=\max\limits_{x_3=s_3}\{x_3\}=s_3$,最优决策为 $x_3^*=s_3$.

当 $k=2$ 时,有 $f_2(s_2)=\max\limits_{0\leqslant x_2\leqslant s_2}\{x_2^2f_3(s_3)\}=\max\limits_{0\leqslant x_2\leqslant s_2}\{x_2^2(s_2-x_2)\}$,解得 $x_2=\dfrac{2}{3}s_2$ 为极大值点,所以最优决策 $x_2^*=\dfrac{2}{3}s_2$,这时

$$f_2(s_2)=\frac{4}{27}s_2^3.$$

当 $k=1$ 时,有 $f_1(s_1)=\max\limits_{0\leqslant x_1\leqslant s_1}\{x_1^3f_2(s_2)\}=\max\limits_{0\leqslant x_1\leqslant s_1}\left\{\dfrac{4}{27}x_1^3(s_1-x_1)^3\right\}$,解得 $x_1^*=\dfrac{s_1}{2}=\dfrac{c}{2}$,所以 $f_1(s_1)=\dfrac{c^6}{432}$. 进而有

$$x_2^*=\frac{2}{3}s_2=\frac{2}{3}(c-x_1^*)=\frac{c}{3},f_2(s_2)=\frac{c^3}{54},x_3^*=s_2-x_2^*=\frac{c}{6},f_3(s_3)=\frac{c}{6}$$

即最优解为 $x_1^*=\dfrac{c}{2},x_2^*=\dfrac{c}{3},x_3^*=\dfrac{c}{6}$,最大值为 $z_{\max}=\dfrac{c^6}{432}$.

6.2.2 顺序解法

若求解过程是从最初阶段推至最终阶段,即寻优过程与阶段进展的顺序一致的求解过程,这种推法称为顺序解法. 顺序解法可以由下列递归方程

$$f_k(s_k)=\mathop{\mathrm{Opt}}\limits_{u_k\in D_k(s_k)}\{w_k(s_k,u_k)\odot f_{k-1}(s_{k-1})\}\tag{6.2.2}$$

及始端条件 $f_1(s_1)=\varphi(s_1)$(这时 φ 为已知函数)递推求解. $k=1,2,\cdots,n$.

这里 $f_k(s_k)$ 为从状态 s_1 到状态 s_k 的最优函数;u_k 为第 k 阶段末处于状态 s_{k+1} 对该状态作选择的决策变量.

用顺序法求解时,计算步骤是:先由始端条件从最终阶段开始由式(6.2.2)自前向后递推,求出各阶段的最优决策和最优值函数,最后算出 $f_{k+1}(s_{k+1})$,便得到最优策略序列 $\{u_k^*(s_k),s_k\in S_k,k=1,2,\cdots,n\}$,再由状态方程 $s_k^*=\overline{T}_k(s_{k+1},u_k^*)$ 从 $k=n+1$ 开始自后向前确定 s_k^*.

具体如下:从第一阶段开始,有

$$f_1(s_2)=\max_{u_1\in D_1(s_1)}w_1(s_1,u_1)$$

其中,$s_1^*=\overline{T}_1(s_2,u_1^*)$,解得最优解 $u_1^*=u_1^*(s_2)$ 与最优值 $f_1(s_2)$.

第二阶段,有

$$f_1(s_2)=\max_{u_2\in D_2(s_2)}[w_2(s_2,u_2)\odot f_1(s_2)]$$

其中,$s_2^*=\overline{T}_2(s_3,u_2^*)$,解得最优解 $u_2^*=u_2^*(s_3)$ 与最优值 $f_2(s_3)$.

依此类推,直到第 n 阶段,有

$$f_n(s_{n+1})=\max_{u_n\in D_n(s_n)}\{w_n(s_n,u_n)\odot f_{n-1}(s_n)\}$$

其中，$s_n^* = \overline{T}_n(s_{n+1}, u_n^*)$，解得最优解 $u_n = u_n(s_{n+1})$ 与最优值 $f_n(s_{n+1})$.

由于终止状态 s_{n+1} 是已知的，故 $u_n = u_n(s_{n+1})$ 与 $f_n(s_{n+1})$ 是确定的. 再按计算过程的相反顺序推算上去，就可以逐步确定出每阶段的决策及效益.

顺序解法的示意图如图 6.3 所示.

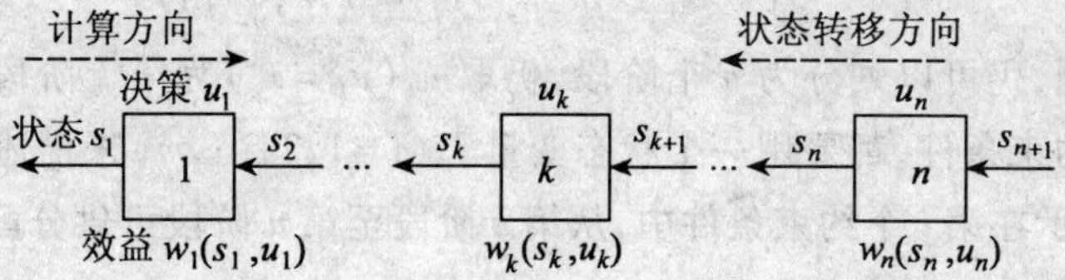

图 6.3

例 4. 用顺序法求解下面问题

$$\max z = x_1 x_2^2 x_3$$

$$\text{s. t.} \begin{cases} x_1 + x_2 + x_3 = c & (c > 0) \\ x_j \geqslant 0 & (j = 1,2,3) \end{cases}$$

解　设 $s_4 = c$，令最优值函数 $f_k(s_{k+1})$ 表示第 k 阶段末的结束状态为 s_{k+1}，从第 1 阶段到第 k 阶段的最大值. 设 $s_2 = x_1, x_1 = s_1; s_2 + x_2 = s_3, 0 \leqslant x_2 \leqslant s_3; s_3 + x_3 = s_4 = c, 0 \leqslant x_3 \leqslant s_4$.

当 $k = 1$ 时，$f_1(s_2) = \max\limits_{x_1 = s_2}\{x_1\} = s_2$，最优解为 $x_1^* = s_2$.

当 $k = 2$ 时，$f_2(s_3) = \max\limits_{0 \leqslant x_2 \leqslant s_3}\{x_2^2 f_1(s_2)\} = \max\limits_{0 \leqslant x_2 \leqslant s_3}\{x_2^2(s_3 - x_2)\} = \dfrac{4}{27}s_3^3$，最优解为 $x_2^* = \dfrac{2}{3}s_3$.

当 $k = 3$ 时，$f_3(s_4) = \max\limits_{0 \leqslant x_3 \leqslant s_4}\{x_3 f_2(s_3)\} = \max\limits_{0 \leqslant x_3 \leqslant s_4}\left\{x_3 \dfrac{4}{27}(s_4 - x_3)^3\right\} = \dfrac{1}{64}s_4^4$，最优解为 $x_3^* = \dfrac{1}{4}s_4$.

由已知 $s_4 = c$，故易得最优解为 $x_1^* = \dfrac{1}{4}c, x_2^* = \dfrac{1}{2}c, x_3^* = \dfrac{1}{4}c$. 相应的最大值为 $z_{\max} = \dfrac{1}{64}c^4$.

§6.3　多维动态规划

上述讨论的问题仅有一个约束条件，对于具有多个约束条件的问题，同样可以用动态规划方法求解，但这是一个多维动态规划问题，解法比较繁琐.

考虑数学规划问题

$$\max z = \sum_{j=1}^{n} g_j(x_j)$$

$$\text{s. t.} \begin{cases} \sum a_{ij}x_j \leqslant b_i & (i = 1,2,\cdots,m) \\ x_j \geqslant 0 & (j = 1,2,\cdots,n) \end{cases}$$

对该问题,仍可以划分为 n 个阶段,仍取 $u_k(u_k = x_k)$ 为第 k 阶段的决策变量.但对每一个约束条件,都要用一个状态变量 $s_{ik}(i=1,2,\cdots,m)$ 来描述,共有 m 个状态变量,s_{ik} 表示在第 i 个约束条件中,从第 k 阶段至第 n 阶段可供分配的数,则状态方程为

$$s_{i,k+1} = s_{i,k} - a_{i,k}u_k(i = 1,2,\cdots,m);$$

允许决策集合为

$$D_k(s_{1k},s_{2k},\cdots,s_{mk}) = \left\{u_k \mid 0 \leqslant u_k \leqslant \min\left\{\frac{s_{1k}}{a_{1k}},\frac{s_{2k}}{a_{2k}},\cdots,\frac{s_{mk}}{a_{mk}}\right\}\right\},$$

允许状态集合为

$$S_{ik} = \{s_{ik} \mid 0 \leqslant s_{ik} \leqslant b_i\}(i = 1,2,\cdots,m).$$

$$S_{i1} = \{b_i\}(i = 1,2,\cdots,m).$$

设最优值函数 $f_k(s_{1k},s_{2k},\cdots,s_{mk})$ 表示从第 k 阶段到第 n 阶段指标函数的最优值.则逆序递推方程为

$$f_k(s_{1k},s_{2k},\cdots,s_{mk}) = \max_{\substack{u_k\in D_k(s_{1k},s_{2k},\cdots,s_{mk})\\ s_{ik}\in S_{ik}}}\{g_k(u_k) + f_{k+1}(s_{1,k+1},s_{2,k+2},\cdots,s_{m,k+m})\}.$$

边界条件为 $f_{n+1}(s_{1,n+1},s_{2,n+1},\cdots,s_{m,n+1}) = 0$,再用递推方法求解.

例 5. 用动态规划方法求解

$$\max z = 8x_1 + 7x_2;$$

$$\text{s. t.} \begin{cases} 2x_1 + x_2 \leqslant 8 \\ 5x_1 + 2x_2 \leqslant 15 \text{ 且 } x_1,x_2 \text{ 为整数.} \\ x_1,x_2 \geqslant 0 \end{cases}$$

解 用逆序递推法求解,分两个阶段,即 $k=1,2$,决策变量为 x_1,x_2,状态变量 s_k,v_k 分别表示从第 k 阶段至第二阶段第一、第二约束可供分配的右端数值.于是当 $k=2$ 时,有

$$f_2(s_2,v_2) = \max_{\substack{0\leqslant x_2\leqslant s_2\\ 0\leqslant x_2\leqslant v_2/2\\ x_2\text{取整数}}}\{7x_2\} = 7\min\left\{[s_2],\left[\frac{v_2}{2}\right]\right\}$$

$$x_2 = \min\left\{[s_2],\left[\frac{v_2}{2}\right]\right\}$$

当 $k=1$ 时,有

$$f_1(s_1,v_1) = \max_{\substack{0\leqslant x_1\leqslant s_1/2_1 \\ 0\leqslant x_2\leqslant v_1/5 \\ x_1\text{取整数}}} \{8x_1 + f_2(s_1 - 2x_1, v_1 - 5x_1)\}$$

而 $s_1 = 8, v_1 = 15$，因此

$$f_1(8,15) = \max_{\substack{0\leqslant x_1\leqslant 8/2_1 \\ 0\leqslant x_2\leqslant 15/5 \\ x_1\text{取整数}}} \{8x_1 + 7\min([8 - 2x_1],[(15 - 5x_1)/2])\},$$

由于 $0\leqslant x_1\leqslant\min\left\{\left[\frac{8}{2}\right],\left[\frac{15}{5}\right]\right\}=3$，因而

$$f_1(8,15) = \max_{x_1=0,1,2,3} \{8x_1 + 7\min([8 - 2x_1],[(15 - 5x_1)/2])\}$$

$$= \max_{x_1=0,1,2,3} \{8x_1 + 7[(15 - 5x_1)/2]\} = 49, x_1 = 0.$$

再回代求最优策略，由 $s_1 = 8, v_1 = 15, x_1^* = 0$ 得

$$s_2 = s_1 - 2x_1 = 8, v_2 = v_1 - 5x_1 = 15$$

所以
$$x_2^* = \min\left\{[s_2],\left[\frac{v_2}{2}\right]\right\} = \min\left\{[8],\left[\frac{15}{2}\right]\right\} = 7.$$

因此最优解为 $x_1^* = 0, x_2^* = 7$，最优值为 $z^* = 49$.

我们再来看一个二维问题——二维背包问题. 所谓二维背包问题是指除了对背包的重量不能超过 a 千克这一限制外，还加上对背包的体积的限制. 再假设一件第 j 种物品的体积为 b_j 立方米，而要求背包的总体积不能超过 b 立方米. 问题的模型为

$$\max z = \sum_{j=1}^{n} c_j x_j$$

$$\text{s. t.}\begin{cases}\sum_{j=1}^{n} a_j x_j \leqslant a \\ \sum_{j=1}^{n} b_j x_j \leqslant b \\ x_j \geqslant 0,\text{且为整数}(j = 1,2,\cdots,n)\end{cases}$$

令
$$g_k(x,y) = \max_{\substack{\sum_{j=1}^{k} a_j x_j\leqslant x \\ \sum_{j=1}^{k} b_j x_j\leqslant y \\ x_j\geqslant 0,\text{且为整数}(j=1,2,\cdots,k)}} \sum_{j=1}^{k} c_j x_j \quad (k = 1,2,\cdots,n)$$

因而 $g_n(a,b)$ 即为所求.

下面举例说明求解二维背包问题的方法.

例 6. 设有一二维背包问题，其中

$n = 2, c_1 = 2, c_2 = 3; a = 12, a_1 = 3, a_2 = 4; b = 10, b_1 = 1, b_2 = 5$. 该问题的数学模型为

$$\max z = 2x_1 + 3x_2$$

$$\text{s.t.}\quad \begin{cases} 3x_1 + 4x_2 \leqslant 12 \\ x_1 + 5x_2 \leqslant 10 \\ x_1 \geqslant 0, x_2 \geqslant 0, \text{且为整数}. \end{cases}$$

解 用动态规划方法,该问题变为求 $g_2(12,10)$. 下面计算 $g_2(12,10)$ 的值

$$g_2(12,10) = \max_{\substack{3x_1+4x_2\leqslant 12 \\ x_1+5x_2\leqslant 10 \\ x_1\geqslant 0,x_2\geqslant 0,\text{且为整数}}} (2x_1 + 3x_2)$$

$$= \max_{\substack{3x_1\leqslant 12-4x_2 \\ x_1\leqslant 10-5x_2 \\ x_1\geqslant 0,x_2\geqslant 0,\text{且为整数}}} (2x_1 + 3x_2)$$

$$= \max_{\substack{12-4x_2\geqslant 0 \\ 10-5x_2\geqslant 0 \\ x_2\geqslant 0,\text{且为整数}}} \Big\{ \max_{\substack{3x_1\leqslant 12-4x_2 \\ x_1\leqslant 10-5x_2 \\ x_1\geqslant 0,x_2\geqslant 0,\text{且为整数}}} (2x_1 + 3x_2) \Big\}$$

$$= \max_{\substack{12-4x_2\geqslant 0 \\ 10-5x_2\geqslant 0 \\ x_2\geqslant 0,\text{且为整数}}} \Big\{ 3x_2 + \max_{\substack{3x_1\leqslant 12-4x_2 \\ x_1\leqslant 10-5x_2}} \Big\}$$

$$= \max_{\substack{12-4x_2\geqslant 0 \\ 10-5x_2\geqslant 0 \\ x_2\geqslant 0,\text{且为整数}}} \{ 3x_2 + g_1(12-4x_2, 10-5x_2) \}$$

$$= \max_{\substack{0\leqslant x_2\leqslant 2 \\ x_2\text{为整数}}} \{ 3x_2 + g_1(12-4x_2, 10-5x_2) \}$$

$$= \max\{ g_1(12,10), 3+g_1(8,5), 6+g_1(4,0) \}$$

这里 $x_2=0$ 时,对应的是 $g_2(12,10)$;$x_2=1$ 时,对应的是 $3+g_1(8,5)$;$x_2=2$ 时,对应的是 $6+g_1(4,0)$. 进而计算

$$g_1(12,10) = \max_{\substack{3x_1\leqslant 12 \\ x_1\leqslant 10 \\ x_1\geqslant 0,\text{且为整数}}} 2x_1 = \max_{\substack{0\leqslant x_1\leqslant 4 \\ x_1\text{为整数}}} 2x_1 = 8 \quad (x_1 = 4)$$

这里,$x_1=4$ 即指当只装第一种物品,使得总重量不超过 12,总体积不超过 10 时,最大收益为 8,相应的第一种物品的数量为 4.

$$g_1(8,5) = \max_{\substack{3x_1\leqslant 8 \\ x_1\leqslant 5 \\ x_1\geqslant 0,\text{且为整数}}} 2x_1 = \max_{\substack{0\leqslant x_1\leqslant 2 \\ x_1\text{为整数}}} 2x_1 = 4 \quad (x_1 = 2)$$

$$g_1(4,0) = \max_{\substack{3x_1\leqslant 4 \\ x_1\leqslant 0 \\ x_1\geqslant 0,\text{且为整数}}} 2x_1 = 0 \quad (x_1 = 0)$$

于是有 $g_2(12,10) = \max\{g_1(12,10), 3+g_1(8,5), 6+g_1(4,0)\}$

$$= \max\{8, 3+4, 6+0\} = 8 \qquad (x_1=4, x_2=0)$$

最优方案为:$x_1^*=4, x_2^*=0$,即第一种物品装 4 件,第二种物品装 0 件,旅行者背包提供的最大使用价值是 8.

§6.4 不定期和无限期决策问题

本章前几节的多阶段问题中的阶段数 n 是固定的,故称为定期(即定阶段)决策问题. 本节利用两个例子分别讨论阶段不固定或趋于无穷的决策问题,这两类问题称为不定期问题和无限期问题.

例 7.(阶段不固定的最短路线问题) 设给定 N 个点 $p_i(i=1,2,\cdots,N)$ 组成点集(p_i),点 p_i 到点 p_j 的距离为 d_{ij},若点 p_i 到点 p_j 没有弧相连,规定 $d_{ij}=+\infty$,指定终点为 p_N,试求从点 p_i 出发到点 p_N 的最短路线.

若用所在点 p_i 表示状态,决策集合就是除了点 p_i 以外的点所构成的集合. 记最优值函数为 $f(i)$,$f(i)$ 表示从 p_i 点到终点 p_N 的最短路程. 这样,该问题就可以归结为一个不定期多阶段决策问题.

由最优化原理可得:$f(i)=\min\limits_{j}\{d_{ij}+f(j)\} \quad (i=1,2,\cdots,N-1)$.

规定 $d_{ii}=0$. 初始条件为 $f(N)=0$. 解法可以参看文献[8].

例 8.(无限期资源分配问题) 无限期资源分配问题的一般提法为:有数量为 x 的某种资源,将该资源分别从数量 y 和 $x-y$ 投入 A,B 两种方式生产,可以收益 $g(y)+h(x-y)$,其中 $g(y)$,$h(y)$ 为已知的连续函数,且 $g(0)=h(0)=0$;假设投入生产后可以回收部分资源再投入生产,回收率分别是 $a,b(0<a<1,0<b<1)$,第一阶段生产后回收资源量为 $x_1=ay+b(x-y)$,再分别以数量 y_1 和 x_1-y_1 投入 A,B 两种方式生产,可以获得利益为 $g(y_1)+h(x_1-y_1)$,又可以回收资源 $x_2=ay_1+b(x_1-y_1)$,再分别以数量 y_2 和 x_2-y_2 投入 A,B 两种方式生产,这样无限做下去,直到资源用完为止,求总收益达到最大值的投资决策.

因 $0<a<1,0<b<1$,故无限次收益的总和是收敛的.

用 $f(x)$ 表示开始时有资源量 x,经无限次最优决策投入生产后得的总收益值,有以下函数方程

$$f(x)=\max_{0\leqslant y\leqslant x}\{g(y)+h(x-y)+f(ay+b(x-y))\}.$$

例 7,例 8 的解法可以参看文献[8].

§6.5 动态规划的应用举例

6.5.1 资源分配问题

所谓分配问题就是将数量一定的一种或若干种资源(例如原材料、资金、机器设备、劳力、食品等)恰当的分配给若干个使用者,而使目标函数为最优.

例 9. 某公司有资金 a 万元,拟投资于 n 个项目,已知第 i 个项目投资 x_i 万元,

收益为 $g_i(x_i)$，试问应如何分配资金使总收益最大？

这是一个与时间无明显关系的静态最优化问题，可以列出静态数学模型，求 $x_1, x_2, \cdots, x_n$ 使得 $V_{\max} = \sum_{i=1}^{n} g_i(x_i)$，并满足

$$\begin{cases} \sum_{i=1}^{n} x_i = a \\ x_i \geqslant 0, i = 1,2,\cdots,n \end{cases}$$

为了适用动态规划方法求解，可以人为地赋予该问题"时段"的概念，将该投资项目进行排序，假设这个项目投资有先后顺序，首先考虑对项目 1 投资，然后考虑对项目 2 投资，依此类推，即把问题划分为 n 个阶段，每个阶段只求一个项目投资的金额，这样问题就转化为一个 n 阶段决策过程. 下面的关键问题是如何正确选择状态变量，使后步子过程之间具有递推关系.

通常可以把决策变量 u_k 定为静态问题中的变量 x_k，即设 $u_k = x_k (k=1,2,\cdots, n)$，状态变量与决策变量有密切的关系，状态变量一般为累积量或随递推过程变化的量，可以把每个阶段可供使用的资金定为状态变量 s_k，初始状态 $s_1 = a$，u_1 为分配于第一项目的资金数，则当第一阶段$(k=1)$时，有$\begin{cases} s_1 = a \\ u_1 = x_1 \end{cases}$，第二阶段$(k=2)$时，状态变量 s_2 为余下可投资于 $n-1$ 个项目的资金总数，即$\begin{cases} s_2 = s_1 - u_1 \\ u_2 = x_2 \end{cases}$，依此类推，第 $k=n$ 阶段时，$\begin{cases} s_n = s_{n-1} - u_{n-1} \\ u_n = x_n \end{cases}$，于是有：

阶段 k：取 $1,2,\cdots,n$；

状态变量 s_k：第 k 阶段可以投资于第 k 项到第 n 个项目的资金数；

决策变量 u_k：应给第 k 个项目投资的资金数.

允许决策的集合 $D_k(s_k) = \{u_k | 0 \leqslant u_k = x_k \leqslant s_k\}$

状态转移方程 $s_{k+1} = s_k - u_k = s_k - x_k$

指标函数 $V_{k,n} = \sum_{i=1}^{n} g_i(u_i)$

最优函数 $f_k(s_k)$ 为可投资资金数为 s_k 时，投资第 $k-n$ 项所得的最大收益数，则该问题的基本方程为

$$\begin{cases} f_k(s_k) = \max\limits_{0 \leqslant u_k \leqslant s_k} \{g_k(u_k) + f_{k+1}(s_{k+1})\} \\ f_{n+1}(s_{n+1}) = 0 \end{cases} \quad (k = n, n-1, \cdots, 1)$$

当 $g_i(x_i) (i=1,2,\cdots,n)$ 已知时，便可以利用动态规划逐段求解，得到各项目最佳投资资金数，$f_1(a)$ 就是原问题所求的最大总收益.

例 10. 某有色金属公司拟拨出 50 万元对所属三家冶炼厂进行技术改造. 若以

10 万元为最小分割单位，各厂收益与投资关系如表 6.1 所示.

表 6.1

投资额（单位：10 万元）	技术改造后收益/万元		
	工厂 1	工厂 2	工厂 3
0	0	0	0
1	4.5	2.0	5.0
2	7.0	4.5	7.0
3	9.0	7.5	8.0
4	10.5	11.0	10.0
5	12.0	15.0	13.0

公司经理从定量决策的需要出发，要求公司的系统分析组求出：对三家工厂如何分配这 50 万元，才能使总收益达到最大？

解　首先工厂 1 进行分配，余下的工厂 2 进行分配，最后余下的分配给工厂 3. 建立如下动态规划模型：

(1) 阶段 n：工厂的数量；

(2) 状态变量 $s_1=\{5\}, s_2=s_1-x_1, s_3=s_2-x_2$；

(3) 决策变量 $0\leqslant x_1\leqslant s_1, 0\leqslant x_2\leqslant s_2, x_3=s_3$；

(4) 状态转移方程 $s_{n+1}=s_n-x_n$；

(5) 阶段指标函数

$$g_1(x_1)=\{0,4.5,7,9,10.5,12\}, g_2(x_2)=\{0,2,4.5,7.5,11,15\}$$

$$g_3(x_3)=\{0,5,7,8,10,13\};$$

(6) 指标递推方程

$$f_n^*(s_n)=\max_{0\leqslant x_n\leqslant s_n}\{g_n(x_n)+f_{n+1}^*(s_{n+1})\}\quad (n=1,2)$$

$$f_3^*(s_3)=\max_{0\leqslant x_3\leqslant s_3}\{g_3(x_3)\}\quad (n=3)$$

下面利用表格进行计算，从最后一阶段开始.

当 $n=3$ 时，$x_3=s_3$，如表 6.2 所示.

表 6.2

s_3 x_3	$f_3(s_3)=d_3(s_3,x_3)$						$f_3^*(s_3)$	x_3^*
	0	1	2	3	4	5		
0	0							
1		5						
2			7					
3				8				
4					10			
5						13	13	5

当 $n=2$ 时，$0\leqslant x_2\leqslant s_2, s_3=s_2-x_2$，如表 6.3 所示.

表 6.3

s_2	$f_2(s_2)=d_2(s_2,x_2)+f_3^*(s_3)$						$f_2^*(s_2)$	x_2^*
x_2	0	1	2	3	4	5		
0	0+0=0						0	0
1	0+5 =5	2+0 =2					5	0
2	0+7 =7	2+5 =7	4.5+0 =4.5				7	0,1
3	0+8 =8	2+7 =9	4.5+5 =9.5	7.5+0 =7.5			9.5	2
4	0+10 =10	2+8 =10	4.5+7 =11.5	7.5+5 =12.5	11+0 =11		12.5	3
5	0+13 =13	2+10 =12	4.5+8 =12.5	7.5+7 =14.5	11+5 =16	15+0 =15	16	4

当 $n=3$ 时，$0\leqslant x_1\leqslant s_1, s_2=s_1-x_1$，如表 6.4 所示.

表 6.4

s_1	$f_1(s_1)=d_1(s_1,x_1)+f_2^*(s_2)$						$f_1^*(s_1)$	x_1^*
x_1	0	1	2	3	4	5		
5	0+16 =16	4.5+12.5 =17	7+9.5 =16.5	7+9 =16	10.5+5 =15.5	12+0 =12	17	1

由此可知$s_1=5$,此时,$x_1^*=1$.

$s_2=s_1-x_1^*=5-1=4$,此时,$x_2^*=3$.

$s_3=s_2-x_2^*=4-3=1$,此时,$x_3^*=1$.

最优策略为:$P^*=\{x_1^*,x_2^*,x_3^*\}=\{1,3,1\}$,$Z^*=17$.

亦即:给工厂 1 分配 10 万元,工厂 2 分配 30 万元,工厂 3 分配 10 万元,可以使总收益达到最大为 17 万元.

6.5.2 货郎担问题

货郎担问题是图论中的一个著名问题,这里我们用动态规划来求解.该问题的一般提法为:设有 n 个居民点,记为 $1,2,\cdots,n$;用 d_{ij}表示从点 i 到点 j 的距离.一个邮递员从点 1 出发到其他各点去仅到一次,然后回到点 1.试问他如何选择行走路线,使总的路线最短?

$$N_i \triangleq \{1,2,\cdots,n\}-\{1,i\}=\{2,3,\cdots,i-1,i+1,\cdots,n\}.$$

用 S 表示邮递员从点 1 出发到点 i 之前所经过的点的集合.显然,$S\subset N_i(i=2,3,\cdots,n)$.用$(i,s)$表示状态变量;决策为由一个点决定应走的下一个点;最优值函数为$f_k(i,s)$,$f_k(i,s)$表示从点 1 出发经过有 k 个点的点集 S 到达 i 的最短距离;最优决策函数为$p_k(i,s)$,$p_k(i,s)$表示从点 1 出发经过有 k 个点的点集 S 到达 i 之前的那些点.递归方程为

$$f_k(i,s)=\min_{j\in S}\{f_{k-1}(j,s-\{j\})+d_{ji}\} \quad (k=1,2,\cdots,n-1)$$

终端条件为 $f_0(i,\varnothing)=d_{1i} \quad (i=1,2,\cdots,n-1)$.

例 11. 某邮递员的邮递范围内有 4 个居民点(1,2,3,4),各个点之间的距离如表 6.5 所示.邮局在点 1,邮递员每天从点 1 出发到其他各点去仅去一次,试问按怎样的路线走可以使总路程最短?

表 6.5

距离	1	2	3	4
1	0	10	8	18
2	10	0	7	11
3	8	7	0	6
4	18	11	6	0

解 用顺序法求解.

当 $k=0$ 时,有

$$f_0(2,\varnothing)=d_{12}=10,$$
$$f_0(3,\varnothing)=d_{13}=8,$$
$$f_0(4,\varnothing)=d_{14}=18;$$

当 $k=1$ 时,有

$$f_1(2,\{3\})=f_0(3,\varnothing)+d_{32}=8+7=15,$$
$$f_1(3,\{4\})=f_0(4,\varnothing)+d_{42}=18+11=29,$$
$$f_1(3,\{2\})=f_0(2,\varnothing)+d_{23}=10+7=17,$$
$$f_1(3,\{4\})=f_0(4,\varnothing)+d_{43}=18+6=24,$$
$$f_1(4,\{2\})=f_0(2,\varnothing)+d_{24}=10+11=21,$$
$$f_1(4,\{3\})=f_0(3,\varnothing)+d_{34}=8+6=14;$$

当 $k=2$ 时,有

$$\begin{aligned}f_2(2,\{3,4\})&=\min(f_1(3,\{4\})+d_{32},f_1(4,\{3\})+d_{42})\\&=\min(24+7,14+11)=25\end{aligned}$$
$$p_2(2,\{3,4\})=4,$$
$$\begin{aligned}f_2(3,\{2,4\})&=\min(f_1(2,\{4\})+d_{23},f_1(4,\{2\})+d_{43})\\&=\min(29+7,21+6)=27\end{aligned}$$
$$p_2(3,\{2,4\})=4,$$
$$\begin{aligned}f_2(4,\{2,3\})&=\min(f_1(2,\{3\})+d_{24},f_1(3,\{2\})+d_{34})\\&=\min(15+11,17+6)=23\end{aligned}$$
$$p_2(4,\{2,3\})=3;$$

当 $k=3$ 时,有

$$\begin{aligned}f_3(1,\{2,3,4\})&=\min(f_2(2,\{3,4\})+d_{21},f_2(3,\{2,4\})+d_{31},f_2(4,\{2,3\})+d_{41})\\&=\min(25+10,27+8,23+18)=35\end{aligned}$$
$$p_3(1,\{2,3,4\})=3\text{ 或 }2.$$

故最优策略为 $1\to2\to4\to3\to1$ 或 $1\to3\to4\to2\to1$.

总最短路长为 35.

本节只给出了两种动态规划的应用,其他的一些应用,如:二维资源分配问题、可靠性问题、生产与存储问题、设备更新问题等,可以参阅文献[8],[2].

习 题

1. 用动态规划的方法求解下面问题

(1) $\max\ z=7x_1^2+6x_1+5x_2^2$

$$\text{s.t.}\begin{cases}x_1+2x_2\leqslant10\\x_1-3x_2\leqslant9\\x_1\geqslant0,x_2\geqslant0;\end{cases}$$

(2) $\max\ z=4x_1+9x_2+2x_3^2$

$$\text{s.t.}\begin{cases}x_1+x_2+x_3=10\\x_i\geqslant0,i=1,2,3.\end{cases}$$

2. 试用动态规划的方法求解下面整数规划问题

$$\max z = 3x_1 + x_2 + 6x_3 + 2x_4$$

$$\text{s.t.} \begin{cases} 2x_1 + x_2 + 5x_3 + 7x_4 \leqslant 15 \\ x_i \geqslant 0, \text{且为整数} (i = 1,2,3,4) \end{cases}$$

3. 某人外出旅游,须将五种物品装入包裹,但包裹的重量有限制,总重量 w 不能超过 13kg,物品价值及其重量如表 6.6 所示. 试问如何装这些物品,使整个包价值最大?

表 6.6

物　品	A	B	C	D	E
重量/kg	7	5	4	3	1
价值/元	9	4	3	2	0.5

4. 有一艘远洋货轮计划在 A 港装完货后驶向 F 港,中途需要加燃料和淡水 4 次,而从 A 港到 F 港的全部可能的航运路线及每两港之间的距离如图 6.4 所示,试用动态规划方法求出最合理的停港口的方案,以使航程最短.

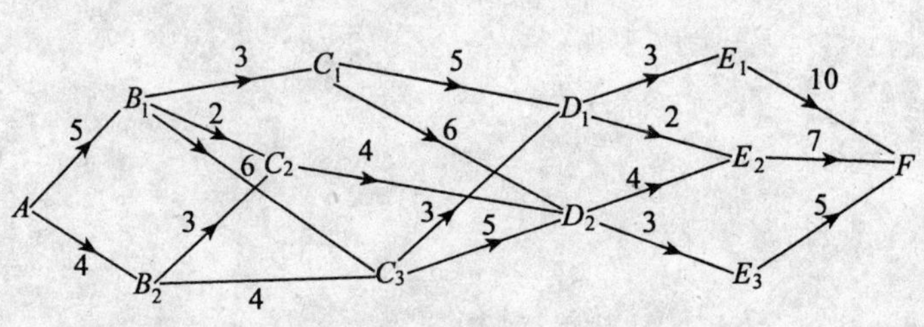

图 6.4

5. 设有 1、2、3、4、5 五个城市,各城市间的距离如图 6.5 所示,试求各城市到城市 5 的最短路线和最短路长.

6. 某工业产品需经过 A,B,C 三道工序,其合格率分别为0.70,0.60,0.80. 假设各工序的合格率相互独立,从而产(成)品的合格率为 $0.70 \times 0.60 \times 0.80 = 0.336$. 为了提高产品的合格率,现准备以限额为 5 万元的投资,在三道工序中采取如表 6.7 所示的各种提高产品质量的措施. 这些措施的投资金额和采取措施后各工序预期的合格率均在表 6.7 中. 试问应该采取哪些措施,才能使产(成)品的合格率达到最大?

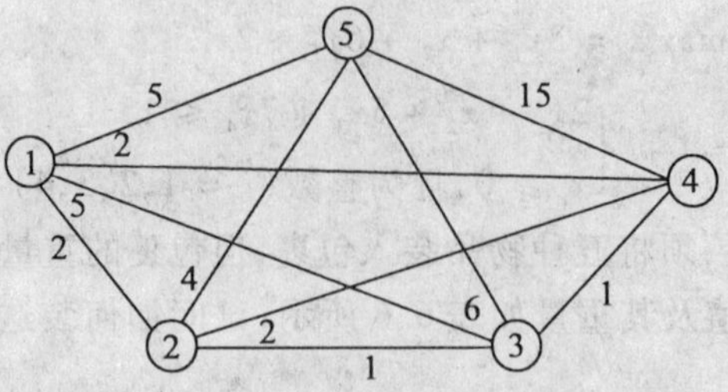

图 6.5

表 6.7

措施项目		1. 维持原状	2. 调整轴承	3. 加装自停装置	4. 调换轴承并加装自停装置
投资金额		0	每工序 1 万元	每工序 2 万元	每工序 3 万元
工期的预期合格率	*A*	0.70	0.80	0.90	0.95
	B	0.60	0.70	0.80	0.90
	C	0.80	0.90	0.90	0.94

第七章　多目标规划

前面介绍了线性规划在投资决策中的应用,前所述及只含有一个目标函数,这类问题也称为单目标最优决策问题,简称单目标决策. 但是在投资管理、工程技术、生产管理等部门所遇到的问题往往需要同时考虑多个相互冲突的目标在某种意义下的最优决策. 我们把这种含有多个目标的最优化决策问题称为多目标决策,其相应的数学模型是包含多个目标函数及等式或不等式约束的数学规划模型称之为多目标规划.

本章将简要地介绍多目标数学规划的基本概念、基本方法和数学模型. 为了便于学习,且不使篇幅过大,主要介绍模型和方法.

§7.1　多目标规划模型和基本概念

7.1.1　多目标决策的简单例子

例 1.　投资决策问题.

某投资公司拥有一笔资金 A 万元,今有 $n(\geqslant 2)$ 个项目可供选择投资. 设投资第 $i(i=1,2,\cdots,n)$ 个项目要用资金 a_i 万元,预计可以得到收益 b_i 万元,试问应如何决策投资方案?

解　一个好的投资方案至少应该是投资少收益大的方案. 设

$$x_i=\begin{cases}1, \text{决定投资第 } i \text{ 个项目}\\ 0, \text{决定不投资第 } i \text{ 个项目}(i=1,2,\cdots,n)\end{cases}$$

并称 x_i 为投资决策变量. 按问题所给条件,投资第 $i(i=1,2,\cdots,n)$ 个项目的金额为 a_ix_i 万元,总投资金额为 $\sum\limits_{i=1}^{n}a_ix_i$ 万元. 投资第 $i(i=1,2,\cdots,n)$ 个项目的收益为 b_ix_i 万元,总收益为 $\sum\limits_{i=1}^{n}b_ix_i$ 万元.

为了使投资所用资金尽可能地少,应使和最小,即

$$\min\sum_{i=1}^{n}a_ix_i,$$

同时又要求获得的总收益尽可能地大,应使和最大,即

$$\max \sum_{i=1}^{n} b_i x_i.$$

此外,公司可用的总资金为 A 万元,故对于所有项目投资的全部资金不得超过 A 万元,即有限制条件

$$\sum_{i=1}^{n} a_i x_i \leqslant A,$$

考虑到对于所选择的项目要么投资,要么不投资,不能投资一半,于是决策变量 $x_i(i=1,2,\cdots,n)$ 只能取 1 或 0,故有限制条件

$$x_i(x_i-1)=0 \quad (i=1,2,\cdots,n).$$

综上所述,所考虑的投资决策问题可以归纳为具有等式约束和不等式约束条件下,有极小和极大化目标的多目标规划问题,即

$$\min \sum_{i=1}^{n} a_i x_i$$

$$\max \sum_{i=1}^{n} b_i x_i$$

$$\text{s.t.} \begin{cases} A - \sum_{i=1}^{n} a_i x_i \geqslant 0 \\ x_i(x_i-1)=0 \quad (i=1,2,\cdots,n). \end{cases}$$

例 2. 生产计划问题.

某工厂生产 $n(\geqslant 2)$ 种产品:1 号品,2 号品,…,n 号品. 已知该厂生产 $i(i=1,2,\cdots,n)$ 号品的生产能力是 a_i 吨/小时,生产 1 吨 $i(i=1,2,\cdots,n)$ 号品可以获利润 c_i 元. 根据市场预测,下月 i 号品的最大销售量为 $b_i(i=1,2,\cdots,n)$ 吨. 工厂下月的开工工时能力为 T 小时,下月市场需要尽可能多的 1 号品. 试问应如何安排下月的生产计划,在避免开工不足的条件下,使工人加班时间尽量地少,工厂获得利润最大且尽可能地满足市场对于 1 号品的要求?

解 设该厂下月生产 i 号品的时间为 $x_i(i=1,2,\cdots,n)$ 小时,根据问题所提供的已知条件,把问题中希望达到的三个目标用数量关系描述如下:

(1) 下月用 x_i 小时生产 i 号品 $(i=1,2,\cdots,n)$,故工厂的生产总工时为 $\sum_{i=1}^{n} x_i$ 小时,工人加班时间为 $\sum_{i=1}^{n} x_i - T$ 小时,为使工人加班时间尽量少,应使

$$\min\left(\sum_{i=1}^{n} x_i - T\right).$$

(2) 下月该厂生产 i 号品的产量为 $a_i x_i$ 吨,可以获利润 $c_i a_i x_i$ 元,于是工厂总利润为 $\sum_{i=1}^{n} c_i a_i x_i$ 元,为使工厂获得最大利润,应使

$$\max \sum_{i=1}^{n} c_i a_i x_i.$$

(3) 下月 1 号品的产量为 $a_1 x_1$，为了满足市场需要，应使

$$\max a_1 x_1.$$

此外，由预测知下月 $i(i = 1,2,\cdots,n)$ 号品的最大销售量为 b_i 吨，所以 i 号品的产量 $a_i x_i$ 不超过 b_i 吨，即要求

$$a_i x_i \leqslant b_i \quad (i = 2,3,\cdots,n).$$

为避免工厂开工不足，生产总工时 $\sum_{i=1}^{n} x_i$ 应不低于开工能力 T 小时，即有

$$\sum_{i=1}^{n} x_i - T \geqslant 0.$$

生产时间应为非负，于是决策变量还要求

$$x_i \geqslant 0.$$

综上所述，考虑的生产计划问题可以归纳为具有三个目标函数的多目标规划问题，即

$$\min\left(\sum_{i=1}^{n} x_i - T\right)$$

$$\max \sum_{i=1}^{n} c_i a_i x_i$$

$$\max a_i x_i$$

$$\text{s.t.} \begin{cases} b_i - a_i x_i \geqslant 0 \quad (i = 1,2,\cdots,n) \\ \sum_{i=1}^{n} x_i - T \geqslant 0 \\ x_i \geqslant 0 \quad (i = 1,2,\cdots,n) \end{cases}$$

例 3.　运输问题.

设有某种物质，存放的仓库有 m 处，即 $A_1, A_2, \cdots, A_m$，各个仓库的存储量分别为 $a_1, a_2, \cdots, a_m$ 吨. 现有 n 个销售点，即 $B_1, B_2, \cdots, B_n$，各个销售点的需要量分别为 $b_1, b_2, \cdots, b_n$ 吨. 假定供销平衡，即 $\sum_{i=1}^{m} a_i = \sum_{J-1}^{n} b_j$，并已知由 A_i 到 B_j 的路程和单位运费分别为 d_{ij} 公里和 c_{ij} 元，$i = 1,2,\cdots,m; j = 1,2,\cdots,n$. 要求确定一个调运方案，使得总的吨公里数最小和总运费最少.

解　设由 A_i 运到 B_j 去的物质总量为 x_{ij} 吨，吨公里数为 $d_{ij} x_{ij}$，$i = 1,2,\cdots,m_j$; $j = 1,2,\cdots,n$. 把 m 处仓库存放的所有物质运输到 n 个销售点时，其总吨公里数最小，即应使

$$\min \sum_{i=1}^{m} \sum_{j=1}^{n} d_{ij} x_{ij},$$

同时要求总运费最小，即应使

$$\min \sum_{i=1}^{m} \sum_{j=1}^{n} c_{ij} x_{ij}.$$

此外，由仓库 A_i 运输到点 B_j 的物质总量应等于 A_i 的库存量，即有限制条件

$$\sum_{j=1}^{n} x_{ij} = a_i \quad (i = 1,2,\cdots,m).$$

对于销售点 B_j，由各个仓库 A_i 运到 B_j 的物质量的总和应等于 B_j 的需求量 b_j，即有限制条件

$$\sum_{i=1}^{m} x_{ij} = b_j \quad (j = 1,2,\cdots,n).$$

由于从 A_i 运到 B_j 去的物质量 x_{ij}，当有运输量时 $x_{ij} > 0$，无运输量时 $x_{ij} = 0$，于是决策变量 x_{ij} 有限制条件

$$x_{ij} \geqslant 0 \quad (i = 1,2,\cdots,m;\ \ j = 1,2,\cdots,n).$$

综上所述，所考虑的运输问题可以归纳为有两个目标的数学规划问题

$$\min\left\{\sum_{i=1}^{m}\sum_{j=1}^{n} d_{ij}x_{ij},\quad \sum_{i=1}^{m}\sum_{j=1}^{n} c_{ij}x_{ij}\right\}$$

$$\text{s.t.}\begin{cases}\sum_{j=1}^{n} x_{ij} = a_i & (i = 1,2,\cdots,m)\\ \sum_{i=1}^{m} x_{ij} = b_j & (j = 1,2,\cdots,n)\\ x_{ij} \geqslant 0 & (i = 1,2,\cdots,m;\ \ j = 1,2,\cdots,n)\end{cases}$$

类似上述考虑多个目标的数学规划模型的例子还可以列举很多，如制定国家的经济发展规划，在一定条件下需要建立以生产、消费、就业、投资回收率等项为目标的多目标数学规划模型；从众多青年中选拔干部，在一定条件下可以建立以人的品德、才能和健康状况等项为目标的多目标规划决策模型. 通过求得上述模型的“最优”解来进行决策. 在实际生活中，应用多目标规划模型进行决策的问题是广泛和大量存在的，这里不一一列举.

7.1.2 多目标规划的一般模型

从前一节所述的例子可以看出，多目标规划模型从数学结构上看，它们都是考虑在一定条件下，对于多个目标的某种最优决策问题. 如果舍去这些例子中各种量的实际意义，而仅仅考虑这些量在决策问题中所起作用及它们之间的关系，可以归纳为以下的共同模式

$$\begin{aligned}&\min f_1(x_1,x_2,\cdots,x_n)\\ &\quad\vdots\\ &\min f_r(x_1,x_2,\cdots,x_n)\\ &\max f_{r+1}(x_1,x_2,\cdots,x_n)\end{aligned}$$

$$\vdots \qquad (7.1.1)$$

$$\max f_p(x_1,x_2,\cdots,x_n)$$

$$\text{s.t.}\begin{cases} g_i(x_1,x_2,\cdots,x_n) \leqslant 0 \\ g_j(x_1,x_2,\cdots,x_n) = 0 \\ i=1,2,\cdots,m; \quad j=1,2,\cdots,l \end{cases}$$

上述式(7.1.1)表示对 r 个目标函数极小化,对 $p-r$ 个目标函数极大化,其限制条件有 m 个不等式,l 个等式约束.由于是混合地对多个目标中的某些目标进行极小化而对另一些目标又进行极大化,因此,通常把式(7.1.1)称为混合多目标规划模型.

由于对某一目标函数 $f(x_1,x_2,\cdots,x_n)$ 进行极大化可以等价地转化为对于目标函数 $-f(x_1,x_2,\cdots,x_n)$ 进行极小化.所以,为了讨论的方便,把式(7.1.1)中所有的"max"转化为"min",则得到统一的对于多个目标进行极小化的数学模型,为了简便,仍然采用原函数符号表示,即有

$$\min\{f_1(x_1,x_2,\cdots,x_n),\cdots,f_p(x_1,x_2,\cdots,x_n)\}$$

$$\text{s.t.}\begin{cases} g_i(x_1,x_2,\cdots,x_n) \leqslant 0 \\ h_j(x_1,x_2,\cdots,x_n) = 0 \\ i=1,2,\cdots,m; \quad j=1,2,\cdots,l \end{cases} \qquad (7.1.2)$$

式(7.1.2)称为多目标极小化规划模型.当然,也可以把式(7.1.1)中的"min"都转化为"max",这样就得到一个多目标极大化规划模型.

通常把式(7.1.1)或式(7.1.2)中的 n 个变量 $x_1,x_2,\cdots,x_n$ 叫做决策变量,数值函数 $f_1(x_1,x_2,\cdots,x_n),\cdots,f_p(x_1,x_2,\cdots,x_n)$ 称为目标函数,$g_i(x_1,x_2,\cdots,x_n) \leqslant 0(i=1,2,\cdots,m)$,称为不等式约束,$h_j(x_1,x_2,\cdots,x_n)=0(j=1,2,\cdots,l)$ 称为等式约束.为了讨论的方便常用向量及向量函数的形式表示,即有

$$x=(x_1,x_2,\cdots,x_n)^{\mathrm{T}}$$

$$f(x)=(f_1(x),f_2(x),\cdots,f_p(x))^{\mathrm{T}}$$

$$g(x)=(g_1(x),g_2(x),\cdots,g_m(x))^{\mathrm{T}}$$

$$h(x)=(h_1(x),h_2(x),\cdots,h_l(x))^{\mathrm{T}}$$

记 $X=\{x\in E^n \mid g(x)\leqslant 0,h(x)=0\}$,则式(7.1.2)可以简记为

$$\min_{x\in X} f(x) \qquad (7.1.3)$$

式(7.1.2)或式(7.1.3)称为多目标规划极小化一般数字模型.同样可以写出多目标规划极大化一般数字模型,这里不一一列出.

7.1.3　多目标规划的解

设多目标规划模型

$$\min_{x\in X} f(x) \qquad (7.1.4)$$

其中

$$f(x)=(f_1(x),f_2(x),\cdots,f_p(x))^{\mathrm{T}},$$

$$X=\left\{x\in E^n\left|\begin{matrix}g_i(x)\leqslant 0,i=1,2,\cdots,m\\h_j(x)=0,j=1,2,\cdots,l\end{matrix}\right.\right\}$$

下面给出上述多目标规划问题的几种解的概念.

1. 绝对最优解

定义 7.1 设 $x^*\in X$,如果对于任意的 $x\in X$,均有

$$f(x^*)\leqslant f(x)$$

成立,即对于一切 $j=1,2,\cdots,p$,均有 $f_j(x^*)\leqslant f_j(x)$,则称 x^* 是多目标规划极小化模型的绝对最优解.

所有绝对最优解构成的集合称为绝对最优解集,记为 $I(f,x)$.

绝对最优解的概念显然是单目标规划最优解概念的直接推广,其几何意义如图 7.1 所示. 当然,这是一种最理想的解,可惜这种解一般很难存在,因此,必须探讨其他意义下的最优解.

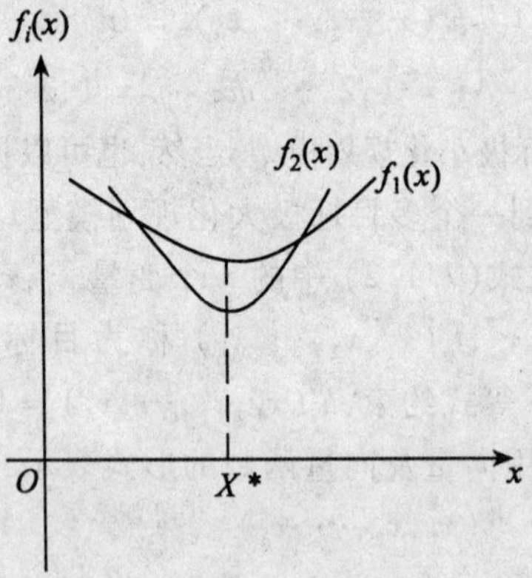

图 7.1 绝对最优解的几何意义

2. 有效解

在考虑单目标最优化问题时,任意两个解只要比较它们相应的目标函数值后,总能比出谁优谁劣,或者一样. 也就是说按其相应的目标函数值排出优先次序. 然而,在多目标规划中情况就不一样. 以两个目标函数在约束条件下求极大化问题,即 $\max\limits_{x\in X}(f_1(x),f_2(x))$ 为例,讨论其解的情况. 如对于 $f_1(x)$ 和 $f_2(x)$ 在约束条件下进行极大化,若可行解 x^0,x^1,x^2,x^3,x^4 在目标函数空间的像点分别记为 A_0,A_1,A_2,A_3,A_4,如图 7.2 所示. 现在比较像点 A_0,A_1,A_2,A_3,A_4 的优劣.

若把点 A_1 与 A_2 比较,对于目标函数 $f_1(x)$ 来说,因为是极大化优化,所以 A_2 比 A_1 优;对于目标函数 $f_2(x)$ 来说,同样是 A_2 比 A_1 优. 这就是说无论关于 $f_1(x)$ 还是

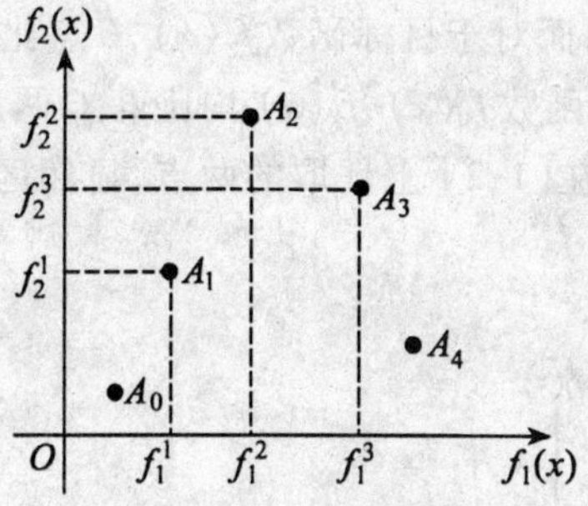

图 7.2　有效解的概念

$f_2(x)$，点 A_2 比 A_1 优，于是点 A_1 是劣点，其对应的可行解为劣解，显然将把它去掉. 若把点 A_2 与 A_3 比较，对于目标函数 $f_1(x)$ 来说，因为是进行极大化优化，所以 A_3 比 A_2 优.

对于目标函数 $f_2(x)$ 来说，A_2 比 A_3 优. 这样一来对于像点 A_2 和 A_3 我们无法确定谁优谁劣，同时又不存在任何一个像点 A_i 比 A_2 或 A_3 优，这时点 A_2 和 A_3 被称为有效点（或非劣点）. 它们各自对应的解 x^2, x^3 被称为有效解（或非劣解）. 用同样的方法可知图 7.2 中 A_0 是劣点，A_4 是有效点，它们各自对应的解 x^0, x^4 分别是劣解和有效解.

通过上述分析，关于多目标规划问题的有效解概念已有粗略印象. 下面给出一般极小化多目标规划问题有效解的定义.

定义 7.2　设 $x^* \in X$，如果不存在 $x \in X$ 使向量不等式

$$f(x) \leqslant f(x^*)$$

成立，则称 x^* 是多目标规划极小化问题的有效解（或非劣解）. 所有有效解构成的集合称为有效解集，记为 $P(f,X)$.

这里向量不等式 $f(x) \leqslant f(x^*)$ 的含义是：当 x^* 是有效解时，再也找不到其他可行解 $x \in X$，使得 $f_i(x) \leqslant f_i(x^*)$，$i = 1,2,\cdots,p$，而且至少有一个是严格不等式成立.

有效解（effective solution）又称为非劣解（no dominatcd Solution）或 pareto 有效解.

下面通过一个例子来说明有效解.

例 4.　试求 $\min\limits_{x \in X} f(x) = (f_1(x) = x^2 - 2x, f_2(x) = -x)$ 的有效解集，其中 $X = \{x \in E' \mid 0 \leqslant x \leqslant 2\}$.

解　如图7.3 所示，在$[0,1)$ 区间内，任取一点 A，在$[1,2]$ 区间内任取一点 B，比较 A，B 两点的函数值，对于目标函数 $f_1(x)$，点 B 比点 A 好；对于目标函数 $f_2(x)$，点 B 也比点 A 好，于是点 B 对于两个目标函数来说均比点 A 好，故 A 是劣点.

若在区间[1,2]内,任取一点 C,且 $C \neq B$,比较 B,C 两点的目标函数值,对于目标函数 $f_1(x)$,点 B 比点 C 好;而对于目标函数 $f_2(x)$,C 点比点 B 好,同时在区间[1,2]内没有任何一点对于目标函数 $f_1(x)$,$f_2(x)$ 均比 B,C 两点好. 由定义知点 B 和点 C 均是有效点. 由于 B,C 是在[1,2]上任取的两点,显然区间[1,2]是所讨论问题的有效解集.

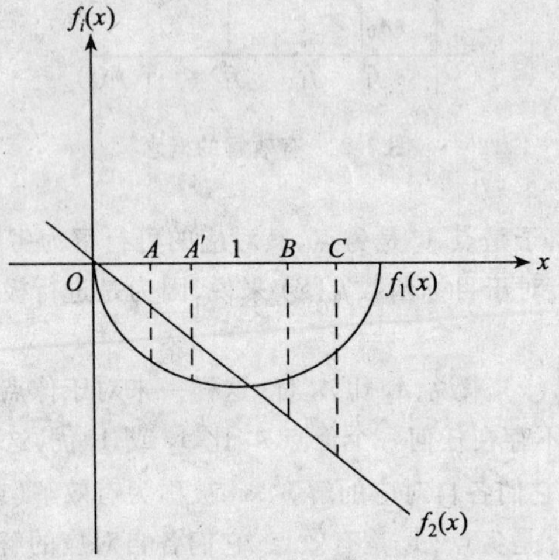

图 7.3

定义 7.3 设 $x^* \in X$,如果不存在 $x \in X$,使向量不等式

$$f(x) < f(x^*)$$

成立,则称 x^* 为多目标规划极小化问题的弱有效解(或弱非劣解),所有弱有效解构成的集合称为弱有效解集,记为 $P_w(f,x)$.

定义 7.3 表明,若 x^* 是弱有效解,则在可行域中找不到比 x^* 在"<"意义下更好的解,即找不到一个 $x \in X$ 使得

$$f_i(x) < f_i(x^*) \quad (i = 1,2,\cdots,p).$$

7.1.4 基本定理

前面已介绍了多目标规划的绝对最优解、有效解和弱有效解,现在来讨论各种解集之间的关系.

定理 7.1 设 x_i^* $(i = 1,2,\cdots,p)$ 表示第 i 个目标函数 $f_i(x)$ $(i = 1,2,\cdots,p)$ 在可行域 X 上的最优解集,则多目标问题(7.1.4)的绝对最优解集为

$$z^* = \bigcap_{i=1}^{p} x_i^* \tag{7.1.5}$$

证 设 $z^* \neq \emptyset$,于是存在 $x^* \in z^*$,由绝对最优解定义知,对于 $\forall x \in X$ 有

$$f_i(x^*) \leqslant f_i(x) \quad (i = 1,2,\cdots,p)$$

表明　$x^* \in x_i^* (i = 1,2,\cdots,p)$，故　$x^* \in \bigcap_{i=1}^{p} x_i^*$.

显然，上述过程的逆过程也成立. 故式(7.1.5)成立.

定理 7.2　绝对最优解必是有效解，即 $Z^* \subseteq P$.

证　(用反证法)　设 $x^* \in Z^*$ 但 $x^* \notin P$，由有效解的定义知，存在点 $\hat{x} \in X$，使得

$$f_i(\hat{x}) \leqslant f_i(x^*)$$

成立，$i = 1,2,\cdots,p$，而且至少有一个是严格不等式.
即有　$f_k(\hat{x}) < f_k(x^*)$，$k \in (1,2,\cdots,p)$. 这与 $x^* \in Z^*$ 相矛盾.

显然，$Z^* \neq \varnothing$，所以 $z^* \subseteq P$.

定理 7.3　有效解必是弱有效解，即 $P \subseteq P_w$.

证　(用反证法)　设 $x^* \in P$ 但 $x^* \notin P_w$，由弱有效解定义知，存在点 $\hat{x} \in X$，使得

$$f_i(\hat{x}) < f_i(x^*)$$

成立，$i = 1,2,\cdots,p$，这与假设 $x^* \in P$(x^* 是有效解)矛盾.
显然定理 7.3 的逆命题不成立.

定理 7.4　多目标规划各分量目标函数在可行域 X 上的最优解必是弱有效解. 即 $x_i^* \subseteq P_w$，$i = 1,2,\cdots,p$.

证　(用反证法)　设 x_i^* 是 $f_i(x)$ 在 X 上的最优解，即 $f_i(x_i^*) \leqslant f_i(x)$，$\forall x \in X$，但 x_i^* 不是弱有效解. 由弱有效解的定义知，存在 $\hat{x} \in X$，使 $f(\hat{x}) < f(x_i^*)$，即有 $f_i(\hat{x}) < f_i(x_i^*)$，这与假设矛盾.

综上所述，各种解集之间的关系为

$$\bigcap_{i=1}^{p} x_i^* = Z^* \subseteq P \subseteq P_w \subseteq X.$$

例 5.　$\min f(x)$

　　s.t.　$x - 1 \geqslant 0$

其中

$$f(x) = \left(f_1(x) = x + \frac{2}{2x-1}, f_2(x) = \begin{cases} 1 & , |x-3| \leqslant 1 \\ (x-3)^2 & , |x-3| > 1 \end{cases}\right).$$

解　因 $f_1(x)$，$f_2(x)$ 均为可行域 $X = \{x \in R \mid x \geqslant 1\}$ 上的函数，其最优解集分别为

$$x_1^* = \{1,5\},\ x_2^* = [2,4]$$

从图 7.4 可知，其绝对最优解集

$$Z^* = x_1^* \cap x_2^* = \varnothing$$

有效解集　　$P = [1.5,\ 2]$

弱有效解集　　$P_w = [1.5,\ 4]$,

于是有
$$Z^* \subseteq P \subseteq P_w \subseteq X.$$

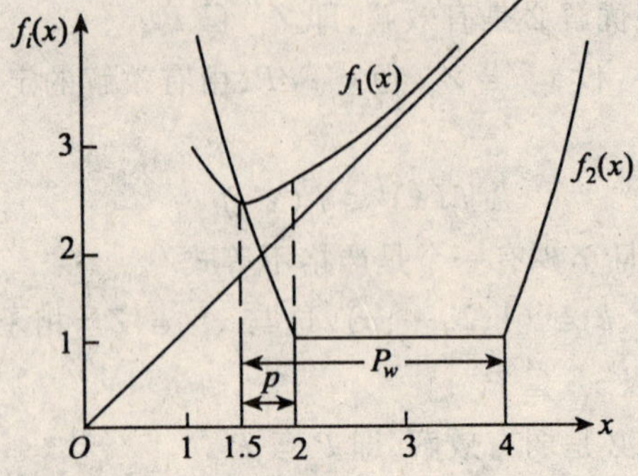

图 7.4

§7.2 有效解的判别准则和存在性

7.2.1 有效解的判别准则

设多目标规划问题
$$\min_{x \in X} f(x) \tag{7.2.1}$$
其中 $f(x) = (f_1(x), f_2(x), \cdots, f_p(x))^{\mathrm{T}}, X = \{x \in \mathbf{R}^n \mid g_i(x) \leqslant 0, h_j(x) = 0, i = 1,2,\cdots,m; j = 1,2,\cdots,l\}$

为了讨论有效解的判别准则和存在性，引进辅助规划

$$(P_{\bar{x}}) \qquad \psi_{\bar{x}} = \begin{cases} \inf \sum_{j=1}^{p} f_j(x) \\ \text{s.t.} \quad x \in X, f(x) \leqslant f(\bar{x}) \end{cases} \tag{7.2.2}$$

其中 $f_j(x)$ 为问题(7.2.1)的目标函数分量，$j = 1,2,\cdots,p$；X 为问题(7.2.1)的约束集，且 $\bar{x} \in X$.

$\psi_{\bar{x}}$ 为和式 $\sum_{j=1}^{p} f_j(x)$ 在所给约束条件下的下确界，特别地，当其中的各 $f_j(x)$ 在闭集 X 上连续时，则 $\psi_{\bar{x}}$ 为有限，这里 $(p_{\bar{x}})$ 中的“inf”即为“min”.

定理 7.5 设 $X \subseteq \mathbf{R}^n, f: X \to \mathbf{R}^p$，若 $\bar{x} \in X$，则 $\bar{x} \in P(f,x)$ 的充要条件是 $\psi_{\bar{x}} = \sum_{j=1}^{p} f_j(\bar{x})$.

证 必要性 由有效解定义知，$\bar{x} \in P(f,x)$，即不存在 $x \in X$，使 $f(x) \leqslant f(\bar{x})$，也就是不存在 $x \in X$ 使得

$$f_j(x) \leqslant f_j(\bar{x}) \quad (j = 1,2,\cdots,p) \tag{7.2.3}$$

且 $\sum_{j=1}^{p} f_j(x) < \sum_{j=1}^{p} f_j(\bar{x})$. 与上述结果等价的说法是:对于任何 $x \in X$,若式(7.2.3)成立,则意味着

$$\sum_{j=1}^{p} f_j(x) \geqslant \sum_{j=1}^{p} f_j(\bar{x}).$$

上式说明,在 $x \in X$ 和 $f(x) \leqslant f(\bar{x})$ 的条件下,函数 $\sum_{j=1}^{p} f_j(x)$ 的下确界为

$$\psi_{\bar{x}} = \sum_{j=1}^{p} f_j(\bar{x}).$$

反之可以证明充分性成立.

定理 7.6　设 $X \subseteq \mathbf{R}^n, f: X \to \mathbf{R}^p, \bar{x} \in X$ 且 $\psi_{\bar{x}} > -\infty$. 若 $\tilde{x}$ 是 $(P_{\bar{x}})$ 的最优解,则 $\tilde{x} \in P(f,x)$.

证　(用反证法)　设 $\tilde{x}$ 是 $(P_{\bar{x}})$ 的最优解但 $\tilde{x} \notin P(f,X)$,则存在 $x \in X$,使得 $f(x) \leqslant f(\tilde{x})$. 于是存在 $x \in X$,使得

$$\sum_{j=1}^{p} f_j(x) < \sum_{j=1}^{p} f_j(\tilde{x})$$

由于 $\bar{x} \in X$,且 $\tilde{x}$ 是问题 $(P_{\bar{x}})$ 的最优解,故

$$f(x) \leqslant f(\tilde{x}) \leqslant f(\bar{x}) \tag{7.2.4}$$

式(7.2.4)表明 $\tilde{x}$ 不是问题 $(P_{\bar{x}})$ 的最优解,与假设矛盾. 证毕.

注 1　定理7.5、定理7.6说明,要判别 $\bar{x}$ 或 $\tilde{x}$ 是否为(VP)问题(7.2.1)的有效解,可以通过检验辅助规划 $(P_{\bar{x}})$ 的下确界是否为 $\sum_{j=1}^{p} f_j(\bar{x})$;或看 $\tilde{x}$ 是否为 $(P_{\bar{x}})$ 的最优解来确定.

注 2　定理7.6中,$\psi_{\bar{x}} > -\infty$ 成立时,问题 $(P_{\bar{x}})$ 即为

$$\begin{aligned} &\min \sum_{j=1}^{p} f_j(x) \\ &\text{s.t.}\quad x \in X, f(x) \leqslant f(\bar{x}) \end{aligned} \tag{7.2.5}$$

若问题(7.2.5)的最优解为 $\tilde{x}$,由定理7.6知 $\tilde{x}$ 必为(VP)问题(7.2.1)的有效解. 因此,可以利用问题(7.2.5)求(VP)的有效解.

7.2.2　有效解的存在性

定理 7.7　设 $x \subseteq \mathbf{R}^n, f: X \to \mathbf{R}^p, \bar{x} \in X$,并且 $\psi_{\bar{x}} > -\infty$;若问题(7.2.5)的最优解存在,则(VP)问题(7.2.1)的有效解存在.

证　因为 $\psi_{\bar{x}} > -\infty$,故问题 $(P_{\bar{x}})$ 即为问题(7.2.5). 由于问题(7.2.5)的最优解存在,由定理7.6知,该最优解就是问题(7.2.1)的有效解,从而(VP)的有效

解存在. 证毕.

定理 7.8 设 $X \subseteq \mathbf{R}^n$,若 $f(x) = (f_1(x), f_2(x), \cdots, f_p(x))^{\mathrm{T}}$ 中的函数 $f_j(x)$ $(j = 1,2,\cdots,p)$ 在 X 上连续,并且存在 $\bar{x} \in X$,使集合

$$H_{\bar{x}} = \{x \in X \mid f(x) \leqslant f(\bar{x})\} \tag{7.2.6}$$

是有界闭集,则(VP) 的有效解存在.

证 因为 $f_j(x)$ $(j = 1,2,\cdots,p)$ 在 X 上连续,又 $H_{\bar{x}} \subseteq X$,所以函数 $\sum_{j=1}^{p} f_j(x)$ 在有界闭集 $H_{\bar{x}}$ 上连续. 由于 $H_{\bar{x}}$ 是问题(7.2.5) 的约束集,有界闭集上连续函数的极小值点总是存在的,故极小化问题(7.2.5) 的最优解存在. 由定理(7.6) 知(VP) 问题的有效解存在. 证毕.

注 3 定理7.7说明判别极小化(VP) 问题的有效解是否存在,可以通过判定问题(7.2.5) 的最优解是否存在来确定. 若单目标优化问题(7.2.5) 的最优解存在,则(VP) 问题的有效解存在.

注 4 定理7.8给出了极小化(VP) 问题有效解存在的一个充分条件是:(VP) 问题所有的目标函数分量在约束集 X 上连续,且存在 $\bar{x} \in X$, 使水平集

$$H_{\bar{x}} = \{x \in X \mid f(x) \leqslant f(\bar{x})\}$$

为有界闭集.

7.2.3 向量目标函数单调变换对于解的影响

若向量目标函数经过单调变换之后,其对应的多目标极小化问题的有效解(或弱有效解) 和原多目标问题的有效解(或弱有效解) 具有下列关系.

定理 7.9 设 $X \subseteq \mathbf{R}^n$, $f(x) = (f_1(x), \cdots, f_p(x))^{\mathrm{T}}$ 在 X 上有定义,若 $g(x) = (g_1(x), \cdots, g_p(x))^{\mathrm{T}}$,其中 $g_j(x) = \varphi_j(f_j(x))$ $(j = 1,2,\cdots,p)$,并且每一个 φ_j 关于对应的 f_j 都是严格增函数,则:

(1) $P(g,X) \subseteq P(f,X)$;

(2) $P_w(g,X) \subseteq P_w(f,X)$.

证 (1)(用反证法) 设 $\tilde{x} \in P(g,X)$ 但 $\tilde{x} \notin P(f,X)$. 因为 $\tilde{x} \notin P(f,X)$, 由有效解定义知存在 $x \in X$,使得 $f(x) \leqslant f(\tilde{x})$,即

$$f_j(x) \leqslant f_j(\tilde{x}), \quad j = 1,2,\cdots,p.$$

且至少有一个严格不等式成立.

由于 φ_j 关于 $f_j(x)$ $(j = 1,2,\cdots,p)$ 是严格增函数, 故有 $g_j(x) = \varphi_j(f_j(x)) \leqslant \varphi_j(f_j(\tilde{x})) = g_j(\tilde{x})$, $j = 1,2,\cdots,p$, 且至少有一个严格不等式成立. 于是必有

$$g(x) \leqslant g(\tilde{x})$$

上式说明存在 $x \in X$, 使 $g(x) \leqslant g(\tilde{x})$. 由有效解的定义知 $\tilde{x} \notin P(g,X)$, 与假设矛盾.

(2) 把(1) 证明中的不等式换成严格不等式,即可以证明结论成立. 证毕.

注 5　定理7.9说明多目标规划问题，若向量目标函数作单调递增变换后，得到新的多目标问题，其有效解（或弱有效解）仍是原（VP）问题的有效解（或弱有效解）．

§7.3　线性加权和法

多目标规划有效解的生成方法较多，线性加权和法是常用的一种有效算法．

7.3.1　方法的描述

设多目标规划问题

$$(\mathrm{VP}) \qquad \min_{x \in X} f(x) \tag{7.3.1}$$

其中
$$f(x) = (f_1(x), f_2(x), \cdots, f_p(x))^{\mathrm{T}}$$
$$X = \left\{ x \in E^n \,\middle|\, g_j(x) \leqslant 0, j = 1,2,\cdots,m \right\}$$

线性加权和法就是根据目标函数的重要性不同，把 p 个目标函数 $f_i(x)(i = 1, 2,\cdots,p)$ 分别乘以一组权系数 $w_i(i = 1,2,\cdots,p)$，然后相加作为目标函数，再对该目标函数在式(7.3.1)的约束集 X 上求最优解．这样原多目标规划（VP）极小化问题转化为单目标规划 $(\mathrm{SP})_w$ 极小化问题

$$(\mathrm{SP})_w \qquad \min_{x \in X} \sum_{i=1}^{p} w_i f_i(x) \tag{7.3.2}$$

可以证明式(7.3.2)的最优解 x^* 是原多目标规划问题(7.3.1)的有效解（或弱有效解）．

7.3.2　$(\mathrm{SP})_w$ 的最优解与（VP）的解之间的关系

为了讨论的方便，引入下列记号

$$W = (w_1, w_2, \cdots, w_p)^{\mathrm{T}}$$

$$W^+ = \left\{ W = (w_1,w_2,\cdots,w_p)^{\mathrm{T}} \,\middle|\, w_j \geqslant 0, j = 1,2,\cdots,p, 且 \sum_{j=1}^{p} W_j = 1 \right\}$$

$$W^{++} = \left\{ W = (w_1,w_2,\cdots,w_p)^{\mathrm{T}} \,\middle|\, w_j > 0, j = 1,2,\cdots,p, 且 \sum_{j=1}^{p} W_j = 1 \right\}.$$

定理 7.10　对于每一个给定的 $\overline{W} \in W^{++}$（或 W^+），则相应于 $(\mathrm{SP})_w$ 的最优解必是（VP）的有效解（或弱有效解）．

证　这里只证 $\overline{W} \in W^{++}$ 的情形，$\overline{W} \in W^+$ 的情形可以用类似方法证明．设 x^* 是 $(\mathrm{SP})_w$ 的最优解，但不是（VP）的有效解，由有效解的定义知必存在某个 $\tilde{x} \in X$，使得

$$f(\tilde{x}) \leqslant f(x^*)$$

又因为 $\overline{W} \in W^{++}$,故有

$$\overline{W}^{\mathrm{T}} f(\bar{x}) < \overline{W}^{\mathrm{T}} f(x^*)$$

上式说明 x^* 不是$(\mathrm{SP})_w$ 的最优解, 这与假设矛盾. 于是定理得证.

由定理7.10知,若取 $\overline{W} \in W^{++}$,则可以通过解相应的$(\mathrm{SP})_w$ 求得(VP) 的有效解. 若取 $\overline{W} \in W^{+}$,则可以通过解相应的$(\mathrm{SP})_w$ 求得(VP) 的弱有效解. 如果取遍 $\overline{W} \in W^{++}$(或 W^{+}), 解相应的$(\mathrm{SP})_w$ 得到的最优解集是否与(VP) 的有效解集(或弱有效解集) 相等?一般说来,回答是否定的,但有下述定理.

定理 7.11 若(VP) 是凸多目标规划,那么对(VP) 的任一弱有效解(或有效解)x^*,都必至少存在一个 $\bar{w} \in W^{+}$ ($\overline{W} \in W^{++}$),使 x^* 是$(\mathrm{SP})_w$ 的最优解.

证 设 x^* 是(VP) 的弱有效解,故不存在 $x \in X$,使

$$f(x) < f(x^*)$$

即不存在 $x \in X$,使 $f_j(x) < f_j(x^*) \quad (j = 1,2,\cdots,p)$

换句话说,不等式组

$$f_j(x) - f_j(x^*) < 0 \quad (j = 1,2,\cdots,p)$$

在 X 上不相容. 由于(VP) 是凸多目标规划,即所有 $f_j(x)$ 是凸函数,X 为凸集,于是由不等式组的不相容性定理知,必存在 p 个不全为零的数 $\overline{W}_j \geqslant 0(j = 1,2,\cdots,p)$,使得对任意 $x \in X$,有

$$\sum_{j=1}^{p} \overline{W}_j [f_j(x) - f_j(x^*)] \geqslant 0$$

即

$$\overline{W}^{\mathrm{T}} f(x) \geqslant \overline{W}^{\mathrm{T}} f(x^*)$$

其中 $\overline{W} = (w_1, w_2, \cdots, w_p)^{\mathrm{T}}, w_j \geqslant 0$, 且 $\sum_{j=1}^{p} W_j = 1$. 于是上式说明确实存在向量 $\overline{W} \in W^{+}$, 使 x^* 是相应的$(\mathrm{SP})_w$ 的最优解.

因为有效解一定是弱有效解,因此,当 x^* 是(VP) 的有效解时定理显然成立.

以上两个定理说明,对凸多目标规划来说,取遍 $w \in W^{+}$ 时,通过求$(\mathrm{SP})_w$ 的最优解可以得到(VP) 的全部弱有效解. 但当取遍 $w \in W^{++}$ 时,虽然可以通过$(\mathrm{SP})_w$ 求得(VP) 的有效解,却不一定能求得(VP) 的全部有效解. 然而,当 $f(x)$ 为线性向量函数,$X = \{x \in E^n \mid A(x) = b, x \geqslant 0\}$, 即(VP) 是线性多目标规划时,可以证明,取遍 $w \in W^{++}$ 时,可以通过$(\mathrm{SP})_w$ 求得(VP) 的全部有效解.

7.3.3 权向量的几何意义

由有效解和弱有效解的定义知,(VP) 的有效解或弱有效解 x^* 的像点 $f(x^*)$ 一定在像集 $f(x)$ 的边界上,即 $f(x^*)$ 是 $f(x)$ 的边界点.

对于给定的权 $W = (w_1, w_2, \cdots, w_p)^{\mathrm{T}}$ 方程为

$$\sum_{i=1}^{p} w_i f_i = c \qquad (7.3.3)$$

当 c 取任意常数时是目标函数空间 $\mathbf{R}^p$ 中的一族超平面，所以，权向量 $W = (w_1, w_2, \cdots, w_p)^T$ 的几何意义就是该族超平面的单位法向量（因为 $\sum_{i=1}^{p} W_i = 1$）. 当 $p = 2$ 时，这族超平面与集合 $f(x)$ 相交，并使 c 取最小值的那个交点即为 $f(x^*)$，如图 7.5(a) 所示. 当 $w = (w_1, 0)^T$ 或 $w = (0, w_2)^T$ 时，如图 7.5(b)、图 7.5(c) 所示.

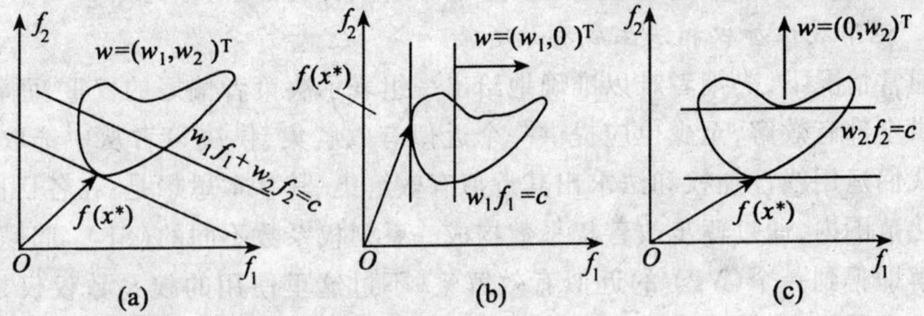

图 7.5

由图 7.5(a) 还可以看出，若给定一个权向量 $\overline{W} \in W^{++}$，就相当于在目标函数空间给出了一族斜率为 $-\dfrac{w_1}{w_2}$ 的直线，这一族直线

$$w_1 f_1 + w_2 f_2 = c \tag{7.3.4}$$

与 $f(x)$ 相切的那条直线(7.3.5) 的切点 $f^* = (f_1(x^*), f_2(x^*))$ 所对应的 x^* 是(VP)的有效解.

$$w_1 f_1 + w_2 f_2 = w_1 f_1(x^*) + w_2 f_2(x^*) \tag{7.3.5}$$

7.3.4 应用线性加权和法求解多目标规划示例

1. 权向量给定时应用线性加权和法求有效解

例 6.

$$(\mathrm{VP}) \qquad \min_{x \in X} (x_1 x_2, x_1^2 + x_2^2) \tag{7.3.6}$$

其中

$$x = (x_1, x_2)^T$$

$$X = \left\{ x \in E^2 \left| \begin{array}{l} 2.5 - x_1 \geqslant 0, \\ x_1^2 x_2 - 1 \geqslant 0, \\ x_1 - x_2 \geqslant 0, \\ 4x_2 - x_1 \geqslant 0, \\ x_1 \geqslant 0, x_2 \geqslant 0, \end{array} \right. \right\}$$

解 第一步 给出权系数. 假设决策者认为 $f_1(x) = x_1 x_2$ 不如 $f_2(x) = x_1^2 + x_2^2$ 重要，并给定权系数分别为 $w_1 = 0.3, w_2 = 0.7$.

第二步 作出极小化线性加权和的优化模型

$$(SP)_w \quad \min_{x \in X}\{0.3x_1x_2 + 0.7(x_1^2 + x_2^2)\} \tag{7.3.7}$$

第三步　求出$(SP)_w$的最优解. 这里只需运用非线性规划优化方法容易求得其最优解为

$$x^* = (x_1^*, x_2^*) = (1.1511, 0.7547)^T$$

由于 $w = (0.3, 0.7)^T \in W^{++}$,所求$(SP)_w$的最优解即为原(VP)的有效解. 若权值体现决策者的偏好,该有效解即为偏好解或称妥协解(满意解).

2. 运用线性加权和法生成有效解集

通常情况下,决策者难以准确地给出一组表示决策者偏好的权重,而希望分析者提供全部有效解,至少也应提供一个近似有效解集,供决策者从中选取满意解. 因此我们运用线性加权和法求出其近似有效解集. 其基本思想是:在各目标权系数的变化范围内,通过逐步改善权系数构成一系列权系数不同的$(SP)_w$问题. 求出其最优解即得到一个(VP)的近似有效解集. 不过这里使用的权系数仅仅是生成有效解的参数,不再体现决策者的任何偏好. 下面通过例子说明其求解过程.

例 7.

$$(VP) \quad \min_{x \in X}\{5x_1 - 2x_2,\quad -x_1 + 4x_2\} \tag{7.3.8}$$

其中

$$X = \left\{ x \in E^2 \left| \begin{array}{l} -x_1 + x_2 \leqslant 3, \\ x_1 + x_2 \leqslant 8, \\ x_1 \leqslant 6, \\ x_2 \leqslant 4, \\ x_1, x_2 \geqslant 0, \end{array} \right. \right\}$$

$$f_1(x) = 5x_1 - 2x_2,\quad f_2(x) = -x_1 + 4x_2,\quad x = (x_1, x_2)^T.$$

解　第一步　把(VP)转化成$(SP)_w$形式

$$(SP)_w \quad \max_{x \in X}\{w_1(5x_1 - 2x_2) + w_2(-x_1 + 4x_2)\} \tag{7.3.9}$$

第二步　分别优化$f_1(x)$和$f_2(x)$,即取向量 $w = (w_1, w_2)^T$ 分别为$(1,0)^T$和$(0,1)^T$得

$$\max_{x \in X}\{5x_1 - 2x_2\} \tag{7.3.10}$$

和

$$\max_{x \in X}\{-x_1 + 4x_2\} \tag{7.3.11}$$

从式(7.3.10)和式(7.3.11)分别求得其最优解 $B(x_1 = 6, x_2 = 0)$ 和 $E(x_1 = 1, x_2 = 4)$,其相应的目标函数值分别为$f_B^*(f_1^* = 30, f_2^* = -6)^T$和$f_E^*(f_1^* = -7, f_2^* = 15)^T$.

第三步　改变权向量,从相应的$(SP)_w$中求得(VP)的有效解或弱有效解. 为了计算方便,取$(w_1, w_2)^T$分别为$(1,1)^T$,$(1,2)^T$,$(1,3)^T$,并代入式(7.3.9),求得其最优解分别记为 $C(x_1 = 6, x_2 = 2)$, $D(x_1 = 4, x_2 = 4)$, $D(x_1 = 4, x_2 = 4)$. 继续改变权向量,可以得到一系列$(SP)_w$的最优解,这些最优解构成的集合即为(VP)的近似有效解集. 把上述计算结果用表 7.1 列出并用图 7.6 表示出来.

表 7.1

w		有效解 x		目标函数值		图中像点	
w_1	w_2	x_1	x_2	$f_1(x)$	$f_2(x)$		注　释
1	0	6	0	30	-6	B	对应的 x 是弱有效解
0	1	1	4	-3	15	E	对应的 x 是弱有效解
1	1	6	2	26	2	C	对应的 x 是有效解
1	2	4	4	12	12	D	对应的 x 是有效解
1	3	4	4	12	12	D	对应的 x 是有效解
1	4	0	3	-6	12	F	对应的 x 是有效解

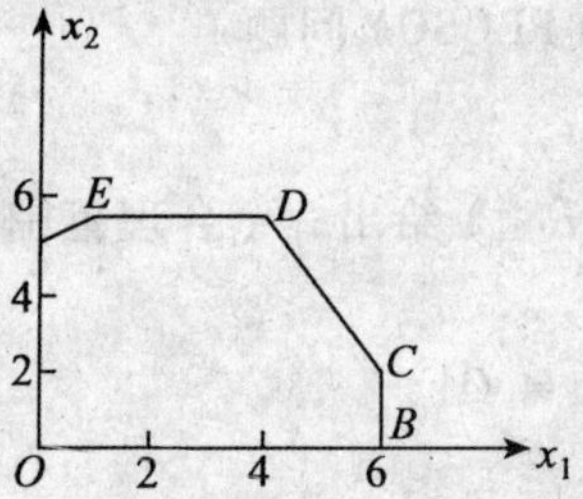

(a) 决策空间中 x 的像点示意图

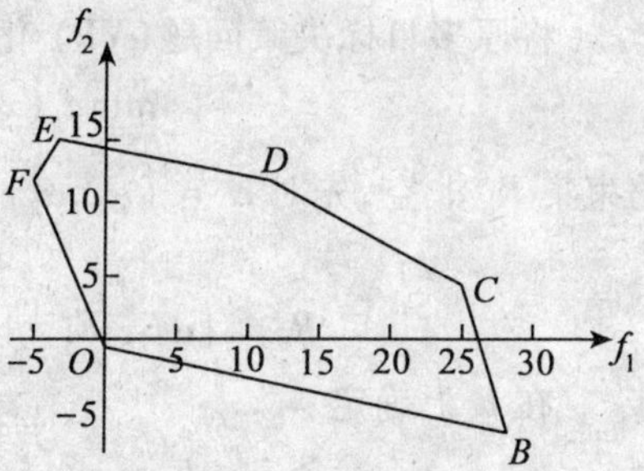

(b) 目标函数空间中 x 的像点示意图

图 7.6

从图 7.6 中可以看到,对于线性多目标决策问题,整个有效解集能从极点产生,一旦得到有效解的极点,可以通过属于同一超平面的有效解极点的线性组合得到其余有效解点,即别的有效解能通过取

$$X = \theta(x''_1, x''_2) + (1-\theta)(x'_1, x'_2) \quad 0 < \theta < 1$$

来获得,其中 (x''_1, x''_2) 和 (x'_1, x'_2) 是已求得的相邻有效解点.

另外,实际使用线性加权法产生有效解极点时,几个权系数有时可以产生同一个有效解点. 从一个极向量移动到另一个极向量时,可能会遗漏某些有效解点,在许多情况下采用该方法大多数得到一个近似有效解集.

§7.4　合适等约束法(PEC 法)

设多目标规划问题

$$(\text{VP}) \qquad \min_{x \in R} f(x) \tag{7.4.1}$$

其中 $f(x) = (f_1(x), f_2(x), \cdots, f_p(x))^{\mathrm{T}}$

$$R = \left\{ x \in E^n \;\middle|\; g_j(x) \leqslant 0, j = 1,2,\cdots,m \right\}$$

这种方法的基本思想是,在(VP)的约束集合 R 上,添加 $p-1$ 个由目标函数转化来的等式约束

$$f_i(x) = \alpha_i, i = 1,2,\cdots,p-1, \tag{7.4.2}$$

其中 α_i 为常数,把式(7.4.2)放入约束集 R 中,构成新的约束集 R_α,即

$$R_\alpha = \{x \in \mathbf{R} \mid f_i(x) = \alpha_i, i = 1,2,\cdots,p-1\} \tag{7.4.3}$$

然后,把 $f_p(x)$ 在约束集 R_α 上进行极小化,即求解

(PECSO) $$\min_{x \in R_\alpha} f_p(x) \tag{7.4.4}$$

当所有 α_i 满足一定条件时,(PECSO)问题的最优解即为(VP)的有效解.

这个方法的实质是逐步去掉非有效解,而留下全体有效解,因此是一种求有效解集的直接方法.下面具体说明其求解过程:

第一步 将原多目标决策问题(VP)化成(PECSO)问题

$$\min_{x \in R_\alpha} f_p(x)$$

为使等式约束集 R_α 非空,先对 $\alpha = (\alpha_1, \alpha_2, \cdots, \alpha_{p-1})$ 给出一个合理范围.为此,引入集合

$$\overline{R} = \{\alpha \in E^{p-1} \mid R_\alpha \neq \varnothing\}$$

第二步 在 $\overline{R}$ 上确定

$$\Phi(\alpha) = \inf\left\{ f_p(x) \mid x \in R_\alpha, \alpha \in \overline{R} \right\},$$

并求出下确界解 $\hat{x}(\alpha)$,使

$$f_p(\hat{x}(\alpha)) = \Phi(\alpha)$$

这个 $\hat{x}(\alpha)$ 不一定属于 R,也不一定属于 R_α.

如果 $\hat{x}$ 满足条件:

(i) $\hat{x} \in R_\alpha$;

(ii) $f_p(\hat{x}) = \Phi(\alpha)$;

(iii) $\Phi(\alpha) > -\infty$.

则称该 $\hat{x}$ 是(PECSO)的最优解.

第三步 确定集合

$$B = \left\{ \alpha \mid \Phi(\alpha) > -\infty \text{ 且对某 } \hat{x} \in R_\alpha, \alpha \in \overline{R} \text{ 有 } f_p(\hat{x}(\alpha)) = \varnothing(\alpha) \right\}$$

显然,一个下确界解 $\hat{x}(\alpha)$ 若是(PECSO)问题的最优解,则 $\alpha \in B$;反之,对每一个 $\alpha \in B$,则必有一个相应的下确界解 $\hat{x}(\alpha) \in R_\alpha$,从而是(PECSO)问题的最优解.

第四步 设 $\alpha^0 \in B$,如果存在某一邻域

$$U(\alpha^0, \delta) = \left\{ \alpha \in E^{p-1} \;\middle|\; \|\alpha - \alpha^0\| < \delta, \delta > 0 \right\}$$

满足条件：

(i) 使 $\Phi(\alpha) \leqslant \Phi(\alpha^0)$ 的任意 $\alpha \in \overline{R} \cap U(\alpha^0, \delta)$ 有 $\alpha \geqslant \alpha^0$，

(ii) 使 $\Phi(\alpha) < \Phi(\alpha^0)$ 的任意 $\alpha \in \overline{R} \cap U(\alpha^0, \delta)$ 有 $\alpha \geqslant \alpha^0$，则称 α^0 是"局部合适"的.

第五步　在 B 中去掉不是局部合适的向量.

第六步　求出 B 中最后保留下来的集合 B^*. 当取遍 $\alpha \in B^*$ 时，相应的(PECSO)问题的最优解 $\hat{x}(\alpha)$ 的全体恰好就是(VP)的有效解集.

下面给出检查"局部合适"与"合适"的两种判别方法：

1. 设 $\alpha^0 \in B$，如果对某个 $i(1 \leqslant i \leqslant p-1)$，沿坐标轴的右方向导数严格为正，即

$$\frac{\partial^+ \Phi(\alpha^0)}{\partial \alpha_i} = \lim_{t \to 0} \frac{\Phi(\alpha^0 + te^i) - \Phi(\alpha^0)}{t} > 0$$

其中　$e^i = (0, \cdots, 0, 1, 0, \cdots, 0)$，则 α^0 非局部合适.

2. 若 $\Phi(\alpha)$ 是 B 上的单调减函数，且使 $\Phi(\alpha) \neq \Phi(\alpha^0)$ 的任意 $\alpha \in B$ 有 $\alpha \geqslant \alpha^0$，则称 α^0 为"合适"的.

例 8.　求多目标规划

$$(\mathrm{VP}) \qquad \min_{x \in R} f(x) = (f_1(x) = -x_1 - 10,\ \ f_2(x) = 50 - x_2^3)^{\mathrm{T}}$$

其中

$$R = \left\{ x \in E^2 \,\middle|\, 8 - (x_1^2 + 4)x_2 > 0, 18 - 12x_2 - x_1^2 > 0 \right\}$$

解　第一步　把(VP)问题化成(PECSO)问题

$$\min_{x \in R_\alpha} f_2(x) = 50 - x_2^3$$

其中
$$R_\alpha = \left\{ x \in R \,\middle|\, f_1(x) = -x_1 - 10 = \alpha \right\}$$

这里显然 $\overline{R} = E'$，即对于任意 $\alpha \in E'$，都有 $R_\alpha \neq \emptyset$.

第二步　确定

$$\Phi(\alpha) = \inf\left\{ f_2(x) \,\middle|\, x \in R_\alpha, \alpha \in \overline{R} \right\}$$

及下确界解 $\hat{x}(\alpha) = (\hat{x}_1(\alpha), \hat{x}_2(\alpha))^{\mathrm{T}}$. 为此，把 $-x_1 - 10 = \alpha$ 化为 $x_1 = -\alpha - 10$ 代入 R 中的 x_1，整理得到

$$R_\alpha = \left\{ x \in E^2 \,\middle|\, x_2 \leqslant \frac{8}{(\alpha+10)^2 + 4}, x_2 \leqslant 1.5 - \frac{(\alpha+10)^2}{12} \right\}$$

当 $\dfrac{8}{(\alpha+10)^2+4} < 1.5 - \dfrac{(\alpha+10)^2}{12}$，即 $2 < (\alpha+10)^2 < 12$ 时，有

$$\hat{x}_2(\alpha) = \frac{8}{(\alpha+10)^2 + 4}$$

否则,有 $\hat{x}_2(\alpha) = 1.5 - \frac{(\alpha+10)^2}{12}$. 于是

$$\Phi(\alpha) = \begin{cases} 50 - \left[\frac{8}{(\alpha+10)^2+4}\right]^3, \sqrt{2} < |\alpha+10| < \sqrt{12} \\ 50 - \left[1.5 - \frac{(\alpha+10)^2}{12}\right]^3, \text{其他} \end{cases}$$

第三步　由定义

$$B = \left\{\alpha \mid \Phi(\alpha) > -\infty, \exists \hat{x} \in R_\alpha, \alpha \in \overline{R} \text{有} f_p(\hat{x}(\alpha)) = \Phi(\alpha)\right\}$$

此题 $\overline{R} = E^1$ 即 $\forall \alpha \in E^1, R_\alpha = \{x \in R \mid f_1(x) = -x_1 - 10 = \alpha\}$ 确定集合 B,要 $\Phi(\hat{x}(\alpha)) > -\infty$,对任意 $\alpha \in \overline{R}$ 有 $\hat{x}_1(\alpha) = -\alpha - 10$ 及 $\hat{x}(\alpha) = (\hat{x}_1(\alpha), \hat{x}_2(\alpha))^T$,当且仅当 $2 < (\alpha+10)^2 < 12$ 时 $f_2(\hat{x}(\alpha)) = \Phi(\alpha)$. 由此可知

$$B = \left\{\alpha \,\middle|\, \sqrt{2} < |\alpha+10| < \sqrt{12}\right\}$$

而且(PECSO) 问题的最优解是

$$\begin{cases} \hat{x}_1(\alpha) = -\alpha - 10 \\ \hat{x}_2(\alpha) = \frac{8}{(\alpha+10)^2+4}, \sqrt{2} < |\alpha+10| < \sqrt{12} \end{cases}$$

第四步　显然 $\Phi(\alpha)$ 在 B 上可微,于是

$$\frac{\partial^+ \Phi(\alpha)}{\partial\alpha} = \frac{\mathrm{d}\Phi(\alpha)}{\mathrm{d}\alpha} = \frac{8^3 \cdot 6 \cdot (\alpha+10)}{[(\alpha+10)^2+4]^4}$$

当 $\alpha > -10$ 时,$\frac{\partial^+ \Phi(\alpha)}{\partial\alpha} > 0$,由检查“局部合适”的方法知 $\alpha > -10$ 时不是“局部合适”的,应从 B 中留下部分为

$$(-10-\sqrt{12}, -10-\sqrt{2}).$$

第五步　从 B 中再次去掉不是局部合适的 α,当 $\alpha < -10$ 时,$\Phi(\alpha) = 50 - \left[\frac{8}{(\alpha+10)^2+4}\right]^3$ 是单调减函数,由检查“局部合适的”方法 2 知,$\alpha^0 < -10-\sqrt{2}$ 时,是合适的,即 B 的最后保留集

$$B^* = (-10-\sqrt{12}, -10-\sqrt{2}).$$

第六步　当 α 取遍 $B^* = (-10-\sqrt{12}, -10-\sqrt{2})$ 时得到相应的(PECSO)问题的最优解集

$$P_{p\alpha} = \{x_1(\alpha), x_2(\alpha)\} = \left\{(-\alpha-10), \frac{8}{(\alpha+10)^2+4}\right\}$$

即为(VP) 问题的有效解集.

§7.5　ε—约束法

7.5.1　方法的描述

设多目标规划问题

(VP)　$$\max_{x \in R} f(x) = (f_1(x), f_2(x), \cdots, f_p(x))^T \tag{7.5.1}$$

其中 $$R = \left\{ x \in E^n \,\middle|\, g_j(x) \leq 0, j = 1,2,\cdots,m \right\}$$

在多目标规划(7.5.1)中,选取某一目标函数作为基本目标,如选取 $f_h(x)$ $(1 \leq h \leq p)$ 为基本目标,将其余目标转化为不等式约束

$$f_i(x) \geq \varepsilon_i, \quad i = 1,2,\cdots,P, \text{且 } i \neq h.$$

原多目标规划(VP)问题化为约束问题 $P_h(\varepsilon)$ 问题,即

$$P_h(\varepsilon) \qquad \max_{x \in R_h} f_h(x) \tag{7.5.2}$$

其中 $R_h = \left\{ x \in R^n \,\middle|\, -f_i(x) + \varepsilon_i \leq 0, i = 1,2,\cdots,p, i \neq h \right\}$,$P_h(\varepsilon)$ 是标量优化问题,可以利用标量优化方法求出其最优解. 特别是向量 ε 在某一范围按一定规律变化时,得到一系列 $P_h(\varepsilon)$ 问题,解这一系列 $P_h(\varepsilon)$ 问题,得到的最优解即为原多目标规划(VP)问题的有效解.

7.5.2　几何意义

在(VP)问题中,当 $p = 2$ 时,$P_h(\varepsilon)$ 问题如图 7.7 所示,此时

$$P_h(\varepsilon) \qquad \max_{x \in R_h} f_1(x)$$

其中 $$R_h = \left\{ x \in R \,\middle|\, f_2(x) \geq \varepsilon_k, k = 1,2,3 \right\}$$

图中 A,B,C 为原多目标规划问题的有效解在目标函数空间的像点.

7.5.3　(VP)问题的有效解与 $P_h(\varepsilon)$ 问题的最优解的关系

由有效解的第三个 Kuhn-Tucker 条件知

$$\sum_{i=1}^{p} \lambda_i \nabla f_i(x^*) - \sum_{j=1}^{m} \mu_j \nabla g_j(x^*) = 0 \tag{7.5.3}$$

把式(7.5.3)改写成

$$\lambda_h \nabla f_h(x^*) + \sum_{\substack{i=1 \\ i \neq h}}^{p} \lambda_i \nabla f_i(x^*) - \sum_{j=1}^{m} \mu_j \nabla g_j(x^*) = 0 \tag{7.5.4}$$

式中,x^* 为有效解,$\lambda_i \geq 0, \lambda_h > 0, (i = 1,2,\cdots,p, i \neq h, \mu_j \geq 0, j = 1,2,\cdots,m)$. 式(7.5.4)可以看成下列标量优化问题的 K－T 第三个条件

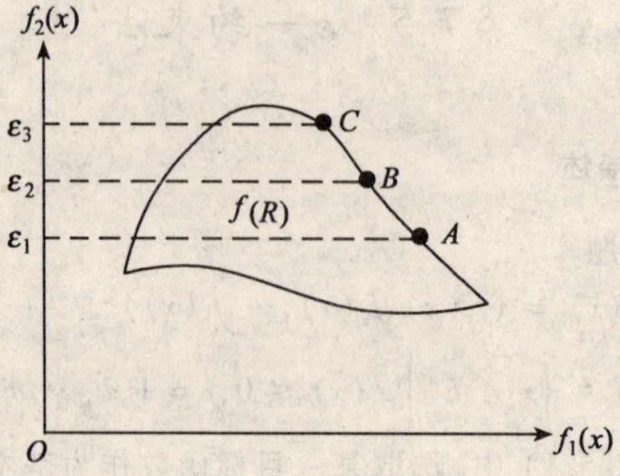

图 7.7

$$\max_{x\in R_h} \lambda_h f_h(x) \tag{7.5.5}$$

其中 $$R_h=\left\{x\in E^n \left| \begin{array}{l} g_j(x)\leqslant 0, j=1,2,\cdots,m \\ f_i(x)\geqslant \varepsilon_i, i=1,2,\cdots,p, i\neq h \end{array}\right.\right\}$$

由于 $\lambda_h>0$,在目标函数 $\lambda_h f_h(x)$ 中除以 λ_h 所得目标函数在相同的约束集 R_h 中求得的最优解不变. 若同时把目标函数约束条件$f_i(x)\geqslant\varepsilon_i$改写为 $-f_i(x)+\varepsilon_i\leqslant 0$,则式(7.5.5)又可以转化为

$$\max_{x\in R_h} f_h(x) \tag{7.5.6}$$

其中 $$R_h=\left\{x\in E^n \left| \begin{array}{l} g_j(x)\leqslant 0, j=1,2,\cdots,m \\ -f_i(x)+\varepsilon_i\leqslant 0, i=1,2,\cdots,p, i\neq h \end{array}\right.\right\}$$

于是式(7.5.5)和式(7.5.6)具有相同的最优解.

式(7.5.6)是一个标量优化问题,该标量优化问题的 K-T 第三个条件为

$$\nabla f_h(x^*)-\sum_{\substack{i=1\\i\neq h}}^{p}\lambda_i\ \nabla(-f_i(x^*)+\varepsilon_i)-\sum_{j=1}^{m}\mu_j\ \nabla g_j(x^*)=0 \tag{7.5.7}$$

其中 ε_i 是一个独立于 x 的常数. 若取

$$-\sum_{\substack{i=1\\i\neq h}}^{p}\lambda_i\ \nabla(-f_i(x^*)+\varepsilon_i)=\sum_{\substack{i=1\\i\neq h}}^{p}\lambda_i f_i(x^*)$$

则式(7.5.7)又可以化为

$$\sum_{i=1}^{p}\lambda_i\ \nabla f_i(x^*)-\sum_{j=1}^{m}\mu_j\ \nabla g_j(x^*)=0 \tag{7.5.8}$$

式(7.5.8)即为原(VP)问题的 K-T 第三个条件. 这就是说约束问题 $P_h(\varepsilon)$ 的 K-T 条件和原(VP)问题的 K-T 问题条件可以相互转化,只要 ε_i 满足一定条件,$P_h(\varepsilon)$ 的最优解必是相应(VP)问题的有效解.

通常要求 ε_i 满足下列条件:

(1) 选择的 ε_i 满足约束条件 $-f_i(x)+\varepsilon_i\leqslant 0\ (i=1,2,\cdots,p,i\neq h)$，而且和原(VP)问题的约束条件构成的可行域$R_h$必须是原(VP)问题的可行域 R 的部分，也就是 $R_h\subset \mathbf{R}$.

(2) 由目标函数转化的约束条件在 x^* 处是起作用的约束，即$f_i(x^*)=\varepsilon_i\ (i=1,2,\cdots,p,i\neq h)$. 如果不满足这一条，约束问题的最优解可能有不惟一的情况. 此时所求得的约束问题的最优解不一定全是(VP)问题的有效解.

为了使约束问题有解，ε_i 的取值范围受到限制，一般规定：$N_i\leqslant\varepsilon_i\leqslant M_i$，这里 $N_i=\min\limits_i f_i(x^k)$，$M_i=\max\limits_i f_i(x^k)$，$x^k$ 是第 k 个目标函数在 R 约束集中求得的最优解，$k=1,2,\cdots,p,k\neq h$.

7.5.4 求解步骤

第一步　构造支付表

(1) 解 p 个标量优化问题，寻求每个目标的最优解，记$f_k(x)$的最优解为：$x^k=(x_1^k,x_2^k,\cdots,x_n^k)$.

(2) 计算每个目标函数在 $x^k\ (k=1,2,\cdots,p)$ 的值，即 $f_1(x^k)$，$f_2(x^k)$，$\cdots$，$f_p(x^k)$.

(3) 作出支付表，如表 7.2 所示.

第二步　把多目标规划(VP)问题转化为约束问题 $P_2(x)$.

第三步　确定 ε_i 的变化范围，选定 ε_i 的取值个数为 r 个. 由支付表知 $N_i\leqslant f_i(x)\leqslant M_i$，于是 ε_i 的取值范围是 $N_i\leqslant f_i(x)\leqslant M_i$，又因为选定 ε_i 的个数为 r 个，则

$$\varepsilon_i=N_i+\frac{t}{r-1}(M_i-N_i)$$
$$t=0,1,\cdots,r-1;i=1,2,\cdots,p,i\neq h.$$

第四步　求出所有约束问题的最优解. 由于每一个目标有 r 个 ε_i 的取值，共有 $p-1$ 个目标转化为约束，因此 ε_i 共有 r^{p-1}种组合，计算每一种组合所构成的约束问题的最优解，得到一个约束问题的最优解集，即为所求原多目标规划(VP)问题的近似有效解集.

表 7.2　　支付表

x^k	$f_1(x)$	$f_2(x)$	$\cdots f_i(x)\cdots$	$f_p(x)$
x^1	$f_1(x^1)$	$f_2(x^1)$	$\cdots f_i(x^1)\cdots$	$f_p(x^1)$
x^2	$f_1(x^2)$	$f_2(x^2)$	$\cdots f_i(x^2)\cdots$	$f_p(x^2)$

续表

x^k	$f_1(x)$	$f_2(x)$	$\cdots f_i(x)\cdots$	$f_p(x)$
$\vdots$	$\vdots$	$\vdots$	$\vdots \quad \vdots \quad \vdots$	$\vdots$
x^p	$f_1(x^p)$	$f_2(x^p)$	$\cdots f_i(x^p)\cdots$	$f_p(x^p)$
$\min\limits_k f_i(x^k)$	N_1	N_2	$\cdots N_i\cdots$	N_p
$\max\limits_k f_i(x^k)$	M_1	M_2	$\cdots M_i\cdots$	M_p

7.5.5 约束法例题

例 9. 求下列多目标规划问题的近似有效解集.

$$\max\{f_1(x)=5x_1-2x_2,\quad f_2(x)=-x_1+4x_2\}$$

$$\text{s.t.}\begin{cases}-x_1+x_2\leqslant 3\\ x_1+x_2\leqslant 8\\ x_1\leqslant 6\\ x_2\leqslant 4\\ x_1,x_2\geqslant 0\end{cases}$$

解 记 $R=\left\{\begin{matrix}-x_1+x_2\leqslant 3, x_1+x_2\leqslant 8\\ x_1\leqslant 6,\quad x_2\leqslant 4, x_1,x_2\geqslant 0\end{matrix}\right\}$

第一步 构造支付表,如表 7.3 所示.

首先从$\max\limits_{x\in R} f_1(x)$求得其最优解 $x'=(x'_1,x'_2)=(6,0)$

相应的目标函数值 $f_1(x')=30$, $f_2(x')=-6$.

从$\max\limits_{x\in R} f_2(x)$中求得最优解 $x^2=(x_1^2,x_2^2)=(1,4)$.

相应的目标函数值为$f_1(x^2)=-3$,$f_2(x^2)=15$.

表 7.3 支付表

x^k \ $f(x^k)$	$f_1(x^k)=5x_1^k-2x_2^k$	$f_2(x^k)=-x_1^k+4x_2^k$
$x^1=(6,0)$	30	-6
$x^2=(1,4)$	-3	15
$\max f(x)$	30	15
$\min f(x)$	-1	-6

从表 7.3 中可知

$$N_1 = -3, \quad M_1 = 30$$
$$N_2 = -6, \quad M_2 = 15$$

第二步 建立约束问题，选取 $f_1(x) = 5x_1 - 2x_2$ 为基本目标，$f_2(x)$ 为约束条件，于是原(VP)问题转化为 $P_\varepsilon(x)$ 问题，即

$P_\varepsilon(x)$
$$\max_{x \in R_1}(5x_1 - 2x_2)$$

这里
$$R_1 = \left\{ x \in R \,\middle|\, f_2(x) = -x_1 + 4x_2 \geqslant \varepsilon_2^t \right\}$$

第三步 确定 ε_2^t 的取值，由支付表知 $-6 \leqslant \varepsilon_2^t \leqslant 15$， 若取 $r = 4$，则

$$\varepsilon_2^t = -6 + \frac{1}{3}t(15 - (-6)) = -6 + 7t, t = 0,1,2,3,$$

即得
$$\varepsilon_2^0 = -6, \varepsilon_2^1 = 1, \varepsilon_2^2 = 8, \varepsilon_2^3 = 15.$$

第四步 从 $P(\varepsilon)$ 问题中求得最优解即为原(VP)问题的有效解，由于本例的 ε 为计算的方便，仅取 4 个，于是必须解 4 个 $P(\varepsilon)$ 问题，它们各自的最优解构成(VP)的近似有效解集. 计算结果见表 7.4.

表 7.4

ε^t	$P(\varepsilon)$ 的最优解	(VP)的有效解	$f(x)$	
			$f_1(x)$	$f_2(x)$
-6	(6, 0)	(6, 0)	30	-6
1	(6,1.75)	(6,1.75)	26.5	1
8	(4.8,3.2)	(4.8,3.2)	17.6	8
15	(1, 4)	(1, 4)	-3	15

图 7.8、图 7.9 给出了本例使用约束法的求解过程. 从图中可以看到，ε 的改变过程就是不断地改变可行域和目标函数空间的过程.

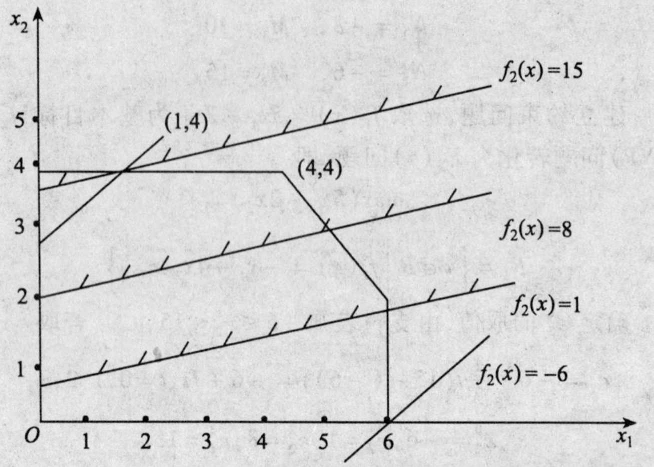

图 7.8　约束法决策空间

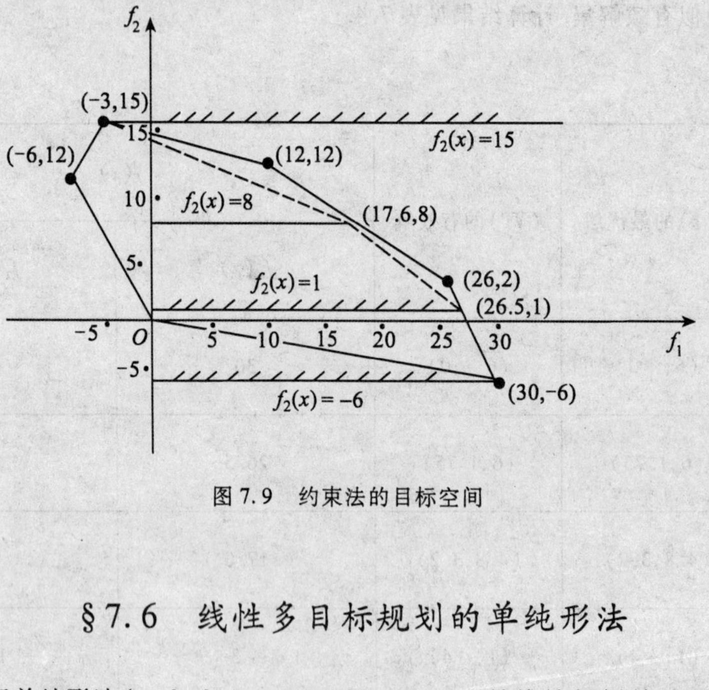

图 7.9　约束法的目标空间

§7.6　线性多目标规划的单纯形法

多目标单纯形法(multiobjective simplex method)是线性规划单纯形法在线性多目标规划上的推广. 多目标规划中的目标函数与约束函数都是线性函数时称为线性多目标规划. 在线性规划中用单纯形法求极点最优解,而在线性多目标规划中用单纯形法求有效解.

设线性多目标规划为

(VLP) $$\max f(x) = cx \tag{7.6.1}$$

$$\text{s.t.}\quad x \in X = \left\{ x \in E^n \,\middle|\, Ax = b, x \geqslant 0 \right\}. \tag{7.6.2}$$

其中

$$f(x) = (f_1(x), f_2(x), \cdots, f_p(x))^{\mathrm{T}},$$
$$b = (b_1, b_2, \cdots, b_m)^{\mathrm{T}}$$

C 是 $p \times n$ 矩阵，A 是 $m \times n$ 矩阵，且

$$f_i(x) = \sum_{j=1}^{n} c_{ij} x_j \quad (i = 1, 2, \cdots, p) \tag{7.6.3}$$

与单目标线性规划的单纯形法相似，也要建立单纯形表. 若已知 x 的一个基本可行解为 $x = \begin{bmatrix} x_B \\ x_N \end{bmatrix}$，其中 x_B 为基变量部分，x_N 为非基变量部分，相应地 $\boldsymbol{c}$，A 也可以分解为 $c = (c_B, c_N)$ 与 $A = (B, N)$，则约束条件 $Ax = b$ 可以写成 $Bx_B + Nx_N = b$，由该式可以推出 $x_B = B^{-1}b - B^{-1}Nx_N$，代入 $f(x) = cx$，目标函数可以写成 $f(x) = c_B B^{-1} b - (c_B B^{-1} N - c_N) x_N$，因 $x_N = 0$，则 $x_B = B^{-1}b$，$f(x) = c_B B^{-1} b$. 在极点 x 处的向量形式单纯形表如表 7.5 所示.

表 7.5

	x_B	x_N	$\bar{b}$
x_B	I	$B^{-1}N$	$B^{-1}b$
f	0	$c_B B^{-1} N - c_N$	$c_B B^{-1} b$

在极点 x 处的数字形式单纯形表如表 7.6 所示.

表 7.6

	x_1	$\cdots$	x_m	x_{m+1}	$\cdots$	x_n	$\bar{b}$
x_1	1	$\cdots$	0	$y_{1,m+1}$	$\cdots$	$y_{1,n}$	$\bar{b}_1$
$\vdots$	$\vdots$		$\vdots$	$\vdots$		$\vdots$	$\vdots$
x_m	0	$\cdots$	1	$y_{m,m+1}$	$\cdots$	$y_{m,n}$	$\bar{b}_m$
f_1	0	$\cdots$	0	$\sigma_{1,m+1}$	$\cdots$	$\sigma_{1,n}$	f_1
$\vdots$	$\vdots$		$\vdots$	$\vdots$		$\vdots$	$\vdots$
f_p	0	$\cdots$	0	$\sigma_{p,m+1}$	$\cdots$	$\sigma_{p,n}$	f_p

表 7.6 中 $x_1, \cdots, x_m$ 是基变量，$x_{m+1}, \cdots, x^n$ 是非基变量，$\bar{b}$ 为右端顶，表 7.6 的前 m 行的含义与线形规划单纯形表相同，表 7.6 的后 p 行是检验数行，每行是一个目标函数的检验数，检验数的定义与线性规划中的相同.

$$\sigma_{lj}=\begin{cases}0, & j=1,2,\cdots,m,\\ c_{lj}-\sum_{k=1}^{m}c_{lk}y_{kj}, & j=m+1,\cdots,n,\end{cases}\quad(l=1,2,\cdots,p)$$

定理 7.12 设 $\bar{x}$ 是(VLP)的一个基本可行解,且相应的单纯形表中第 l 行检验数 $\sigma_{lj}\leqslant 02\ (j=1,2,\cdots,n)$,则 $\bar{x}$ 是单目标规划问题

$$\max\quad f_l(x);$$
$$\text{s.t.}\quad x\in X$$

的最优解,又若 $\sigma_{lj}<0(j=m+1,\cdots,n)$,则该最优解是惟一的,且 $\bar{x}$ 是(VLP)的有效解.

定理 7.13 设 $\bar{x}$ 是(VLP)的一个非退化的(即所有的基变量大于0)基本可行解,若有一个非基列 j 的所有检验数 $\sigma_{lj}\geqslant 0(l=1,2,\cdots,p)$,且至少有一个 $\sigma_{lj}>0$,则 $\bar{x}$ 不是有效解.

定理 7.14 若 $\bar{x}$ 是(VLP)的一个基本可行解,且辅助问题

$$\text{(SP)}\qquad \max\quad V=\sum_{i=1}^{p}\delta_i \tag{7.6.4}$$

$$\text{s.t.}\begin{cases}f_i(x)-\delta_i=f_i(\bar{x})\quad(i=1,2,\cdots,p)\\ x\in X,\\ \delta_i\geqslant 0\quad(i=1,2,\cdots,p)\end{cases} \tag{7.6.5}$$

的最优值 $\max V=0$,则 $\bar{x}$ 是(VLP)的有效解;若 $\max V>0$,则 $\bar{x}$ 不是(VLP)的有效解.

定理 7.15 设 $\bar{x}$ 是(VLP)的一个非退化的基本可行解,若有两个不同的非基向量 a_j 与 a_q,θ_j 是 x_j 入基后所取的值,θ_q 是 x_q 入基后所取的值. 若 $\theta_j\sigma_{ij}\leqslant\theta_q\sigma_{iq}$ $(i=1,2,\cdots,p)$,且其中至少有一个严格不等式成立,则 x_j 入基优于 x_q 入基.

定理 7.16 设 $\bar{x}$ 是(VLP)的一个非退化的基本可行解,若第 j 列是非基列,该列的所有检验数 $\sigma_{ij}\leqslant 0(i=1,2,\cdots,p)$,且其中至少有一个严格不等式成立,则 x_j 入基将不会得到有效解.

由上述定理,可以构造求线性多目标规划有效解集的单纯形法,其步骤由图7.10 给出.

例 10. 用单纯形法求下述问题的所有有效解.

$$\max\quad f(x)=\begin{pmatrix}f_1(x)\\ f_2(x)\end{pmatrix}=\begin{pmatrix}x_1+2x_2\\ 3x_1+x_2\end{pmatrix};$$

$$\text{s.t.}\quad x\in X,$$

$$X=\left\{x\in E^2\ \middle|\ \begin{aligned}&x_1+x_2\leqslant 8,\quad 2x_1+x_2\leqslant 11,\\ &0\leqslant x_1\leqslant 5,\quad 0\leqslant x_2\leqslant 6\end{aligned}\right\}.$$

解 加上松弛变量后,约束条件可以写成

$$x_1+x_2+x_3\qquad\qquad =8,$$

$$
\begin{aligned}
2x_1 + x_2 \quad + x_4 \quad &= 11,\\
x_1 \quad\quad + x_5 \quad &= 5,\\
x_2 \quad\quad + x_6 &= 6,\\
x_i \geqslant 0 \quad (i = 1, 2, \cdots, 6)&
\end{aligned}
$$

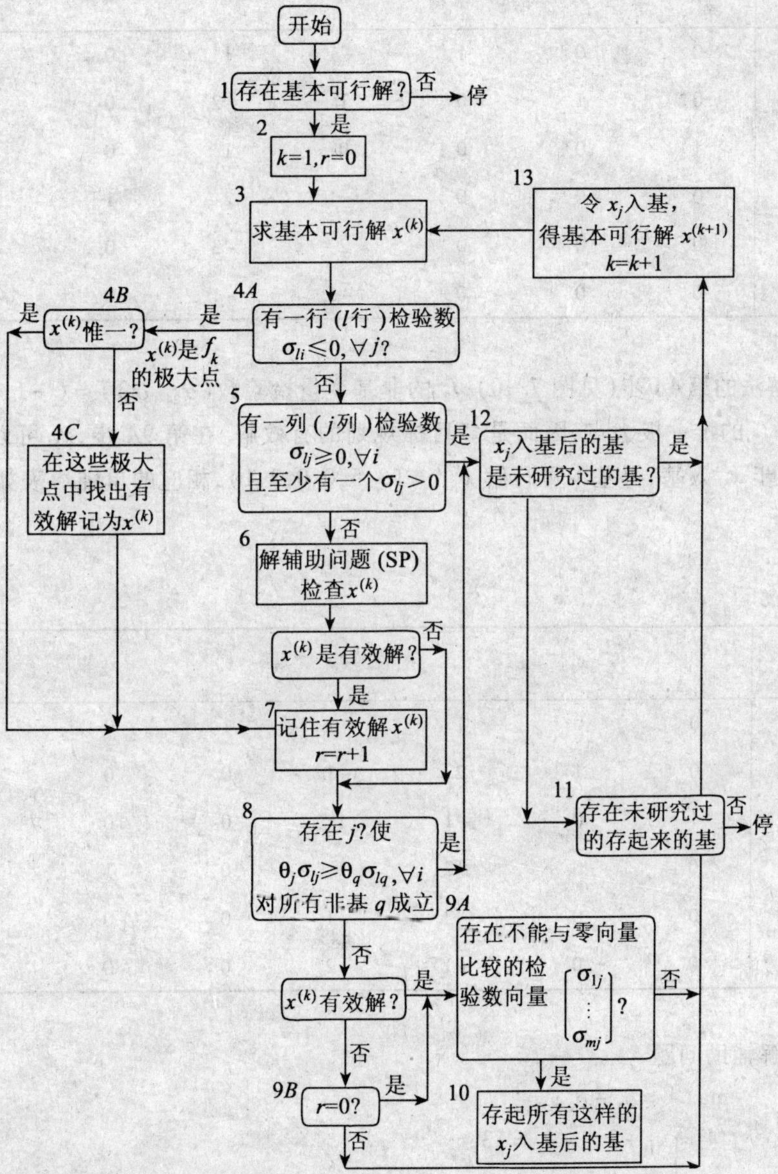

图 7.10

首先找到一个初始基本可行解 $x^{(1)}=(5,1,2,0,0,5)$，对应的初始单纯形表如表 7.7 所示.

表 7.7

	x_1	x_2	x_3	x_4	x_5	x_6	$\bar{b}$
x_3	0	0	1	-1	1	0	2
x_2	0	1	0	1	-2	0	1
x_1	1	0	0	0	1	0	5
x_6	0	0	0	-1	2	1	5
f_1	0	0	0	2	-3	0	7
f_2	0	0	0	-1	-1	0	16

在解法的第 4A 步(见图 7.10)，f_2 的非基变量检验数$(\sigma_{24},\sigma_{25})=(-1,-1)<0$，$x^{(1)}$是 f_2 的惟一极大点，因而是多目标规划的有效解. 在第 9A 步，x_5 可以入基，在第 13 步 x_5 入基，得基本可行解 $x^{(2)}=(3,5,0,0,2,1)$，相应的单纯形表如表 7.8 所示.

表 7.8

	x_1	x_2	x_3	x_4	x_5	x_6	$\bar{b}$
x_5	0	0	1	-1	1	0	2
x_2	0	1	2	-1	0	0	5
x_1	1	0	-1	1	0	0	3
x_6	0	0	-2	1	0	1	1
f_1	0	0	-3	+1	0	0	13
f_2	0	0	+1	-2	0	0	14

第 6 步解辅助问题

$$\max\ V=\delta_1+\delta_2;$$

$$\text{s.t.}\begin{cases}x_1+2x_2-\delta_1=13,\\3x_1+x_2-\delta_2=14,\\x\in X,\\\delta_1,\delta_2\geqslant 0.\end{cases}$$

得到 max $V=0$,因此 $x^{(2)}$ 是有效解. 在第 9A 步与第 11 步,x_4 可以入基,且入基后的新基是未研究过的. 在第 13 步,令 x_4 入基,基本可行解为 $x^{(3)}=(2,6,0,1,3,0)$,单纯形表如表 7.9 所示.

表 7.9

	x_1	x_2	x_3	x_4	x_5	x_6	$\bar{b}$
x_5	0	0	-1	0	1	1	3
x_3	0	1	0	0	0	1	6
x_1	1	0	1	0	0	-1	2
x_4	0	0	-2	1	0	1	1
f_1	0	0	-1	0	0	-1	14
f_2	0	0	-3	0	0	+2	12

因为 f_1 的非基变量检验数 $(\sigma_{13},\sigma_{16})=(-1,-1)<0$,$x^{(3)}$ 是 f_1 的惟一极大点,因而是有效解. 直至计算终结,得不到其他有效解. 已知得到的三个有效解 $x^{(1)}$,$x^{(2)}$ 与 $x^{(3)}$ 分别在图 7.11(a)的(x_1,x_2)平面及图 7.11(b)的(f_1,f_2)平面上用 B,C,D 三点表示. 从图 7.11 可以看出,折线 $\overline{BCD}$ 是有效解集,B,C,D 三点是有效解.

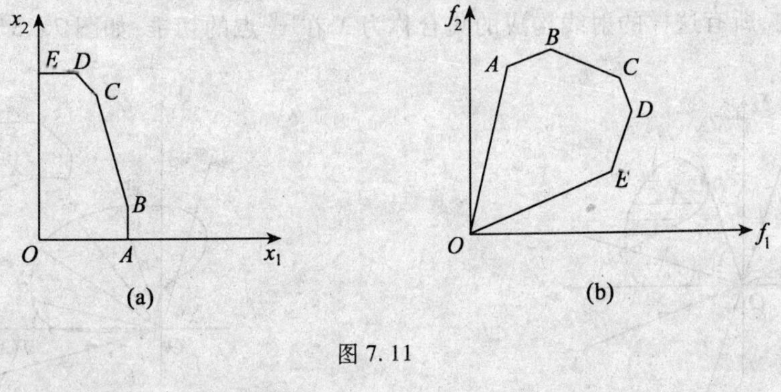

图 7.11

§7.7 最优性条件

设多目标规划问题

$$(\text{VP})\qquad \min(f_1(x),f_2(x),\cdots,f_p(x)) \tag{7.7.1}$$

$$\text{s.t.}\quad g_i(x)\leqslant 0,\quad (i=1,2,\cdots,m) \tag{7.7.2}$$

$$h_j(x)=0,\quad (j=1,2,\cdots,s) \tag{7.7.3}$$

在非线性规划问题中最优性条件可以用做检验一个备选方案是否最优的判据,因此广泛地用于设计求解的算法. 对于多目标规划问题,最优性条件的研究具有同样意义. 本节主要介绍一阶必要条件与充分条件.

7.7.1 锥与约束规格的概念

为了阅读的方便,对于文中涉及的锥给予简单介绍.

定义 7.4 设 X 为非空集,若对任意的 $\lambda\geqslant 0$,有 $\lambda X\subset X$,则称 X 是锥. 若 X 既是凸集又是锥,则说 X 是凸锥,规定空集是锥,也是凸锥.

定义 7.5 设 X 非空,且 $X\neq\{0\}$,则分别称

$$X^+=\{y\in E^n\mid y^{\mathrm T}x\geqslant 0,\ \forall x\in X\}$$

$$X^-=\{y\in E^n\mid y^{\mathrm T}x\leqslant 0,\ \forall x\in X\}$$

为 X 的正法锥和负法锥. 如图 7.12 所示.

定义 7.6 设 X 非空,$x^0\in X,d\in E^n$,如果存在 $x^k\in X,\lambda_k>0,x^k\to x^0(k\to\infty)$,使 $\lambda_k(x^k-x^0)\to d(k\to\infty)$,则称 d 是 X 在 x^0 点的一个切方向,X 在 x^0 点的所有切方向构成的集合称为 X 在 x^0 点的切锥,记为 $T(X,x^0)$.

在几何图形上,若把 X 向坐标原点平移 $\|x^0\|$,使 x^0 和原点重合,然后连接原点和点列 x^k,得到射线列,再取其极限位,即连接原点和 d 的射线即为 X 在 x^0 点的一个切方向,所有这样的射线构成的集合称为 X 在 x^0 点的切锥,如图 7.13 所示.

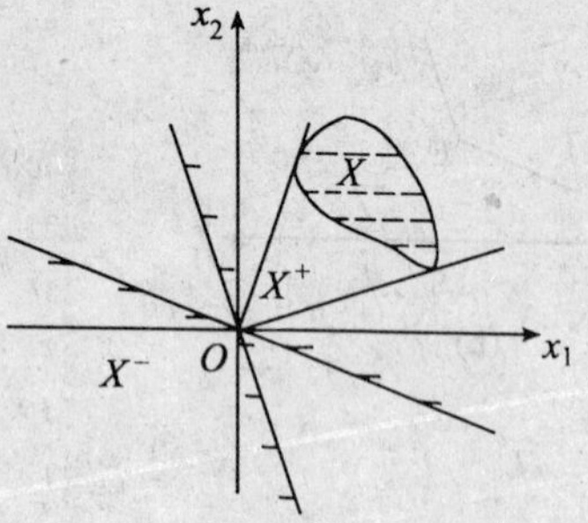

图 7.12

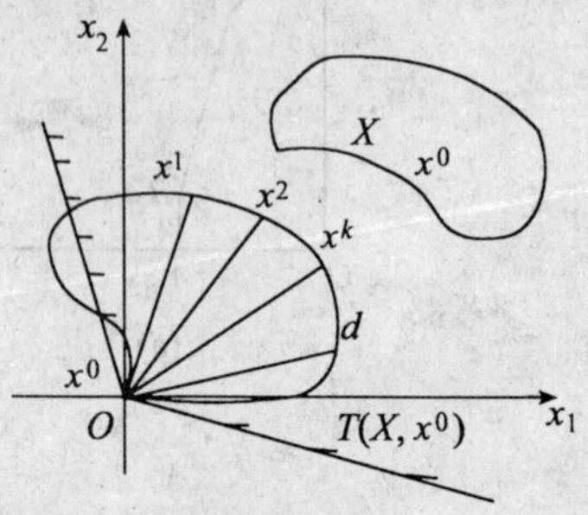

图 7.13

定义 7.7　设 X 非空，$x^0 \in X, d \in E^n$，若存在 $\delta > 0$，使得对一切 $\theta \in (0,\delta]$，有 $\alpha(\theta) = x^0 + \theta d \in X$，则称 d 是 X 在 x^0 点的一个可行方向. X 在 x^0 点的所有可行方向构成的集合称为 X 在 x^0 点的可行方向集，记为 $D(X,x^0)$. $D(X,x^0)$ 具有如下性质：

(1) $D(X,x^0) \subset T(X,x^0)$；

(2) 若 $x^0 \in X$，则 $D(X,x^0)$ 是非空锥；若 X 是凸集，则 $D(X,x^0)$ 为凸锥.

定义 7.8　对于所论及的优化问题的约束函数附加某些限制条件，以便使其最优解满足的最优性条件更完善，这种限制条件称为约束规格.

由于上述问题的重要性，人们引进各种不同形式的约束规格，这里仅介绍有关的约束规格.

设 $X = \{x \in E^n \mid g_i(x) \leqslant 0, i = 1,2,\cdots,m; h_j(x) = 0, j = 1,2,\cdots,s\}$.

定义 7.9　假设 $g_i(x)(i=1,2,\cdots,m)$ 及 $h_j(x)(j=1,2,\cdots,s)$ 均可微，$x^* \in X$，令

$$\begin{aligned} Z'(X,x^*) = \{ & Z \in E^n \mid Z^T \ \nabla g_i(x^*) \leqslant 0, i \in I(x^*); \\ & Z^T \ \nabla h_j(x^*) = 0, j = 1,2,\cdots,s\} \end{aligned} \tag{7.7.4}$$

则称 $z \in Z'(X,x^*)$ 为 X 在 x^* 处的局部约束方向向量，简称 x^* 的局部约束方向. 易知

$$D(X,x^*) \subset Z'(X,x^*) \tag{7.7.5}$$

现在用 $Z'(X,x^*)$ 的正法锥 $(Z'(X,x^*))^+$ 和闭切锥 $T(X,x*)$ 的正法锥 $(T(X,x^*))^+$ 来界定 K－T 约束规格.

定义 7.10　设 $g_i(x)(i=1,2,\cdots,m)$ 及 $h_j(x)(j=1,2,\cdots,s)$ 均可微，$x^* \in X$，若

$$[Z'(X,x^*)]^+ = [T(X,x^*)]^+ \tag{7.7.6}$$

则称约束集合 X 在 x^* 处满足约束规格. 若 X 中每一点都满足约束规格，则称 X 满足约束规格. 这种约束规格称为 K－T 约束规格.

7.7.2　一阶必要条件

由于目标函数和约束条件的非凸性，有时无法得到问题的整体 pareto 有效解，因此引入局部解的概念.

设 $\bar{x} \in \mathbf{R}^n$，记 $N(\bar{x},\delta)$ 是 $\mathbf{R}^n$ 中以 $\bar{x}$ 为球心，$\delta > 0$ 为半径的开球，即 $N(\bar{x},\delta) = \{x \in \mathbf{R}^n \mid \| x - \bar{x} \| < \delta\}$.

定义 7.11　若不存在 $x \in X \cap N(\bar{x},\varepsilon)$ 使得 $f(x) \leqslant f(\bar{x})$，则称 $\bar{x} \in X$ 为局部 pareto 有效解.

若不存在 $x \in X \cap N(\bar{x},\varepsilon)$ 使得 $f(x) < f(\bar{x})$，则称 $\bar{x} \in X$ 为局部弱 pareto 有效解（其中 $\varepsilon > 0$）.

为了区别，前面定义的 pareto 有效解和 pareto 弱有效解视为整体解，显然任何整体 pareto 有效解必为局部 pareto 有效解，整体弱 pareto 有效解必为局部弱 pareto 有效解. 反之不然.

引理 7.1 设 A 和 B 分别为 $m\times n$ 和 $L\times n$ 实矩阵,则系统

$$AZ<0,BZ=0,Z\in E^n \tag{7.7.7}$$

无解的必要条件是存在 $u\in E_+^m, v\in E^l$ 使得

$$(u,v)\neq 0, u^{\mathrm T}A+v^{\mathrm T}B=0 \tag{7.7.8}$$

成立(证明略).

设 $\bar x\in X$,令 $I(\bar x)=\{1\leqslant i\leqslant m \mid g_i(\bar x)=0\}$. 记

$D_1=\{d\in E^n \mid \nabla f_k(\bar x)^{\mathrm T}d<0, k=1,2,\cdots,m;$

$\nabla g_i(\bar x)^{\mathrm T}d<0, \forall i\in I(\bar x)\}$

和 $D_2=\{d\in E^n \mid \nabla h_j(\bar x)^{\mathrm T}d=0, j=1,2,\cdots,s\}$.

引理 7.2 设 $\varphi_k(x)(k=1,2,\cdots,m)$;$h_j(x)(j=1,2,\cdots,s)$ 均为定义在开集 $D\subset E^n$ 上的实值函数,且有连续一阶偏导数,如果

$$\begin{cases}\varphi_k(x)=0 \ (k=1,2,\cdots,m)\\ h_j(x)=0 \ (j=1,2,\cdots,s)\end{cases} \tag{7.7.9}$$

在 D 上有解 $\bar x$,而系统

$$\begin{cases}\varphi_k(x)<0 \ (k=1,2,\cdots,m)\\ h_j(x)=0 \ (j=1,2,\cdots,s)\end{cases} \tag{7.7.10}$$

在 D 上无解,且 $\nabla h_j(\bar x)(j=1,2,\cdots,s)$ 线性独立,则系统

$$\begin{cases}d^{\mathrm T} \ \nabla\varphi_k(\bar x)<0 \ (k=1,2,\cdots,m)\\ d^{\mathrm T} \ \nabla h_j(\bar x)=0 \ (j=1,2,\cdots,s)\end{cases} \tag{7.7.11}$$

在 E^n 中无解(证明略).

引理 7.3 假设每一个 $h_j(x)$ 在 $\bar x$ 点连续可微并且向量组 $\{\nabla h_j(\bar x), j=1,2,\cdots,s\}$ 线性独立,$\bar x$ 为(VP)的一个局部 pareto 弱有效解,则 $D_1\cap D_2=\varnothing$.

证 因为 $\bar x$ 为(VP)的一个局部 pareto 弱有效解,显然方程组

$$\begin{cases}f_k(x)-f_k(\bar x)=0 & (k=1,2,\cdots,p)\\ g_i(x)=0 & i\in I(\bar x)\\ h_j(x)=0 & (j=1,2,\cdots,s)\end{cases} \tag{7.7.12}$$

在 X 上有解 $\bar x$. 而不等式组

$$\begin{cases}f_k(x)-f_k(\bar x)<0 & (k=1,2,\cdots,p)\\ g_i(x)<0 & i\in I(\bar x)\\ h_j(x)=0 & (j=1,2,\cdots,s)\end{cases} \tag{7.7.13}$$

在 X 上无解.

又因为 $\nabla h_j(x)(j=1,2,\cdots,s)$ 线性独立,由引理 7.2 知不等式组

$$\begin{cases}d^{\mathrm T} \ \nabla f_k(\bar x)<0 & (k=1,2,\cdots,p)\\ d^{\mathrm T} \ \nabla g_i(\bar x)<0 & i\in I(\bar x)\\ d^{\mathrm T} \ \nabla h_j(\bar x)=0 & (j=1,2,\cdots,q)\end{cases} \tag{7.7.14}$$

无解. 记 $D_1=\{d\in E^n \mid \nabla f_k(\bar{x})^{\mathrm{T}}d<0, k=1,2,\cdots,m,\ \nabla g_i(\bar{x})^{\mathrm{T}}d<0, i\in I(\bar{x})\}$

$D_2=\{d\in E^n \mid \nabla h_j(\bar{x})^{\mathrm{T}}d=0, j=1,2,\cdots,s\}$

故
$$D_1\cap D_2=\varnothing.$$

定理 7.17 （广义 Fritz John 定理）　设每个 $h_j(x)$ 在 $\bar{x}$ 点连续可微，如果 $\bar{x}$ 为问题(VP)的一个局部 pareto 弱有效解，则存在 $\lambda\in\mathbf{R}_+^p$，$u\in\mathbf{R}_+^m$ 和 $v\in\mathbf{R}^s$，使得

$$(\lambda,u,v)\neq 0 \tag{7.7.15}$$

$$\sum_{k=1}^{p}\lambda_k\ \nabla f_k(\bar{x})+\sum_{i=1}^{m}u_i\ \nabla g_i(\bar{x})+\sum_{j=1}^{s}v_j\ \nabla h_j(\bar{x})=0 \tag{7.7.16}$$

$$u_i g_i(\bar{x})=0 \quad (i=1,2,\cdots,m) \tag{7.7.17}$$

证　如果 $\{\nabla h_j(\bar{x}), j=1,2,\cdots,s\}$ 线性相关，则存在 $v\in k^s$，$v\neq 0$ 使得

$$\sum_{j=1}^{s}v_j\ \nabla h_j(\bar{x})=0 \tag{7.7.18}$$

此时，取 $\lambda=0$，$u=0$，则式(7.7.15)～式(7.7.17)成立.

不妨设　$\{\nabla h_j(\bar{x}), j=1,2,\cdots,s\}$ 线性无关，由引理 7.3 得

$$D_1\cap D_2=\varnothing \tag{7.7.19}$$

即
$$\begin{cases}\nabla f_k(\bar{x})^{\mathrm{T}}Z<0, & (k=1,2,\cdots,p)\\ \nabla g_i(\bar{x})^{\mathrm{T}}Z<0, & i\in I(\bar{x})\\ \nabla h_j(\bar{x})^{\mathrm{T}}Z=0, & (j=1,2,\cdots,s)\end{cases} \tag{7.7.20}$$

无解.

令
$$I(\bar{x})=\{i_1,i_2,\cdots,i_l\} \tag{7.7.21}$$

$$A=[\ \nabla f_1(\bar{x}),\cdots,\ \nabla f_p(\bar{x});\ \nabla g_{i1}(\bar{x}),\cdots,\ \nabla g_{i2}(\bar{x})\ ]^{\mathrm{T}} \tag{7.7.22}$$

$$B=[\ \nabla h_1(\bar{x}),\ \nabla h_2(\bar{x}),\cdots,\ \nabla h_s(\bar{x})\ ]^{\mathrm{T}} \tag{7.7.23}$$

于是不等式组

$$AZ<0,\quad BZ=0,\quad Z\in\mathbf{R}^n \tag{7.7.24}$$

无解.

由引理 7.1 知，存在 $\lambda\in\mathbf{R}_+^p$，$\alpha\in\mathbf{R}_+^l$ 和 $v\in\mathbf{R}^s$，使得

$$\sum_{k=1}^{p}\lambda_k\ \nabla f_k(\bar{x})+\sum_{ij=1}^{l}a_i\ \nabla f_{ij}(\bar{x})+\sum_{j=1}^{s}v_j\ \nabla h_j(\bar{x})=0 \tag{7.7.25}$$

令
$$u_i=\begin{cases}a_i, 若\ i=i_j\\ 0, 若\ i\neq i_j\end{cases} \tag{7.7.26}$$

显然　$u\in\mathbf{R}_+^m$，$(\lambda,u,v)\neq 0$，并且式(7.7.15)～式(7.7.17)成立.

广义 Fritz John 条件虽然乘子向量 $(\lambda,u,v)\neq 0$，但并不保证目标函数相关的乘子 λ 非零. 事实上，若 $\lambda=0$，式(7.7.15)～式(7.7.17)作为刻画局部 pareto 弱有效解的最优性条件意义不大，因为此时式中和目标函数没有关系. 因此，为保证 $\lambda\neq 0$，采用附加约束规格.

设标量函数优化问题

$$(\mathrm{P}) \qquad \min_{x \in X} f(x) \tag{7.7.27}$$

其中

$$X = \{x \in E^n \mid g_i(x) \leqslant 0, i = 1,2,\cdots,m;\ h_j(x) = 0,\quad j = 1,2,\cdots,s\}$$

引理 7.4 设 $f(x)$ 连续可微,若 $\bar{x} \in X$ 是问题(P)的最优解,则 $\nabla f(\bar{x}) \in [T(X,\bar{x})]^+$.

证 由正法锥定义知,只须证明对于 $\forall d \in T(X,\bar{x})$,都有 $d^{\mathrm{T}}\ \nabla f(\bar{x}) \geqslant 0$.

对于 $\forall d \in T(X,\bar{x})$,由切锥定义知存在收敛于 $\bar{x}$ 的序列 $x^k \in X$ 及 $\alpha^k > 0, k = 1,2,\cdots$,使

$$\alpha^k(x^k - \bar{x}) \to d \quad (k \to \infty)$$

又因为 $f(x)$ 连续可微,于是

$$f(x^k) = f(\bar{x}) + (x^k - \bar{x})^{\mathrm{T}}\ \nabla f(\bar{x}) + \varepsilon_k \| (x^k - \bar{x}) \|$$

其中 $\varepsilon_k \to 0 \quad (k \to \infty)$,于是

$$\alpha^k[f(x^k) - f(\bar{x})] = [\alpha^k(x^k - \bar{x})]^{\mathrm{T}}\ \nabla f(\bar{x}) + \varepsilon_k \| (x^k - \bar{x}) \|$$

两边取 $k \to \infty$ 时的极限,注意到 $\bar{x}$ 是问题的极小点.

于是有

$$0 \leqslant \lim_{k \to \infty} \alpha^k[f(x^k) - f(\bar{x})] = d^{\mathrm{T}}\ \nabla f(\bar{x})$$

即

$$\nabla f(\bar{x}) \in [T(X,\bar{x})]^+$$

证毕.

引理 7.5 设 $f(x), g_i(x) \quad (i = 1,2,\cdots,m), h_j(x), (j = 1,2,\cdots,s)$ 连续可微,$\bar{x} \in X$,则 $Z'(X,\bar{x}) \cap Z^2(X,\bar{x}) = \emptyset$ 的充要条件是存在向量 $\bar{u} \in \mathbf{R}^m, \bar{v} \in \mathbf{R}^s$,使

$$\nabla f(\bar{x})^{\mathrm{T}} + \bar{u}^{\mathrm{T}}\ \nabla g(\bar{x}) + \bar{v}^{\mathrm{T}}\ \nabla h(\bar{x}) = 0 \tag{7.7.28}$$

$$\bar{u} \cdot g(\bar{x}) = 0 \tag{7.7.29}$$

$$\bar{u} \geqslant 0 \tag{7.7.30}$$

证 显然 $Z'(X,\bar{x}) \neq \emptyset$,因此 $Z'(X,\bar{x}) \cap Z^2(X,\bar{x}) = \emptyset$ 的充要条件是:对于满足不等式组

$$\begin{cases} -d^{\mathrm{T}}\ \nabla g_i(\bar{x}) \geqslant 0 \\ d^{\mathrm{T}}\ \nabla h_j(\bar{x}) \geqslant 0 \\ -d^{\mathrm{T}}\ \nabla h_j(\bar{x}) \geqslant 0 \end{cases} \tag{7.7.31}$$

的每一个 d,必有

$$d^{\mathrm{T}}\ \nabla f(\bar{x}) \geqslant 0 \tag{7.7.32}$$

由 Farkas 定理知,对任意满足式(7.7.31)的 d 式(7.7.32)成立的充要条件是:存在 $\bar{u} \geqslant 0, \bar{v}' \geqslant 0, \bar{v}^2 \geqslant 0$ 使

$$\nabla f(\bar{x}) = -\sum_{i \in I(\bar{x})} \bar{u}_i\ \nabla g_i(\bar{x}) + \sum_{j=1}^{s} (\bar{V}'_j - \bar{V}''_j)\ \nabla h_j(\bar{x})$$

当 $i \notin I(\bar{x})$ 时,令 $\bar{u}_i = 0$,再令 $\bar{v} = \bar{v}'' - \bar{v}'$,得

$$\nabla f(\bar{x})^{\mathrm{T}} + \bar{u}^{\mathrm{T}}\ \nabla g(\bar{x}) + \bar{V}^{\mathrm{T}}\ \nabla h(\bar{x}) = 0$$

$$\bar{u}_i g_i(\bar{x}) = 0 \quad (i = 1,2,\cdots,m)$$

$$\bar{u} \geqslant 0.$$ 证毕.

定理 7.18 （标量函数优化的广义 K－T 必要条件）

设 $f(x), g_i(x)(i=1,2,\cdots,m), h_j(x),(j=1,2,\cdots,s)$ 连续可微，$\bar{x} \in X$ 是问题(P)的最优解，且 X 满足约束规格 $[Z'(X,\bar{x})]^+ = [T(X,\bar{x})]^+$，则必存在向量 $\bar{u} = (\bar{u}_1,\cdots,\bar{u}_m)^T, \bar{v} = (\bar{v}_1,\cdots,\bar{v}_s)^T$ 使

$$\nabla f(\bar{x})^T + \bar{u}^T \nabla g(\bar{x}) + \bar{v}^T \nabla h(\bar{x}) = 0 \tag{7.7.33}$$

$$\bar{u}_i g_i(\bar{x}) = 0 \quad (i=1,2,\cdots,m) \tag{7.7.34}$$

$$\bar{u} \geqslant 0. \tag{7.7.35}$$

证　由引理7.4 和 K－T 约束规格定义知

$$\nabla f(\bar{x}) \in [T(X,\bar{x})]^+ = [Z'(X,\bar{x})]^+$$

和　$\forall d \in Z'(X,\bar{x})$，由正切锥定义有 $d^T \nabla f(\bar{x}) \geqslant 0$，即有

$$Z'(X,\bar{x}) \cap Z''(X,\bar{x}) = \varnothing$$

其中
$$Z''(X,\bar{x}) = \{d \in E^n \mid d^T \nabla f(\bar{x}) < 0\}$$

再由引理 7.5 知，式(7.7.33)～式(7.7.35)成立.　　证毕.

令
$$f(x) = (f_1(x),\cdots,f_p(x))^T$$
$$g(x) = (g_1(x),\cdots,g_m(x))^T$$
$$h(x) = (h_1(x),\cdots,h_s(x))^T.$$

作辅助规划

$$(sp(\hat{x}))\min_{x \in X'} \varphi(x) = \sum_{k=1}^{p} f_k(x) \tag{7.7.36}$$

其中
$$X' = \{x \in X \mid f(x) \leqslant f(\hat{x})\}.$$

定理 7.19 （向量优化的 K－T 必要条件）　设向量函数 $f(x), g(x), h(x)$ 在 $\hat{x} \in X$ 处连续可微，且在相应辅助规划$(sp(\hat{x}))$的约束集 x' 上满足 K－T 约束规格 $[Z'(X',\hat{x})]^+ = [T(X',\hat{x})]^+$，若 $\hat{x}$ 是(VP)的有效解，则存在 $\bar{\lambda} \in E^p, \bar{u} \in E^m, \bar{v} \in E^s$ 使

$$\lambda^T \nabla f(\hat{x}) + \bar{u}^T \nabla g(\hat{x}) + \bar{v}^T \nabla h(\hat{x}) = 0 \tag{7.7.37}$$

$$\bar{u}^T g(\hat{x}) = 0 \tag{7.7.38}$$

$$\bar{\lambda} > 0, \bar{u} \geqslant 0. \tag{7.7.39}$$

证　作辅助规划$(sp(\hat{x}))$的 Lagrange 函数为

$$L(x,\lambda,u,v) = \sum_{i=1}^{p} f_i(x) + \sum_{i=1}^{p} \lambda_i[f_i(x) - f_i(\hat{x})] + \sum_{j=1}^{m} u_j g_j(x) + \sum_{k=1}^{s} v_k h_k(x)$$

相应梯度为

$$\nabla_x L(x,\lambda,u,v) = \sum_{i=1}^{p} (1+\lambda_i) \nabla f_i(x) + \sum_{j=1}^{m} u_j \nabla g_j(x) + \sum_{k=1}^{s} v_k \nabla h_k(x)$$

因为 $\hat{x}$ 是(VP)的有效解，不难证明 $\hat{x}$ 必是$(sp(\hat{x}))$的最优解. 又因为$(sp(\hat{x}))$的约束集 X'满足 K－T 约束规格，由定理 7.17 知，必存在 $\tilde{\lambda}_i \geqslant 0, \tilde{u}_j \geqslant 0, \tilde{v}_k$ 使

$$\sum_{i=1}^{p}(1+\tilde{\lambda}_i)\ \nabla f_i(\hat{x})+\sum_{j=1}^{m}\tilde{u}_j\ \nabla g_j(\hat{x})+\sum_{k=1}^{s}\tilde{v}_k\ \nabla h_k(\hat{x})=0 \quad (7.7.40)$$

$$\sum_{i=1}^{p}\tilde{\lambda}_i[f_i(\hat{x})-f_i(\hat{x})]+\sum_{j=1}^{m}\tilde{u}_j g_j(\hat{x})=\sum_{j=1}^{m}\tilde{u}_j\ \nabla g_j(\hat{x})=0 \quad (7.7.41)$$

$$\tilde{\lambda}_i\geqslant 0,\tilde{u}_j\geqslant 0(i=1,2,\cdots,p;j=1,2,\cdots,m) \quad (7.7.42)$$

成立.

令

$$\bar{\lambda}_i=1+\tilde{\lambda}_i\quad (i=1,2,\cdots,p)$$

$$\bar{u}_j=\tilde{u}_j\quad (j=1,2,\cdots,m)$$

$$\bar{v}_k=\tilde{v}_k\quad (k=1,2,\cdots,s).$$

显然 $\bar{\lambda}>0,\bar{u}\geqslant 0$,于是式(7.7.40)~式(7.7.42)又表示为

$$\hat{\lambda}^{\mathrm{T}}\ \nabla f(\hat{x})+\bar{u}^{\mathrm{T}}\ \nabla g(\hat{x})+\bar{v}^{\mathrm{T}}\ \nabla h(\hat{x})=0 \quad (7.7.43)$$

$$\bar{\lambda}^{\mathrm{T}}[f(\hat{x})-f(\hat{x})]+\bar{u}^{\mathrm{T}}g(\hat{x})+\bar{v}^{\mathrm{T}}h(\hat{x})=0 \quad (7.7.44)$$

$$\bar{\lambda}>0,\bar{u}\geqslant 0 \quad (7.7.45)$$

故有式(7.7.37)~式(7.7.39)成立,即

$$\bar{\lambda}^{\mathrm{T}}\ \nabla f(\hat{x})+\bar{u}^{\mathrm{T}}\ \nabla g(\hat{x})+\bar{v}^{\mathrm{T}}\ \nabla h(\hat{x})=0$$

$$\bar{u}^{\mathrm{T}}g(\hat{x})=0$$

$$\bar{\lambda}>0,\bar{u}\geqslant 0$$ 成立. 证毕.

7.7.3 一阶充分条件

(VP)问题的一阶充分条件尽管有多种,但都包含了某种凸性假设,下面介绍最常用的一阶充分条件.

定理 7.20 设 $\bar{x}\in X$,存在 $\lambda\in\mathbf{R}^{p}_{+}\setminus\{0\}$,$u\in\mathbf{R}^{m}_{+}$ 和 $v\in\mathbf{R}^{s}$,使得式(7.7.37)~式(7.7.39)满足. 如果函数

$$F(x)=\sum_{k=1}^{p}\lambda_k f_k(x)+\sum_{i=1}^{m}u_i g_i(x)+\sum_{j=1}^{s}v_j h_j(x) \quad (7.7.46)$$

在 $\mathbf{R}^n$ 上凸,则 $\bar{x}$ 必为问题(VP)的一个 pareto 弱有效解;若 $\lambda>0$,则 $\bar{x}$ 必为问题(VP)的一个 pareto 有效解.

证 由于 $F(x)$ 是 $\mathbf{R}^n$ 上的凸函数且 $\nabla F(\bar{x})=0$,依凸函数的性质知 $F(x)\geqslant F(\bar{x})$,$\forall x\in\mathbf{R}^n$. 特别地对于 $\forall x\in X$,有

$$\sum_{k=1}^{p}\lambda_k f_k(\bar{x})=F(\bar{x})\leqslant\sum_{k=1}^{p}\lambda_k f_k(x)+\sum_{i=1}^{m}u_i g_i(x)+\sum_{j=1}^{s}v_j h_j(x) \quad (7.7.47)$$

由于当 $x\in X$ 时,$\sum_{i=1}^{m}u_i g_i(x)\leqslant 0$,$\sum_{j=1}^{s}v_j h_j(x)=0$,故

$$\sum_{k=1}^{p}\lambda_k f_k(\bar{x})\leqslant\sum_{k=1}^{p}\lambda_k f_k(x),\ \forall x\in X \quad (7.7.48)$$

先设 $\lambda \neq 0$，如果 $\bar{x}$ 不是(VP)的一个 pareto 弱有效解，则存在 $x' \in X$ 和 $e \in \mathbf{R}^p_{++}$，使得 $f(\bar{x}) = f(x') + e$. 因为 $\lambda \in \mathbf{R}^p_+ \setminus \{0\}$，故

$$\sum_{k=1}^{p} \lambda_k f_k(\bar{x}) > \sum_{k=1}^{p} \lambda_k f_k(x') \tag{7.7.49}$$

这与式(7.7.48)矛盾，因此 $\bar{x}$ 为 pareto 弱有效解.

若 $\lambda > 0$，则类似上面的证明可证 $\bar{x}$ 为问题(VP)的一个 pareto 有效解. 证毕.

推论　设每个 f_k 和 g_i 为 $\mathbf{R}^n$ 上的凸函数，每个 h_j 为 $\mathbf{R}^n$ 上的线性仿射函数，$\bar{x} \in X$. 如果存在 $\lambda \in \mathbf{R}^p_+ \setminus \{0\}$，$u \in \mathbf{R}^m_+$ 和 $v \in \mathbf{R}^s$，使式(7.7.37) ~ 式(7.7.39)成立，则 $\bar{x}$ 为问题(VP)的一个 pareto 弱有效解；若 $\lambda > 0$，则 $\bar{x}$ 为(VP)的一个 pareto 有效解.

习　　题

1. 设多目标规划问题

$$\max\{f_1(x), f_2(x)\}$$
$$\text{s.t.}\quad x \in X = (x^{(1)}, x^{(2)}, x^{(3)}, x^{(4)})$$

试求问题的有效解与弱有效解. 其中 $f_1(x)$，$f_2(x)$ 的函数值如表 7.10 所示.

表 7.10

$x^{(i)}$	$x^{(1)}$	$x^{(2)}$	$x^{(3)}$	$x^{(4)}$
$f_1(x^{(i)})$	9	10	12	9
$f_2(x^{(i)})$	11	11	10	8

2. 用线性加权和法求解下述问题

(1) $\max\{2x_1 - x_2, -x_1 + 3x_2\}$

$$\text{s.t.} \begin{cases} -x_1 + x_2 \leqslant 4 \\ x_1 + x_2 \leqslant 9 \\ x_1 \leqslant 5 \\ x_2 \leqslant 5 \\ x_1, x_2 \geqslant 0 \end{cases}$$

试求其有效解.

(2) $\min\{x^2 - 2x, -x\}$

$\quad$ s.t. $\quad 0 \leqslant x \leqslant 2$

试求其弱有效解集.

3. 用 ε—约束法求习题 2,(1) 的有效解集.

4. 用多目标单纯形法求有效解(极点).

(1) $\max\{x_1+3x_2, -3x_1-2x_2\}$

$$\text{s.t.}\begin{cases}\frac{1}{2}x_1+\frac{1}{4}x_2+x_3 = 8\\ \frac{1}{5}x_1+\frac{1}{5}x_2+x_4=4\\ x_1+5x_2+x_5=72\\ x_j\geqslant 0, j=1,2,\cdots,5;\end{cases}$$

(2) $\max\{2x_1-x_2, -x_1+2x_2\}$

$$\text{s.t.}\begin{cases}x_1+x_2\leqslant 10\\ x_1\leqslant 3\\ x_2\leqslant 7\\ x_1,x_2\geqslant 0.\end{cases}$$

第八章　网络规划

在生产实践和社会生活中，我们经常会遇到许多网络，例如：电子网、通信网、铁路网、公路网、煤气管道网和下水道网，等等．从某种意义上说，现代社会就是一个由各种网络组成的复杂网络系统．网络规划就是研究这些网络的结构和管理决策问题的一门学科，该学科在最近 20～30 年中得到了迅速的发展，目前已成为运筹学中一个重要的分支．许多网络规划问题可以用本书前面介绍的线性规划模型来描述，但用图论方法来处理，往往更直接和明了．本章中，我们首先介绍图的一些基本概念，然后讨论网络规划中四类主要的问题，即最小树问题、最短路径问题、最大流问题和最小费用流问题．主要讨论这些问题的数学模型和算法，至于算法的复杂性不给出详细论述．

§8.1　图的基本概念

8.1.1　有向图和无向图

现实世界中的许多现象可以用图形来描绘，这种图形由一个点集合和连接这个点集中的某些点对的连线构成．例如，在火车站的售票厅或候车室里，我们常常可以看到如图 8.1 那样的一张铁路线示意图，上面的点表示车站，连接线段表示铁路，从这张图上，我们可以了解到铁路连接各个车站的情况．至于各车站的具体位置、铁路线的形状是否符合实际是无关紧要的．在这种图形中，人们主要感兴趣的是：两点是否被一根线所连接，而连接方式则无关紧要．这类现象的数学抽象，便产生了图的概念．

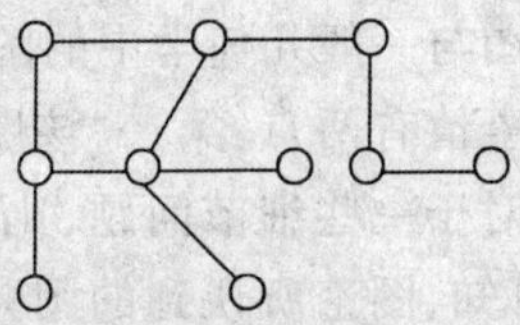

图 8.1

定义 8.1 图是由表示具体事物的点(顶点)的集合 $V=\{v_1,v_2,\cdots,v_n\}$ 和表示事物之间关系的边的集合 $E=\{e_1,e_2,\cdots,e_m\}$ 所组成,且 E 中元素 e_i 是由 V 中的无序元素对 $[v_i,v_j]$ 表示,即 $e_i=[v_i,v_j]$,并称这类图为无向图,记为 $G=(V,E)$. 为了简便起见,以后我们将无向图称为图.

任何一个图 $G=(V,E)$ 可以用一个几何图形来表示,在保持图的点和边的关系不变的情况下,图形的位置、大小、形状都是无关紧要的. 因此,在图的讨论中,我们常常绘出图的一个几何形状,并且把该几何形状作为这个图的本身. 以后,我们将用圆点(或圆圈)表示点,称为节点,用线表示边. 为了便于理解,在以后的讨论中,直接对几何图形进行讨论.

定义 8.2 (1)节点和关联边:若 $e_i=[v_i,v_j]\in E$,则称点 v_i,v_j 是边 e_i 的节点,边 e_i 是点 v_i,v_j 的关联边.

(2)相邻点和相邻边:同一条边的两个端点称为相邻点,简称邻点;有公共端点的两条边称为相邻边,简称邻边.

(3)多重边和环:具有相同端点的边称为多重边或平行边;两个端点落在一个顶点的边称为环.

(4)多重图和简单图:含有多重边的图称为多重图;无环也无多重边的图称为简单图. 今后我们所研究的图,若无特别说明,都是指的简单图.

(5)孤立点:不与任何一条边相关联的点称为孤立点.

例如,设有图 $G=(V,E)$,其中 $V=\{v_1,v_2,v_3,v_4,v_5\}$,$E=\{e_1,e_2,e_3,e_4,e_5,e_6\}$,边与点的关联情况由表 8.1 给出.

表 8.1

e_i	e_1	e_2	e_3	e_4	e_5	e_6
$[u_i,v_j]$	$[v_1,v_2]$	$[v_2,v_3]$	$[v_2,v_3]$	$[v_3,v_4]$	$[v_4,v_4]$	$[v_4,v_1]$

G 的几何图形可以绘成图 8.2,其中 e_2 和 e_3 为平行边;e_5 为环;v_5 为孤立点.

应当注意,图论中所谈的图与一般几何学中的图形是有很大区别的. 从图论的角度去考察一个图,最重要的事情有两点:第一,该图含有哪些节点和边;第二,每条线段与哪两个节点相关联. 对于一些细节问题,比如点和线的准确位置、线的具体形状等,都不予考虑. 由此可知,图论所谈到的图并不是真实图形按比例的放大和缩小,线段不代表真正的长度,对直线与曲线不加区别,所以,在图论中认为图 8.3 中的图(a)和图(b)是一回事.

定义 8.3 设 $V=\{v_1,v_2,\cdots,v_n\}$ 是由 n 个顶点组成的非空集合,$A=\{e_1,e_2,$

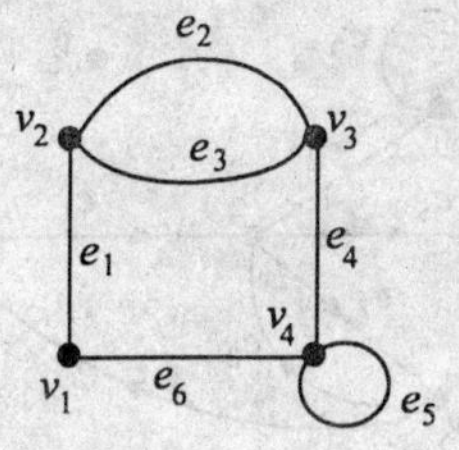

图 8.2

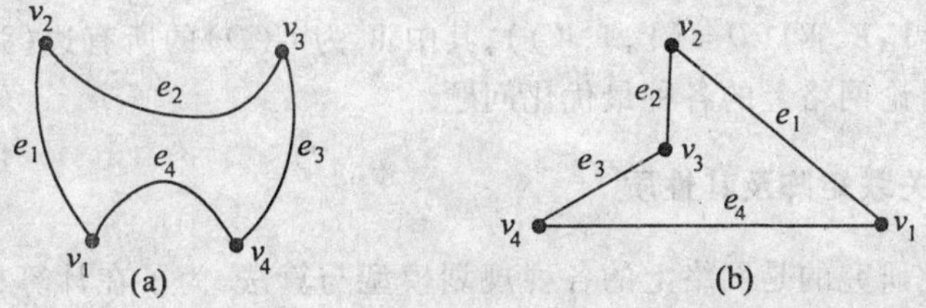

图 8.3

$\cdots, e_m\}$ 是由 m 条边组成的集合，且有 A 中的元素 e_i 是 V 中一个有序元素对 (v_i, v_j)，则称 V 和 A 构成了一个有向图，记为 $D=(V,A)$，$e_i=(v_i,v_j)$ 表明 v_i 和 v_j 分别为 e_i 的起点和终点，称有方向的边 e_i 为弧(在图中用带有箭头的线表示).

例如，在有向图 $D=(V,A)$ 中，设 $V=\{v_1, v_2, \cdots, v_6\}$，$A=\{e_1, e_2, \cdots, e_9\}$. 边与顶点的关联情况如表 8.2 所示.

表 8.2

e_i	e_1	e_2	e_3	e_4	e_5	e_6	e_7	e_8	e_9
(u_i, v_j)	(v_1, v_2)	(v_2, v_3)	(v_3, v_3)	(v_3, v_4)	(v_2, v_4)	(v_4, v_5)	(v_2, v_5)	(v_5, v_2)	(v_5, v_1)

D 的几何图形可以由图 8.4 表示.

类似的，有向图 $D=(V,A)$ 也有平行弧、环、孤立点、简单图等术语. 但是有向图中平行弧要求有相同的起点和终点，因此图 8.4 中的 e_7 和 e_8 不是平行弧.

本章所说到的有向图，若无特别说明，均指简单有向图，不包含环，也不包含平行弧.

定义 8.4 设 $G(D)$ 是一个图(有向图)，若对 $G(D)$ 的每一条边(弧)都赋予一

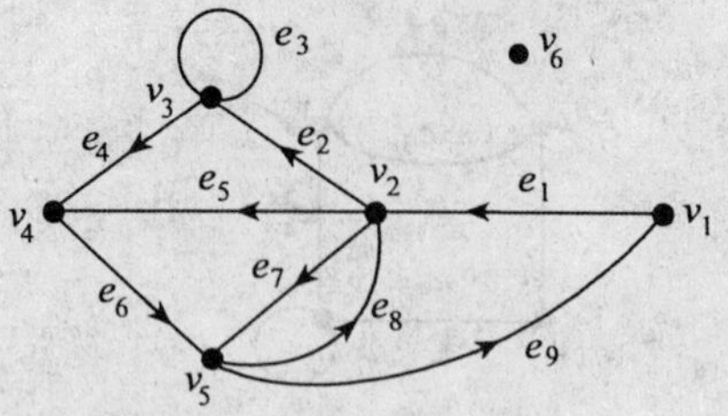

图 8.4

个实数,称为这条边(弧)的权,则 $G(D)$ 连同其边(弧)上的权称为一个(有向)网络,记为 $G=(V,E,W)(D=(V,A,W))$,其中 W 为 $G(D)$ 的所有边(弧)的权集合.本章将着重讨论网络上的各种最优化问题.

8.1.2 关联矩阵及其性质

网络优化研究的是网络上的各种规划模型与算法.为了在计算机上实现网络优化的算法,首先我们必须有一种方法在计算机上来描绘图与网络.这里我们介绍计算机上常用的描绘图与网络的一种方法:关联矩阵表示法.

在下面的讨论中,首先假设 $G=(V,E)$ 是一个简单图,$|V|=n$, $|E|=m$ 分别表示图的顶点个数和边的条数,并假设 V 中的顶点用自然数 $1,2,\cdots,n$ 表示或编号,E 中的弧用自然数 $1,2,\cdots,m$ 表示或编号.

定义 8.5 一个简单图 $G=(V,E)$ 对应着一个 $|V|\times|E|$ 阶矩阵 $\boldsymbol{B}=(b_{ik})_{n\times m}$,其中 $b_{ik}=\begin{cases}1,当点\ i\ 与边\ k\ 关联\\0,其他\end{cases}$,则称 $\boldsymbol{B}$ 为 G 的关联矩阵.图 8.5 的关联矩阵为

$$\begin{array}{c} \\ 1\\2\\3\\4\\5\end{array}\begin{array}{c}\begin{matrix} e_{12} & e_{13} & e_{14} & e_{23} & e_{25} & e_{34} & e_{35} & e_{45}\end{matrix}\\ \begin{bmatrix}1&1&1&0&0&0&0&0\\1&0&0&1&1&0&0&0\\0&1&0&1&0&1&1&0\\0&0&1&0&0&1&0&1\\0&0&0&0&1&0&1&1\end{bmatrix}\end{array}$$

同样,一个简单有向图 $D=(V,A)$ 也对应着一个 $|V|\times|A|$ 阶矩阵 $\boldsymbol{B}=(b_{ik})_{n\times m}$,其中 $b_{ik}=\begin{cases}1,\ \exists j\in V,k=(i,j)\in A,\\-1,\ \exists j\in V,k=(j,i)\in A,\\0,其他.\end{cases}$ 则称 $\boldsymbol{B}$ 为 D 的关联矩阵.

图 8.6 的关联矩阵为

$$
\begin{array}{c} \\ 1 \\ 2 \\ 3 \\ 4 \end{array}
\begin{array}{c}
\begin{array}{ccccccc} e_{12} & e_{13} & e_{21} & e_{23} & e_{24} & e_{32} & e_{43} \end{array} \\
\left[\begin{array}{ccccccc}
1 & 1 & -1 & 0 & 0 & 0 & 0 \\
-1 & 0 & 1 & 1 & 1 & -1 & 0 \\
0 & -1 & 0 & -1 & 0 & 1 & -1 \\
0 & 0 & 0 & 0 & -1 & 0 & 1
\end{array}\right]
\end{array}
$$

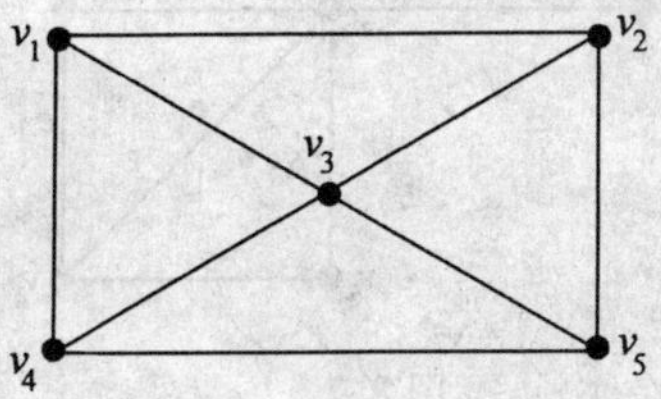

图 8.5

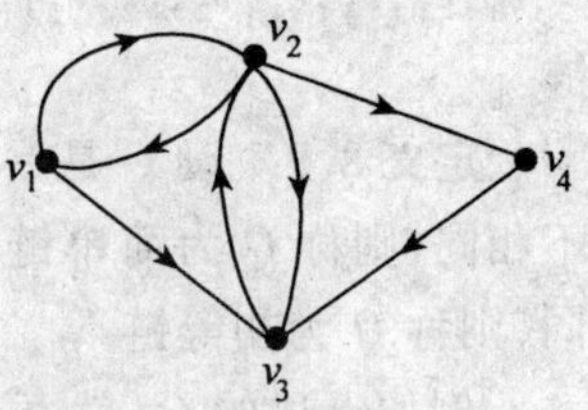

图 8.6

从上述可以看到，在关联矩阵中，每行对应于图的一个顶点，每列对应于图的一条边（弧）. 如果一个顶点是一条弧的起点，则关联矩阵中对应的元素为 1；如果一个顶点是一条弧的终点，则关联矩阵中对应的元素为 -1；如果一个顶点与一条弧不关联，则关联矩阵中对应的元素为 0.

定义 8.6 一个简单图 $G=(V,E)$ 的点 i 的度是指 G 中与点 i 关联的边数，记为 d_i，则有 $d_i = \sum_k b_{ik}$，其中 $\boldsymbol{B}=(b_{ik})_{n\times m}$ 是 G 的关联矩阵.

定理 8.1 $\sum_i d_i = 2m$，其中 $m=|E|$.

定义 8.7 一个简单有向图 $D=(V,A)$ 的点 i 的入度是指 G 中以点 i 为头的弧数，记为 d_i^-；点 i 的出度是指 G 中以点 i 为尾的弧数，记为 d_i^+. 于是有 $d_i^+ - d_i^- = \sum_k b_{ik}$，其中 $\boldsymbol{B}=(b_{ik})_{n\times m}$ 是 G 的关联矩阵.

定理 8.2 $\sum_i d_i^+ = n = \sum_i d_i^-$，其中 $n=|V|$.

通过以上叙述我们可以看出，关联矩阵表示法非常简单、直接. 但是，在关联矩阵的所有 nm 个元素中，只有 $2m$ 个为非零元. 如果网络比较稀疏，这种表示法会浪费大量的存储空间. 但由于关联矩阵有许多特别重要的性质，因此关联矩阵在网络优化中是非常重要的概念.

对于网络中的权，我们也可以通过对关联矩阵的扩展来表示. 例如，如果网络中每一条弧赋予一个权，我们可以把关联矩阵增加一行，把每一条弧所对应的权存储在增加的行中. 如果网络中每一条弧赋予多个权，我们可以把关联矩阵增加相应的行数，把每一条弧所对应的权存储在增加的行中.

8.1.3 路和树

定义 8.8 设 $G=(V,E)$ 是一个无向图,考虑由 G 的顶点和边交替组成的非空有限序列:$Q=v_0e_1v_1e_2v_2e_3\cdots e_kv_k$. 其中 $v_0,v_1,\cdots,v_k$ 是 V 中的点,$e_1,e_2,\cdots,e_k$ 是 E 中的边. 如果 v_{i-1},v_i 恰好是 e_i 的端点($1\leqslant i\leqslant k$),即 $e_i=[v_{i-1},v_i]$,则称 Q 是一条连接点 v_0 和 v_k 的链或途径.

例如,如图 8.7 所示在图 G 中,$Q_1=\{v_1,e_1,v_2,e_2,v_3,e_3,v_4,e_4,v_2,e_2,v_3\}$ 就是一条连接 v_1 和 v_3 的链.

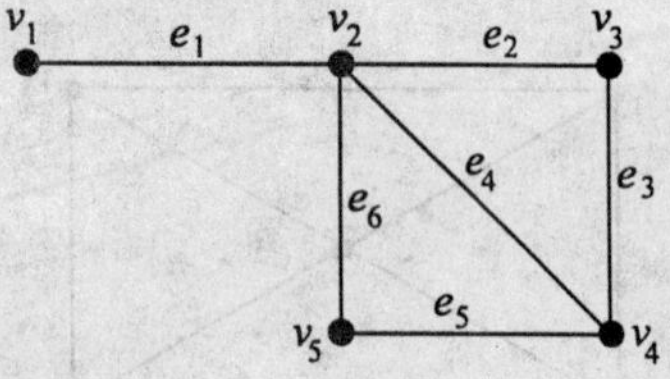

图 8.7

定义 8.9 设 Q 是一条链,如果 Q 中的边都互不相同,则称 Q 为简单链. 如果 Q 中的点也互不相同,则称 Q 为初等链.

例如上述的 Q_1 就不是一条简单链,因为 e_2 在 Q_1 中出现两次,而 $Q_2=\{v_1,e_1,v_2,e_2,v_3,e_3,v_4,e_4,v_2\}$ 是一条简单链,但不是初等链,因为 v_2 出现两次. 易知 $Q_3=\{v_1,e_1,v_2,e_2,v_3,e_3,v_4\}$ 是初等链.

定义 8.10 若链 Q 中有 $v_0=v_k$,则称 Q 为闭链,否则称为开链.

在简单图中,任一条链实际上为其全部点或边的排列次序所决定,因此,为表示一条链,可以只依次地写出链中的各边或各点. 例如,上述链 Q_3 可以写成 $Q_3=\{v_1,v_2,v_3,v_4\}$,或 $Q_3=\{e_1,e_2,e_3\}$.

定义 8.11 (1)路:顶点不重复出现的链称为路.

(2)回路:一条闭的链称为回路.

(3)通路:一条开的初等链称为通路.

(4)简单回路和初等回路:若回路中的边都互不相同,则称为简单回路;若回路中的边和顶点都互不相同,则称为初等回路或圈.

定义 8.12 若图 G 中任意两个不同点之间都有一条路连接,则称 G 为连通图,否则称为不连通图.

本章以后讨论的图,除特殊声明外,都是指连通图.

定义 8.13 (1)子图:设 $G_1=\{V_1,E_1\}$,$G_2=\{V_2,E_2\}$,如果 $V_1\subseteq V_2$,又 $E_1\subseteq E_2$,则称 G_1 为 G_2 的子图.

(2)真子图:若 $V_1\subset V_2$,$E_1\subset E_2$,即 G_1 中不包含 G_2 中的所有的顶点和边,则称 G_1 是 G_2 的真子图.

(3)部分图:若 $V_1=V_2$,$E_1\subset E_2$,即 G_1 中不包含 G_2 中所有的边,则称 G_1 是 G_2 的一个部分图.

(4)支撑子图:若 G_1 是 G_2 的部分图,且 G_1 是连通图,则称 G_1 是 G_2 的支撑子图.

(5)生成子图:若 G_1 是 G_2 的真子图,且 G_1 不是连通图,则称 G_1 是 G_2 的生成子图.

例如,在图 8.8 中,图(b)是图(a)的真子图,图(c)是图(a)的部分图,图(d)是图(a)的支撑子图,图(e)是图(a)的生成子图.

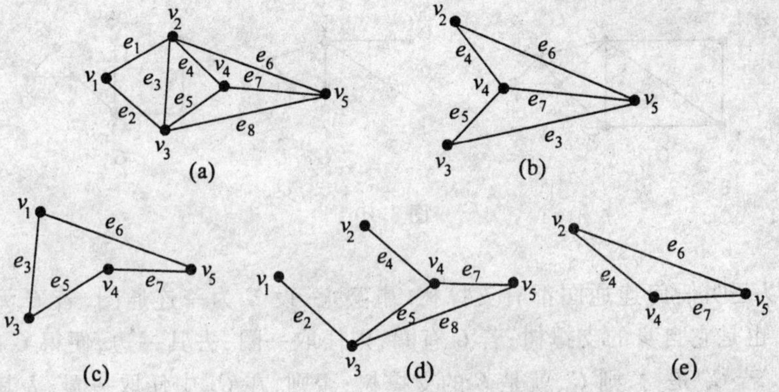

图 8.8

在有向图的讨论中,类似无向图,可以对链的概念进行定义,只是在无向图中,链与路、闭链与回路的概念是一致的,而在有向图中,这两个概念却不能混为一谈.概括地说,一条路必定是一条链.然而在有向图中,一条链未必是一条路,只有在每相邻的两弧的公共节点是其中一条弧的终点,同时又是另一条弧的起点时,这条链才能叫做一条路.

定义 8.14 设图 $G=(V,E)$,且 G 是一个无圈的连通图,则称 G 为树.

例如图 8.9 中的图(a)、图(b)都是树.

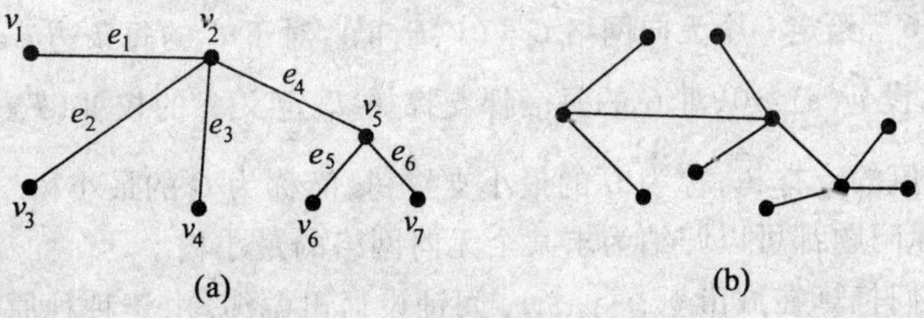

图 8.9

易知,树具有下列性质:

性质 8.1 树的任意两个顶点之间恰好有一条初等链相连接.

性质 8.2 在树中任意去掉一条边后,便得到一个不连通的图.

性质 8.3 在树的任意两个顶点 u,v 之间,添加一条新的边 $[u,v]$ 后,相应的无向图恰好有一个初等圈.

性质 8.4 树的边数恰好等于树的顶点数减1.

定义 8.15 若 T 是 G 的一个支撑子图,T 为一棵树,则称 T 是 G 的一棵支撑树. 如图 8.10 中的 G_2 和 G_3 是 G_1 的支撑树.

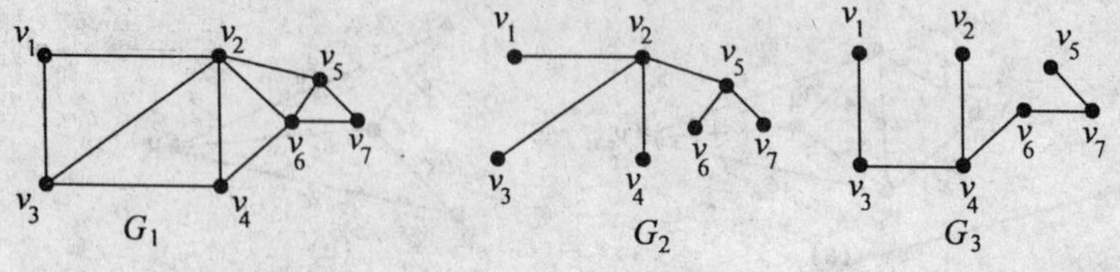

图 8.10

可以证明任何连通图都有支撑树. 事实上,设 G 为一连通图,若 G 无圈,则 G 已是树,也是它自身的支撑树;若 G 有圈,则任取一圈,去其一边,便得 G 的一支撑子图 G_1. 若 G_1 是树,则 G_1 就是 G 的支撑树;否则,在 G_1 中任取一圈,去其一边,又得到 G 的一连通的支撑子图 G_2. 如此继续下去,最后必可以得一无圈的连通支撑图,即 G 的一棵支撑树.

§8.2 最小支撑树问题

最小树是网络最优化中一个重要的概念,最小树在交通网、电力网、电话网、管道网等设计中均有广泛的应用,本节主要讨论最小树的性质与求最小树的几种算法.

8.2.1 最小支撑树及其性质

定义 8.16 给定一个无向网络 $G=(V,E,W)$,对于 G 的每条边 $e\in E$,将 e 上的权记为 $w(e)$,设 $w(e)\geqslant 0$,对 G 的每一棵支撑树 T,定义 T 的权 $W(T)=\sum\limits_{e\in T}w(e)$. $W(T)$ 取最小值的支撑树,称为 G 的最小支撑树,简称为 G 的最小树.

许多实际问题都可以归纳为求某个无向网络的最小树.

例如,我们打算在城市 $v_1,v_2,\cdots,v_n$ 间铺设通讯电缆. 由于种种原因,在某些城市对之间不能直接铺设电缆(例如距离太远或中间有不可超越的障碍等),这样我们就得到一个网络 G,G 的顶点代表这些城市,在每一对允许铺设电缆的城市 (v_i,v_j) 之间连接一条边 e_{ij},假设在城市 v_i 和 v_j 之间的铺设电缆的费用为 $w_{ij}=w(e_{ij})$. 现在考虑怎样铺设电缆,既能将所有的城市都连接起来,又使所花的总费用最少. 这个问题就可以归结为求 G 的最小树. 因此,最小树问题有时也叫最小连接问题.

在介绍网络最小树的具体算法之前,我们先来讨论网络的支撑树及最小树的一些性质. 首先给出图的割集的概念.

定义 8.17　对于图 $G=(V,E)$. 设 e 是 G 的一条边，假如 G 是连通的，但去掉 e 后，$G-e$ 是不连通的，则称 e 是 G 的割边.

不是所有的图都有割边，割边与图中的圈的概念有密切联系. 容易证明，图的割边一定不在图的任何圈上，而一条边不是割边，该边一定属于图的某一个圈. 例如图 8.11 中 $\{2,4\}$ 和 $\{6,7\}$ 都是割边，$\{4,5\}$ 和 $\{5,6\}$ 都不是割边.

把割边的概念加以推广，就得到边割的概念.

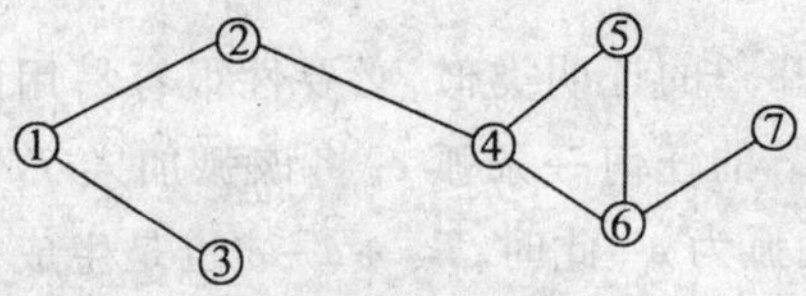

图 8.11

定义 8.18　设 E' 是 E 的子集，如果 G 连通而 $G-E'$ 不连通，则 E' 称为 G 的一个边割. G 的极小边割称为 G 的割集（所谓 E' 是 G 的极小边割，是指 E' 是 G 的边割，但 E' 的任何真子集都不是 G 的边割）.

显然，G 的割边是一个割集，而且 G 的任何边割都至少包含一个 G 的割集.

由以上叙述可知，支撑树加上一条割边后包含一个惟一的圈；支撑树删去一条割边后形成两棵子树，图中两个端点分属于两棵子树的弧形成一个割. 下面我们介绍两个最小树的充要条件，一个是所谓的"割最优条件"，另一个是所谓的"圈最优条件"当然，这两个条件本身是等价的.

定理 8.3　生成树 T^* 是最小树的充要条件是：对 T^* 中的任何一条弧，将该弧从 T^* 中删除后形成的割集中，该弧为最小弧. 证毕.

证　必要性：用反证法证明. 设 T^* 是最小树，对 T^* 中的任何一条弧 e，将该弧从 T^* 中删除后形成的割中，如果该弧不是最小弧，设最小弧为 e'，此时，$T^*+e'-e$ 也是生成树，但它的权比 T^* 更小，这与 T^* 为最小树矛盾. 因此，弧 e 是割中的最小弧.

充分性：设 T^* 是生成树并满足定理中的条件，但不是最小树. 设最小树为 T^0，那么 T^* 中至少有一条弧 $(i,j)\notin T^0$. 将 (i,j) 从 T^* 中删除后产生一个割，记为 $[S,\bar{S}]$，如图 8.12 所示. 将 (i,j) 加入 T^0 后必然产生一个圈，该圈必然包含一条与 (i,j) 不同的弧 $(k,l)\in(S,\bar{S})$. 根据定理的条件，$w_{ij}\leqslant w_{kl}$；又由于 T^0 为最小树，所以 $w_{kl}\leqslant w_{ij}$，于是只能有 $w_{ij}=w_{kl}$. 因此，$T^0+(i,j)-(k,l)$ 也是最小树，并与 T^* 有更多的公共弧. 重复这一过程，最后可以将最小树 T^0 变为 T^*，因此 T^* 也是最小弧. 证毕.

定理 8.4　生成树 T^* 是最小树的充要条件是：对属于 G 但不属于 T^* 的任何一条弧，将该弧加入 T^* 中后形成的图中，该弧为最大弧.

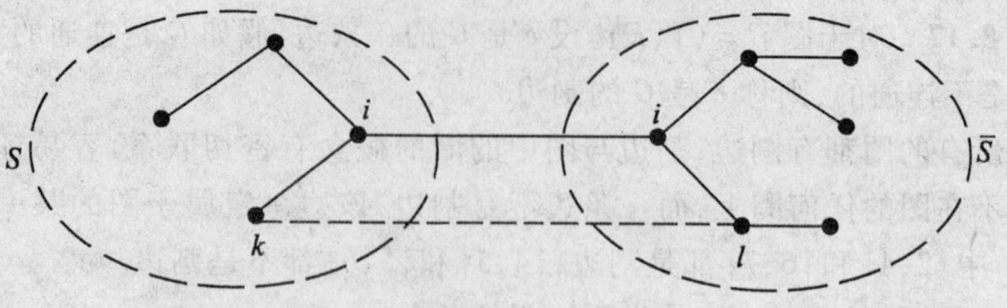

图 8.12

证 必要性:与定理8.3的证明类似,必要性很容易用反证法证明. 设 T^* 是最小树,对属于 G 不属于 T^* 的任何一条弧 e,将该弧加入 T^* 中后形成的图中,如果该弧不是最大弧,设最大弧为 e'. 此时,T^*+e-e'也是生成树,但 T^*+e-e'的权比 T^* 更小,这与 T^* 为最小树矛盾. 因此,弧 e 是圈中的最大弧.

充分性:设 T^* 是生成树并满足定理 8.4 中的条件. 对任意一条弧$(i,j)\in T^*$,将(i,j)从 T^* 中删除后产生一个割,记为$[S,\bar{S}]$,并设 $i\in S, j\in\bar{S}$. 考虑割中任何一条与(i,j)不同的弧$(k,l)\in(S,\bar{S})$,则$(k,l)\notin T^*$. 根据该定理条件,$w_{ij}\leqslant w_{kl}$,即定理 8.3 中的条件也成立,于是 T^* 是最小树. 证毕.

8.2.2 最小树算法

本节将介绍求解最小树问题的几个重要算法,其理论基础就是上节介绍的"割最优条件"和"圈最优条件". 我们所要介绍的三种算法有一个共同的特点:算法开始时假设某支撑子图 T 的弧集合为空集,算法运行过程中不断将一些弧加入到子图中,并且每次加入 T 中的弧都会成为最后找到的最小树的一员,而不会再从 T 中退出. 具有这种特点的算法称为贪心算法,也就是说,本节中所要介绍的算法都属于贪心算法.

1. Kruskal 算法

Kruskal 算法是由 Kruskal 于 1956 年提出的,尽管该算法的效果不太好,但代表一种典型算法思想. 其基本思想是每次将一条权最小的弧加入子图 T 中,并保证不形成圈. 也就是说,如果当前弧加入后不形成圈,则加入这条弧;如果加入后会形成圈,则不加入这条弧,并考虑下一条弧. 当子图中弧的条数为 $n-1$ 时,就得到了最小树. Kruskal 算法具体步骤如下:

Step 1. 把 G 的弧按照权由小到大的顺序排列,即 $w(e_1)\leqslant w(e_2)\leqslant\cdots\leqslant w(e_m)$;令 $i=1, j=0, T=\varnothing$.

Step 2. 判断 $T\cup e_i$ 是否含圈,若含圈,转 Step3,否则转 Step 4.

Step 3. 令 $i:=i+1$,右 $i\leqslant m$,转 Step2;否则结束,此时 G 不连通,所以没有最小树.

Step 4. 令 $T:=T\cup e_i, j:=j+1$，若 $j:=n-1$，结束，T 是最小树；否则转 Step2.

根据定理 8.4，很容易证明 Kruskal 算法的正确性，下面给出一个具体计算例子.

例 1. 试用 Kruskal 算法计算如图 8.13 所示的网络最小树.

首先对各条弧按照权由小到大的顺序排列：

(1,2)，(1,3)，(2,3)，(4,5)，(2,5)，(2,4)，(3,4)，(3,5). 然后按顺序将这些弧加入 T 中：顺序加入(1,2)、(1,3)时不会形成圈，但进一步加入(2,3)时形成圈，此时(2,3)不加入 T 中；进一步加入(4,5)、(2,5)时不形成圈，此时 T 中已经包含 4 条弧，实际上已经得到了最小树（如图 8.13(a)），最小树的权为 8.

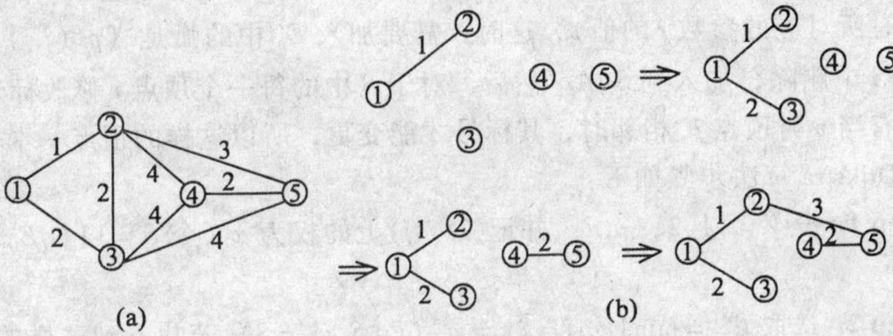

图 8.13

2. Prim 算法

Prim 算法又称"边割法"，是由 Prim 于 1957 年提出的. 该算法从网络 $G=(V,E,W)$ 的任何一个顶点开始，不断扩展一棵子树 $T=(S,E_0)$，直到 S 包含原网络的全部顶点，得到最小树 T. 具体地说，就是在 E_0 中每次增加一条弧，使得这条弧是由当前子树节点集 S 及其补集所形成的边割 $[S,\bar{S}]$ 的最小弧. 可见，Prim 算法与 Kruskal 算法一样也是一种贪心算法，即加入 T 中的弧不再退出. 但 Prim 算法与 Kruskal 算法不同的是，在算法运行过程中，Prim 算法只保持一棵子树. Prim 算法的具体步骤如下：

Step 1. 设 v 是 V 中的任意一个顶点，令 $S=\{v\}, E_0=\emptyset$.

Step 2. 若 $S=V$，结束，$T=(S,E_0)$ 为最小树，否则转 Step3.

Step 3. 若 $[S,\bar{S}]=\emptyset$，则 G 不连通，结束；否则，设 $w(e^*)=\min\limits_{e\in[S,\bar{S}]} w(e)$，其中 $e^*=(v_1,v_2), v_1\in S, v_2\in\bar{S}$. 令 $S:=S\cup\{v_2\}, E_0:=E_0\cup\{e^*\}$，转 Step 2.

根据定理 8.3，很容易证明 Prim 算法的正确性. 下面给出一个具体的例子.

例 2. 试用 Prim 算法计算图 8.13 所示网络的最小树.

选择节点 1 为起始节点，即令 $S=\{1\}$，则 $[S,\bar{S}]$ 中的最小弧为(1,2)，首先加入 T 中，此时 $S=\{1,2\}$，$[S,\bar{S}]$ 中的最小弧为(1,3)，将(1,3)加入 T 中. 此时 $S=\{1,2,3\}$，$[S,\bar{S}]$ 中最小弧为(2,5). 将(2,5)加入 T 中，此时 $S=\{1,2,3,5\}$，$[S,\bar{S}]$

中的最小弧为(4,5). 将(4,5)加入 T 中. 此时已经得到了最小树. 可以看出与用 Kruskal 算法得到的最小树相同,只是各条弧加入 T 的先后顺序不一样.

3. Dijkstra 算法

Dijkstra 算法是 Dijkstra 于 1959 年提出的，是一种特殊形式的 Prim 算法. 其基本思想是：对于 $\bar{S}$ 中的每一个顶点 v，赋予两个数值（通常称为“标号”），一个是距离标号 $d(v)$，记录的是顶点 v 到集合 S 的“距离”，即边割 $[S, \bar{S}]$ 中以 v 为一个端点的最小弧的费用；另一个是前趋标号 $p(v)$，记录的是边割 $[S, \bar{S}]$ 中以 v 为端点的最小弧的另一个端点. 有了这两个标号，寻找边割中的最小弧就变得容易了，即只需要计算 $j^* = \arg\min\{d(j): j\in\bar{S}\}$（这里 arg 表示取得最小值时所对应的参数 j 的值），这时，需要加入 E_0 中的弧是 $(p(j^*), j)$，并将 j^* 从 $\bar{S}$ 中删除，加入到 S 中. 然后，对于 $\bar{S}$ 中的每一个顶点 v 修改标号，但注意到只有当 v 与顶点 j^* 相邻时，其标号才能变更，所以这样的顶点 v 才需要修改标号. Dijkstra 算法步骤如下:

Step 1. 设 $V=\{1,2,\cdots,n\}$,并记弧(i,j)上的权为 w_{ij},令 $S=\{1\}$,$E_0=\varnothing$,$d_j=w_{ij}$.

Step 2. 选取 $d_j^*=\min\{d_j: j\in\bar{S}\}=w_{ij}^*\ (i\in S, j^*\in\bar{S})$,若找不到这样的节点,则 G 不连通,结束;否则,令 $S:=S\cup\{j^*\}$,$E_0:=E_0\cup\{(i,j^*)\}$.

Step 3. 若 $S=V$,结束. $T=(S,E_0)$为最小树;否则令 $d_j:=\min\{d_j, w_{j^*j}\}$,$j\in\bar{S}$,转 Step 2.

例 3. 试用 Dijkstra 算法求如图 8.13 所示网络的最小树,其迭代过程如图 8.14 所示.

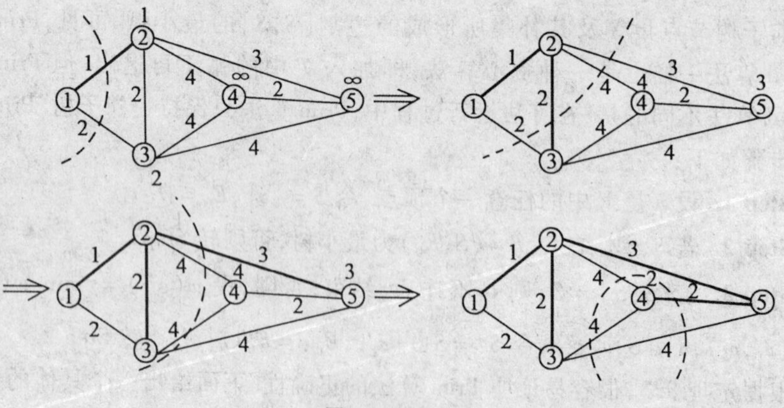

图 8.14

此时与用前面的算法所得到的支撑树虽稍有不同,但其权仍是 8,这告诉我们,一个图的最小支撑树可以不止一个,但它们的权是相等的。

§8.3　最短路问题

最短路问题是网络优化中一个相对基本而又非常重要的问题. 首先,这一问题在实际生产和生活中经常会遇到,许多实际问题都可以转化为最短路问题;其次,这一问题相对比较简单,其有效算法经常在其他网络优化问题中作为子算法调用.

8.3.1　最短路问题的数学描述

定义 8.19　给定一个网络 $D=(V,A,W)$,对网络的每条弧 $a_i \in A$,给定权 $w_i = w(a_i)$,对 D 中的任意一条路 P,定义 P 的长度(或者 P 的权)为: $W(P) = \sum\limits_{a_i \in P} w(a_i)$.

类似地,可以定义网络中有向图和有向链的长度. 在实际问题和理论研究中,我们经常需要求出给定网络的某些点对之间的最短有向路的长度,这一类问题称为最短路问题.

本节中假定网络中所有弧的权都是正的. 在网络 D 中取定一点 v_0,考虑从 v_0 到网络所有其他各点的最短路.

因为网络中所有弧都是正的,所以网络中所有圈的长度大于 0. 我们知道,v_0 到 v_i 的每一条链或者是一条路,或者可以分解为从 v_0 到 v_i 的一条路再加上若干个圈. 因此网络中从 v_0 到 v_i 的最短链,一定也是网络中从 v_0 到 v_i 的最短路,这样我们可以得到下面的定理.

定理 8.5　如果网络 D 中的每个圈的长度非负,则 D 中每一条链的长度不小于相应的最短路的长度,而且 D 中每条最短路的子路也是最短路.

证　D 的每个圈的长度非负,根据上述分析,定理的第一部分显然成立. D 的每一条最短路也是 D 的一条最短链. 设 $P(v_1,v_2)$ 是 D 中从 v_1 到 v_2 的一条最短路,$P(v_3,v_4)$ 是 $P(v_1,v_2)$ 的一段子路,$P(v_1,v_2)$ 可以分为三段子路的和,即

$$P(v_1,v_2) = P(v_1,v_3) \cup P(v_3,v_4) \cup P(v_4,v_2).$$

如果 $P(v_3,v_4)$ 不是 D 中的最短路,则我们找到 D 中的路 $P'(v_3,v_4)$,$P'(v_3,v_4)$ 的长度小于 $P(v_3,v_4)$. 这样,D 中的链

$$P'(v_1,v_2) = P(v_1,v_3) \cup P'(v_3,v_4) \cup P(v_4,v_2)$$

的长度小于 $P(v_1,v_2)$. 这与 $P(v_1,v_2)$ 是最短路矛盾,因此 $P(v_3,v_4)$ 也是最短路. 证毕.

为了讨论的方便,我们假定网络 D 任意两点间都有弧,如果原来没有弧,我们就增加一条权为 $+\infty$ 的弧. 显然这样增加后,不影响我们对最短路问题的讨论.

设网络 D 中顶点 v_0 到所有其他顶点的最短路长度按大小排列为: $u_0 \leqslant u_1 \leqslant u_2 \leqslant \cdots \leqslant u_n$,其中 $u_0 = 0$,表示 v_0 到本身的最短路长度. 下面我们来分析一下它们的

特点,从而找出一个较好的算法.

假定 $P_0, P_1, \cdots, P_n$ 分别代表对应的最短路(虽然我们现在还不知道这些路的终点究竟是哪些顶点),P_0 由一个顶点组成,我们说 P_1 一定只有一条弧.因为如果 P_1 有两条弧,例如 $P_1 = (v_0, v_i) \cup (v_i, v_j)$,则 $P' = (v_0, v_i)$ 的长度比 P_1 更小,这与 P_1 是除 P_0 外最小的最短路矛盾.记 $S_0 = \{v_0\}, T_0 = V - S_0$,则 $u_1 = \min\limits_{v_i \in T_0} \{w(v_0, v_i)\}$,取达到上述最小值的点为 v_1,因此 $P_1 = P(v_0, v_1)$.

假定 $u_0, u_1, \cdots, u_k$ 的值已求出,对应的最短路分别为 $P_1 = P(v_0, v_1), P_2 = P(v_0, v_2), \cdots, P_k = P(v_0, v_k)$,并记 $S_k = \{v_0, v_1, \cdots, v_k\}, T_k = V - S_k$.

我们把求 u_{k+1} 的方法写成下面定理的形式:

定理 8.6 设 $u_0, u_1, \cdots, u_k$ 已经求得,则 u_{k+1} 可以按下面公式求得:$u_{k+1} = \min\limits_{\substack{v_i \in S'_k \\ v' \in T_k}} \{u_i + w(v_i, v')\}$ 达到上面最小值的点 v' 可以取为 v_{k+1}.

证 不妨设 P_{k+1} 的终点为 v',显然 $v' \in T_k$,P_{k+1} 至少由一条弧组成,假定 P_{k+1} 的最后一条弧为 (v_i, v'),则 P_{k+1} 可以看做由 v_0 到 v_i 的路 $P(v_0, v_i)$ 加上 (v_i, v') 组成。根据定理 8.5,$P(v_0, v_i)$ 一定是 v_0 到 v_i 的最短路,而且 $P(v_0, v_i)$ 的长度小于 u_{k+1},因为 $v_i \in S_k$,且 $P(v_0, v_i)$ 的长度为 u_i,$0 \leqslant i \leqslant k$,因此 u_{k+1} 一定有 $u_i + w(v_i, v')$,$v_i \in S_k$,$v' \in T_k$ 的形式.注意到任意上述形式的值都代表一条从 v_0 到 T_k 中某一点的一条路的长度,因此它们都不小于 u_{k+1},这就证明了定理成立.证毕.

8.3.2 最短路算法

最短路问题的算法很多,本节我们介绍两种最常用的算法:一种称为 Dijkstra 算法,另一种称为 Floyd 算法.

1. Dijkstra 算法

Dijkstra 算法可以说是至今为止求解最短路问题的最为有效的算法,该算法适用于所有权值 $w \geqslant 0$ 的场合.

定理 8.4 是 Dijkstra 算法的理论基础,但是在定理 8.4 的叙述中,为了求出 u_{k+1},我们需要做 $(k+1)(n-k)$ 次比较.其实其中大多数在求 $u_0, u_1, \cdots, u_k$ 时已经比较过.为了减少计算量,我们把计算过的值保留下来,一律记为 u_i,而采用"标号"的方法对它们加以区别.属于 S_k 的点,我们给予"永久"的标号,对应的 u_i 的值是 v_0 到 v_i 点的最短路长度;不属于 S_k 的点我们给予"临时"标号,对应的 u_i 的值是计算的中间结果,供进一步计算时使用.在执行过程中,给每一顶点 v_j 标号 (λ_j, l_j).其中 λ_j 是正整数,λ_j 表示获得该标号的前一点的下标;l_j 或表示从起点 v_0 到该点 v_j 的最短路的权(称为永久标号),或表示从起点 v_0 到该点 v_j 的最短路的权的上界(称为临时标号).当每个顶点都得到永久标号时,算法就结束了。下面给出 Dijkstra 算法的具体步骤:

Step 1. 令 $u_0 = 0, u_j = w(v_0, v_j)\ (1 \leqslant j \leqslant n)$,$S = \{v_0\}, T = \{v_1, v_2, \cdots, v_n\}$,其

中，S 中的点给予永久标号，T 中的点给予临时标号，$r=0$.

Step 2. 在 T 中取一点 v_i，使得 $v_i=\min\limits_{v_j}\{u_j\}$。如果 $u_i=+\infty$，停止，从 v_0 到 T 中各点没有路；否则转 Step 3.

Step 3. 令 $S:=S\cup\{v_i\}$，$T:=T-\{v_i\}$，$r:=r+1$（u_i 改为永久标号），如果 $r=n$，结束，所有各点最短路都已经求得；否则转 Step 4.

Step 4. 对所有 $v_i\in T$，令 $u_j:=\min\{u_j,u_i+w(v_i,v_j)\}$，返回 Step 2.

例 4. 如图 8.15 所示是某地区交通运输的示意图. 试问：从 v_1 出发，经哪条路线到达 v_8 才能使总行程最短？用 Dijkstra 算法求解.

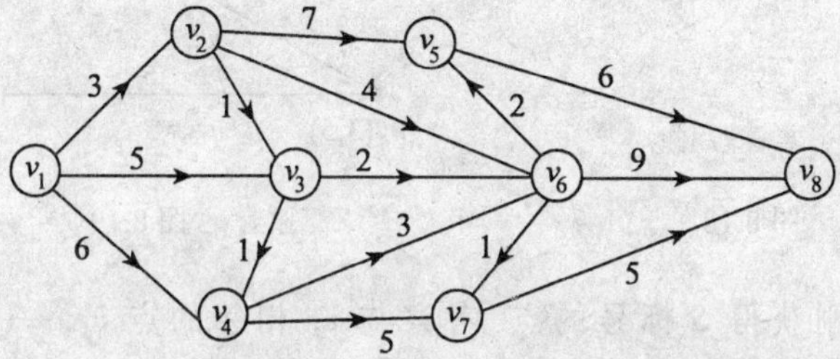

图 8.15

解 开始时 $i=0$，$S_0=\{v_1\}$，$\lambda_1=0$，$u_1=0$，令 $\lambda_j=1(j=2,3,\cdots,8)$，$k=1$。即给起点 v_1 标(0,0)，给其余的点标$(1,+\infty)$，这时 v_1 为获得 S 标号的点，其余均为 T 标号点.

考察与 v_1 相邻的点 v_2,v_3,v_4（见图 8.16）因$(v_1,v_2)\in A$，$v_2\notin S_0$，故把 v_2 的临时标号修改为 $u_2=\min\{u_2,u_1+w_{12}\}=\min\{+\infty,0+3\}=3$，这时 $\lambda_2=1$. 同理，得 $u_3=\min\{+\infty,0+5\}=5$，$\lambda_3=1$；$u_4=\min\{+\infty,0+6\}=6$，$\lambda_4=1$. 其余点的标号不变. 在所有的 T 标号中，最小的为 $u_2=3$，于是 $S_1=S_0\cup\{v_2\}=\{v_1,v_2\}$，$k=2$. $i=1$：

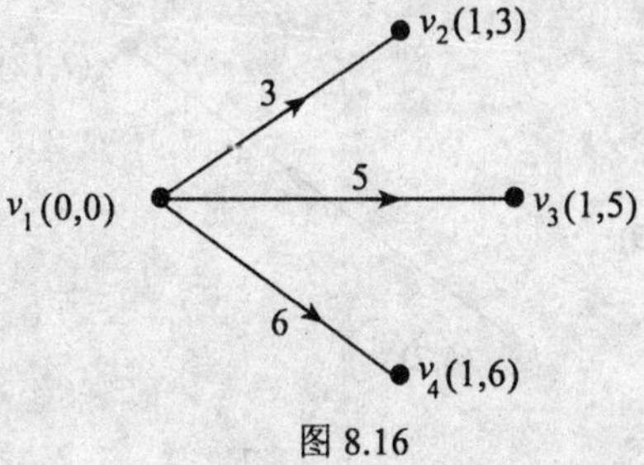

图 8.16

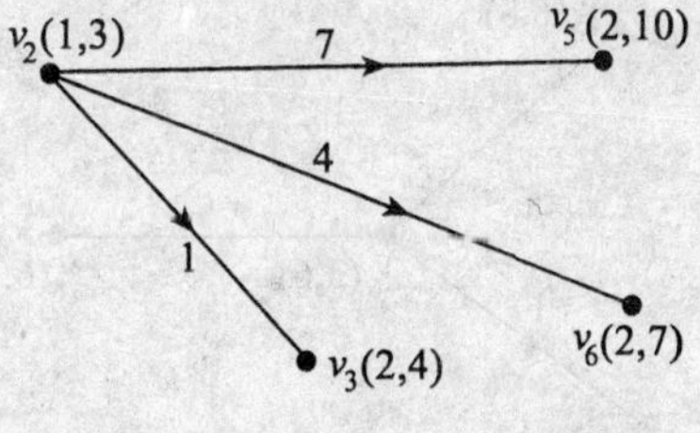

图 8.17

这时 v_2 为刚获得 S 标号的点. 考察与 v_2 相邻的点 v_5,v_6,v_3（见图 8.17）. 因 $(v_2,v_5)\in A$，$v_5\notin S_1$，故把 v_5 的临时标号修改为 $u_5=\min\{u_5,u_2+w_{25}\}=\min\{+\infty,3+7\}=10$，这时 $\lambda_5=2$. 同理得 $u_6=\min\{+\infty,3+4\}=7$，$\lambda_6=2$；$u_3=\min\{5,3+

$1\} = 4, \lambda_3 = 2$. 在所有的 T 标号中，最小的为 $u_3 = 4$，于是 $S_2 = S_1 \cup \{v_3\} = \{v_1, v_2, v_3\}$，$k = 3$. $i = 2$：

这时 v_3 为刚获得 S 标号的点. 考察与 v_3 相邻的点 v_4, v_6（见图 8.18）. 因 $(v_3, v_4) \in A$，$v_4 \notin S_2$，故把 v_4 的临时标号修改为 $u_4 = \min\{u_4, u_3 + w_{34}\} = \min\{6, 4+1\} = 5$，这时 $\lambda_4 = 2$. 同理得 $u_6 = \min\{7, 4+2\} = 6$，$\lambda_6 = 3$. 在所有的 T 标号中，最小的为 $u_4 = 5$，于是 $S_3 = S_2 \cup \{v_4\} = \{v_1, v_2, v_3, v_4\}$，$k = 4$. $i = 3$：

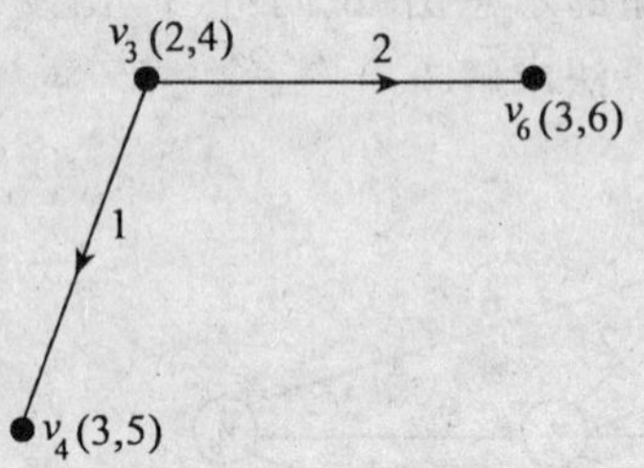

图 8.18

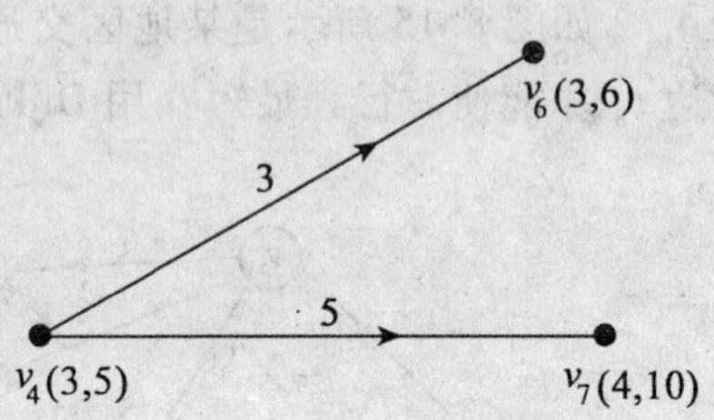

图 8.19

这时 v_4 为刚获得 S 标号的点. 考察与 v_4 相邻的点 v_6, v_7（见图 8.19）. 因 $(v_4, v_6) \in A$，$v_6 \notin S_3$，故把 v_6 的临时标号修改为 $u_6 = \min\{u_6, u_4 + w_{46}\} = \min\{6, 5+3\} = 6$，这时 v_6 的临时标号不修改，故 $\lambda_6 = 3$. 同理得 $u_7 = \min\{+\infty, 5+5\} = 10$，$\lambda_7 = 4$. 在所有的临时标号中，最小的为 $v_6 = 6$。于是 $S_4 = S_3 \cup \{v_6\} = \{v_1, v_2, v_3, v_4, v_6\}$，$k = 6$. $i = 4$：

这时 v_6 为刚获得 S 标号的点. 考察与 v_6 相邻的点 v_5, v_7, v_8（见图 8.20）. 因 $(v_6, v_5) \in A$，$v_5 \notin S_4$，故把 v_5 的临时标号修改为 $u_5 = \min\{u_5, u_6 + w_{65}\} = \min\{10, 6+2\} = 8$，这时 $\lambda_5 = 6$. 同理得 $u_7 = \min\{10, 6+1\} = 7$，$\lambda_7 = 6$；$u_8 = \min\{+\infty, 6+9\} = 15$，$\lambda_8 = 6$. 在所有的 T 标号中，最小的为 $u_7 = 7$，于是 $S_5 = S_4 \cup \{v_7\} = \{v_1, v_2, v_3, v_4, v_6, v_7\}$，$k = 7$. $i = 5$：

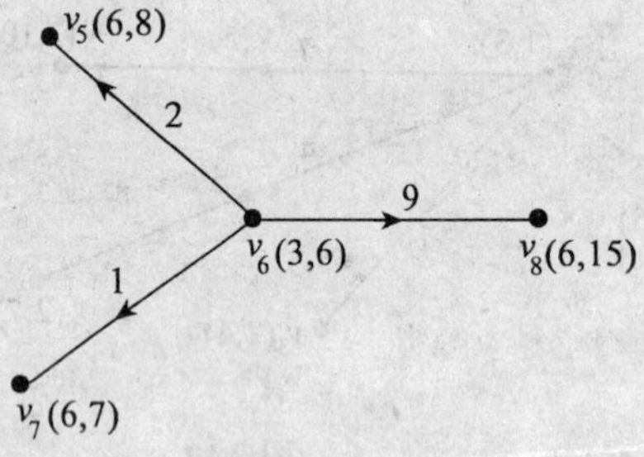

图 8.20

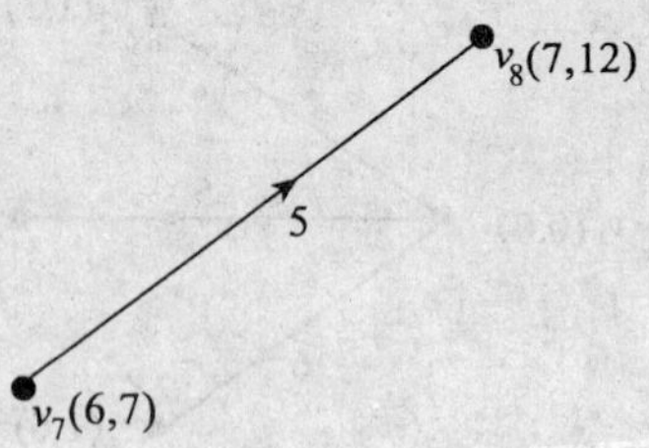

图 8.21

这时 v_7 为刚获得 S 标号的点. 考察与 v_7 相邻的点 v_8（见图8.21）. 因 $(v_7, v_8) \in A$，$v_8 \notin S_5$，故把 v_8 的临时标号修改为 $u_8 = \min\{u_8, u_7 + w_{78}\} = \min\{15, 7+5\} = 12$，

这时 $\lambda_8=7$. 在所有的 T 标号中，最小的为 $u_5=8$，于是 $S_6=S_5\cup\{v_5\}=\{v_1,v_2,v_3,v_4,v_5,v_6,v_7\}$，$k=5$. $i=6$：

这时 v_5 为刚获得 S 标号的点. 考察与 v_5 相邻的点 v_8（见图8.22）. 因 $(v_5,v_8)\in A$，$v_8\notin S_6$，故把 v_8 的临时标号修改为 $u_8=\min\{u_8,u_5+w_{58}\}=\min\{12,8+6\}=12$，这时 v_8 的临时标号不修改，故 $\lambda_8=7$.

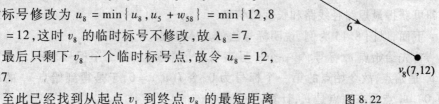

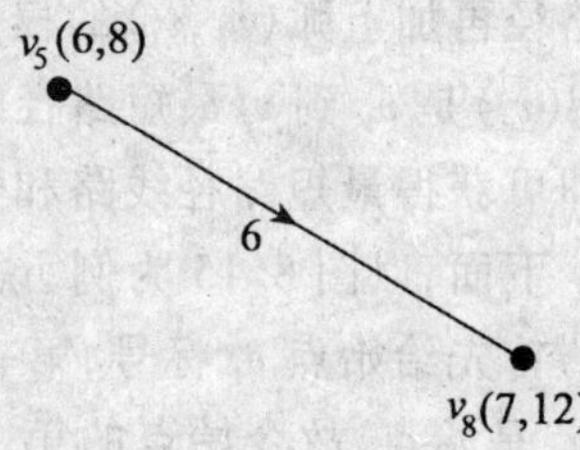

图 8.22

最后只剩下 v_8 一个临时标号点，故令 $u_8=12$，$\lambda_8=7$.

至此已经找到从起点 v_1 到终点 v_8 的最短距离为 12. 再根据第一个标号 λ_j 反向追踪求出最短路径为：

$$v_1\to v_2\to v_3\to v_6\to v_7\to v_8.$$

事实上，按照这个算法，也找出了从起点 v_1 到各个中间点的最短路径和最短距离. 例如 $v_1\to v_2\to v_3\to v_6\to v_5$，就是从 v_1 到 v_5 的最短路径，距离为 8.

为了简化计算，还可以采用每次只记录从起点 v_1 到各点的最短距离或上界的方法. 为此，我们引入记号 $L_i=(L_1^{(i)},L_2^{(i)},\cdots,L_n^{(i)})$，表示在第 i 次标号中各点的距离或上界. 例如例 4. 中，我们也可以按如下方式进行：$L_0=(0,\infty,\infty,\cdots,\infty)$.

有"＊"号的点表示 P 标号点.

$$L_1=(\underset{*}{0},\underset{*}{3},5,6,\infty,\cdots,\infty),v_1\to v_2;$$

$$L_2=(\underset{*}{0},\underset{*}{3},\underset{*}{4},6,10,7,\infty,\infty),v_2\to v_3;$$

$$L_3=(\underset{*}{0},\underset{*}{3},\underset{*}{4},\underset{*}{5},10,6,\infty,\infty),v_3\to v_4;$$

$$L_4=(\underset{*}{0},\underset{*}{3},\underset{*}{4},\underset{*}{5},10,\underset{*}{6},10,\infty),v_3\to v_6;$$

$$L_5=(\underset{*}{0},\underset{*}{3},\underset{*}{4},\underset{*}{5},8,\underset{*}{6},\underset{*}{7},15),v_6\to v_7;$$

$$L_6=(\underset{*}{0},\underset{*}{3},\underset{*}{4},\underset{*}{5},\underset{*}{8},\underset{*}{6},\underset{*}{7},12),v_6\to v_5;$$

$$L_7=(\underset{*}{0},\underset{*}{3},\underset{*}{4},\underset{*}{5},\underset{*}{8},\underset{*}{6},\underset{*}{7},\underset{*}{12}),v_7\to v_8.$$

最后按后面的轨迹记录反向追踪即可求得从起点 v_1 到终点 v_8 的最短路线，且最后一轮标号 M_7 中所表示的就是从起点 v_1 到各点的最短距离.

另外，该算法在给某个点标号时，也可以通过找该点的各个来源点的方法来实现，具体作法如下：

开始时，给起点 v_1 标 $(0,0)$，即 $\lambda_1=0$，$l(v_0)=0$.

一般地，在给点 v_j 标号时，要找出所有与 v_j 有弧相连且箭头指向 v_j 的各点（称为 v_j 的来源点），不妨设 $v_{i_1},v_{i_2},\cdots,v_{i_{nt}}$ 是 v_j 的来源点，其标号为 $l(v_{i_1}),l(v_{i_2}),\cdots,l(v_{i_m})$；$w(i_1,j),w(i_2,j),\cdots,w(i_m,j)$ 为弧 $(v_{i_1},v_j),(v_{i_2},v_j),\cdots,(v_{i_m},v_j)$ 的权值，则给点 v_j 标以 $(v_k,l(v_j))$，其中

$$l(v_j)=\min\{l(v_{i_1})+w(v_{i_1},v_j),$$

$$l(v_{i_2})+w(v_{i_2},v_j),\cdots,l(v_{i_m})+w(v_{i_m},v_j)\}.$$

根据别尔曼最优化原理，由始点 v_1 到 v_j 的最短路径必是由 v_1 到某个 v_k 的最短路径再加上弧 (v_k,v_j) 的权值. v_k 是 v_1 到 v_j 最短路径上的点，且是 v_j 的来源点，显然，$l(v_j)$ 是 v_1 到 v_j 最短路径的长度，所以给每个顶点以标号 $(v_k,l(v_j))\ j=1,2,\cdots,n$，即可获得最短路径线路和长度的信息.

下面，以图 8.15 为例，说明标号法的具体过程.

首先给始点 v_1 标号，第一个标号表示的是来源点，第二个标号表示 $l(v_1)$. 由于 v_1 是始点，故令始点的第一个标号为 0，令 $l(v_1)=0$，于是得到始点 v_1 的标号 (0,0). v_2 点的来源点是 v_1，计算

$$l(v_2)=\min\{l(v_1)+w(v_1,v_2)\}=\min\{0+3\}=3.$$

得到 v_2 的标号 $(v_1,3)$.

v_3 点的来源点是 v_1,v_2，计算

$$l(v_3)=\min\{l(v_1)+w(v_1,v_3),$$
$$l(v_2)+w(v_2,v_3)\}=\min\{0+5,3+1\}=4,$$

得到 v_3 的标号 $(v_2,4)$.

v_4 点的来源点是 v_1,v_3，计算

$$l(v_4)=\min\{l(v_1)+w(v_1,v_4),l(v_3)+w(v_3,v_4)\}$$
$$=\min\{0+6,4+1\}=5,$$

得到 v_4 的标号 $(v_1,5)$.

v_5 点的来源点是 v_2,v_6，但 v_6 还未标号，而 v_6 点的来源点是 v_2,v_3,v_4 都已获得标号，故可以计算

$$l(v_6)=\min\{l(v_2)+w(v_2,v_6),l(v_4)+w(v_4,v_6),$$
$$l(v_3)+w(v_3,v_6)\}=\min\{3+5,5+3,4+2\}=6,$$

因而得到 v_6 的标号 $(v_3,6)$.

计算

$$l(v_5)=\min\{l(v_2)+w(v_2,v_5),l(v_6)+w(v_6,v_5)\}$$
$$=\min\{3+7,6+2\}=8,$$

故得 v_5 的标号 $(v_6,8)$.

v_7 点的来源点是 v_4,v_6，计算

$$l(v_7)=\min\{l(v_4)+w(v_4,v_7),l(v_6)+w(v_6,v_7)\}$$
$$=\min(5+5,6+1\}=7,$$

得到 v_7 的标号 $(v_6,7)$.

最后终点 v_8 的来源点是 v_5,v_6,v_7，计算

$$l(v_8)=\min\{l(v_5)+w(v_5,v_8),l(v_6)+w(v_6,v_8),l(v_7)$$
$$+w(v_7,v_8)\}=\min\{8+6,6+9,7+5\}=12,$$

所以在终点 v_8 处标上 $(v_7,12)$. 标号过程结束，如图 8.23 所示.

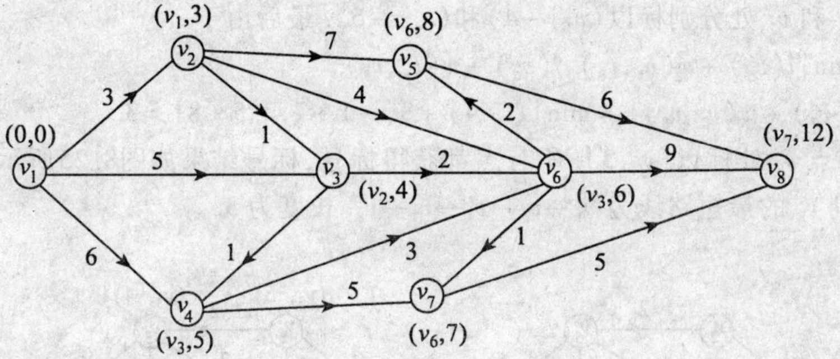

图 8.23

我们沿着第一个标号,由终点反向跟踪,很容易求得该网络最短路径 $v_1 \to v_2 \to v_3 \to v_6 \to v_7 \to v_8$,而终点 v_8 的第二个标号就是次最短路长度.

上述标号过程中,不仅可以求得 v_1 到 v_8 的最短路,而且从 v_1 到 $v_j(j=2,3,4,5,6,7)$的最短路都可以求得.例如,v_1 到 v_5 的最短路是 $v_1 \to v_2 \to v_3 \to v_6 \to v_5$,最短路长度为 8.

归纳上述例子,可以总结标号法一般步骤如下:

Step 1. 始点 v_1 标以$(0,0)$;

Step 2. 考虑需要标号的顶点 v_j,设 v_j 的来源点 $v_{i_1}, v_{i_2}, \cdots, v_{i_m}$ 均已获得标号,则 v_j 处标以$(v_k, l(v_j))$;

Step 3. 重复 Step2.,直至终点 v_t 也获得标号为止。$l(v_t)$就是最短路径的长度;

Step 4. 确定最短路径,从网络终点的第一个标号反向跟踪,即得到网络的最短路线.以上述例 4 是非负权(即 $w(v_i,v_j) \geqslant 0$)网络最短路径的求解.对于含有负权($w(v_i,v_j)<0$)网络的情形,该标号法也是适用的.

例 5. 求如图 8.24 所示从始点 v_1 到各点的最短路线.

解 首先在始点 v_1 标以$(0,0)$,然后在 v_3 处标以$(v_1,-2)$,由于

$$l(v_2)=\min\{l(v_1)+w(v_1,v_2), l(v_3)+w(v_3,v_2)\}$$
$$=\min\{0+(-1), -2+(-3)\}=-5;$$
$$l(v_4)=\min\{l(v_1)+w(v_1,v_4), l(v_3)+w(v_3,v_4)\}=\min\{0+3, -2+(-5)\}=-7.$$

所以在 v_2 和 v_4 处标以$(v_3,-5)$和$(v_3,-7)$,然后在 v_6 处标以$(v_3,-1)$.由于

$$l(v_5)=\min\{l(v_2)+w(v_2,v_5),$$
$$l(v_3)+w(v_3,v_5), l(v_6)+w(v_6,v_5)\}$$
$$=\min\{-5+2, -2+(-2), -1+1\}=-4;$$
$$l(v_7)=\min\{l(v_6)+w(v_6,v_7),$$
$$l(v_3)+w(v_3,v_7), l(v_4)+w(v_4,v_7)\}$$

$$= \min\{(-1)+1,\ -2+(-2),\ -7+2\} = -5.$$

所以在 v_5 和 v_7 处分别标以 $(v_3,-4)$ 和 $(v_4,-5)$. 最后由于

$$l(v_8) = \min\{l(v_5)+w(v_5,v_8),\ l(v_6)+w(v_6,v_8),$$
$$l(v_7)+w(v_7,v_8)\} = \min\{(-4)+8,\ -1+7,\ -5+8\} = 3.$$

所以在终点 v_8 处标以 $(v_7,3)$. 所有点都获得标号,标号结果如图8.25所示,反追踪得到 v_1 到 v_8 的最短路线为 $v_1 \to v_3 \to v_4 \to v_7 \to v_8$. 长度为 3.

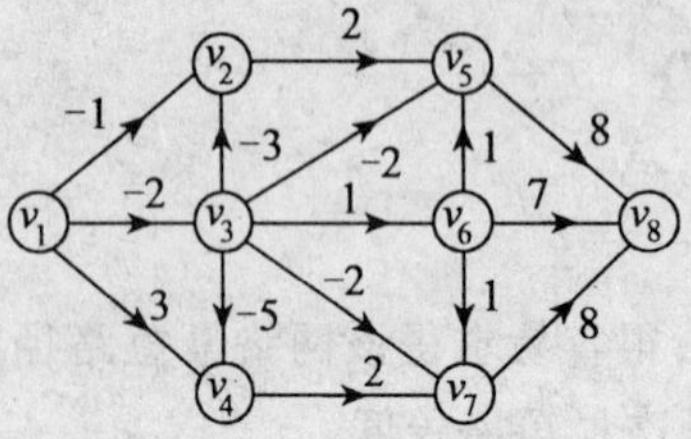

图 8.24

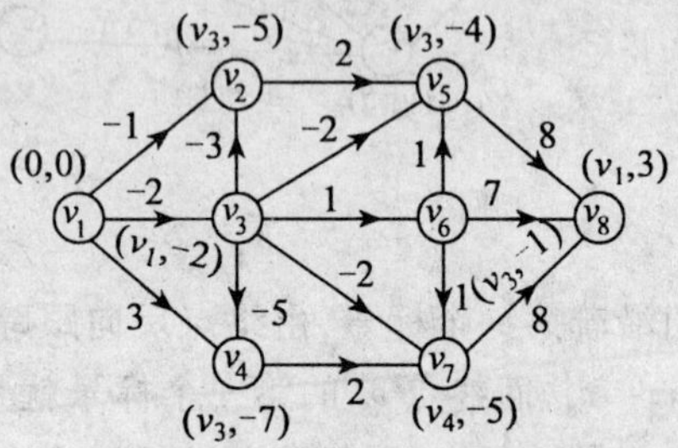

图 8.25

2. Floyd 算法

对于上面所述的最短路问题,用 Dijkstra 算法来解是很简单、很方便的。但该方法要求所有的 $w_{ij} \geqslant 0$,若有某个权值 $w_{ij} < 0$,则该方法可能失效. 例如在图 8.26 中,要求从 v_1 到 v_2 的最短路 μ. 若用 Dijkstra 算法,则 $w(\mu)=2$,但实际上 $w(\mu)=0$. 因此,当有负圈时,需采用另外的方法.

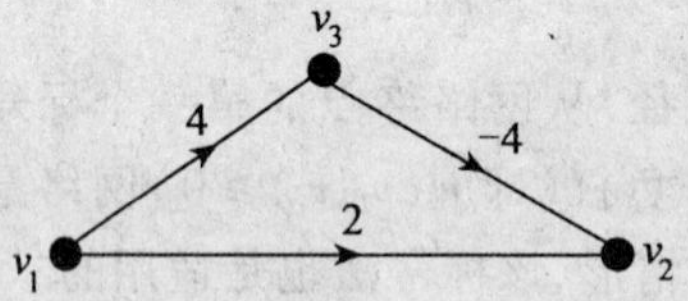

图 8. 26

同时,我们有时需要求出给定网络 $D=(V,A,W)$ 的顶点集 V 中任意两个顶点之间的最短路线的长度 u_{ij},虽然我们可以多次重复 Dijkstra 算法来实现这一点,但程序比较复杂. 本节介绍的 Floyd 算法可以较好的满足我们的需要.

Floyd 算法允许网络 D 中包含某些带负权的弧. 但是,对于网络 D 中的每个圈 C,我们要求圈上弧的权总和非负,即 $\forall C \in D$,有 $\sum\limits_{a_{ij}\in C} w_{ij} \geqslant 0$.

根据定理 8.5,在没有负圈的网络中,任意一条链的长度不小于相应的最短路,并且最短路的子路一定也是最短路,这是下面讨论的基础.

记 $N(i,j,m)$ 表示由顶点集合 $\{v_i\}\cup\{v_j\}\cup\{v_1,v_2,\cdots,v_m\}$ 生成的 D 的子网络,

特别地，$N(i,j,0)$ 表示由顶点集 $\{v_i\}\cup\{v_j\}$ 生成的子网络. 我们把网络 $N(i,j,m)$ 中从 v_i 到 v_j 的最短路线的长度记为 $u_{ij}(m)$，则显然有下列结论：

(1) $u_{ij}(0)=w_{ij}$.

(2) $N(i,j,n)=D$，因此 $u_{ij}(n)=u_{ij}$.

(3) $N(i,j,m-1)$ 是 $N(i,j,m)$ 的子网络，因此 $u_{ij}(m-1)\geqslant u_{ij}(m)$.

(4) $N(i,m,m)$ 和 $N(i,m,m-1)$ 是相同的网络，因此 $u_{im}(m)=u_{mj}(m-1)$；同理，$u_{mj}(m)=u_{mj}(m-1)$.

Floyd 算法的主要根据是下面的定理：

定理 8.7 设网络 $D=(V,A,W)$ 有顶点集合 $(v_1,v_2,\cdots,v_n)$，D 的弧权为 w_{ij}，如果 D 不包含负圈，则 $u_{ij}(0)=w_{ij}$，$u_{ij}(m)=\min\{u_{ij}(m-1),u_{im}(m-1)+u_{mj}(m-1)\}$ $(1\leqslant m\leqslant n)$.

证 $u_{ij}(0)=w_{ij}$ 是显然的. 当 D 中不包含弧 w_{ij} 时，按惯例，令 $w_{ij}=+\infty$.

把网络 $N(i,j,m)$ 中所有从 v_i 到 v_j 的路分为两类：第一类不通过顶点 v_m，第二类通过顶点 v_m. 现对这两类分别讨论.

(1) 网络 $N(i,j,m)$ 中从 v_i 到 v_j 不通过顶点 v_m 的路的全体，恰好是网络 $N(i,j,m-1)$ 中从 v_i 到 v_j 的路的全体. 因此第一类路中的最短路线的长度应该是 $u_{ij}(m-1)$.

(2) 如果在网络 $N(i,j,m)$ 中存在以 v_i 为起点，以 v_j 为终点，而且通过 v_m 的路，那么第二类路中的最短路线一定可以分解为从 v_i 到 v_m 的最短路线（不通过 v_j）加上从 v_m 到 v_j 的最短路线（不通过 v_i），因此，第二类路中的最短路线的长度应该是

$$u_{im}(m)+u_{mj}(m)=u_{im}(m-1)+u_{mj}(m-1).$$

因此，如果第一类中存在路，则应该有

$$u_{ij}(m)=\min\{u_{ij}(m-1),u_{im}(m-1)+u_{mj}(m-1)\}.$$

(3) 如果 $N(i,j,m)$ 中不存在以 v_i 为起点，以 v_j 为终点，而且不通过 v_m 的路，这样就有 $u_{im}(m)=u_{mj}(m-1)$. 这时即使 $N(i,j,m)$ 中存在从 v_i 到 v_m 及从 v_m 到 v_j 的路，由于 $u_{im}(m)=u_{mj}(m-1)$ 表示 $N(i,j,m)$ 中一条从 v_i 开始通过 v_m 到达 v_j 的链的长，根据定理 8.5，该链应该不短于从 v_i 到 v_i 的最短路线（因为 $N(i,j,m)$ 中不存在负圈），因此必然有

$$u_{im}(m-1)+u_{mj}(m-1)\geqslant u_{ij}(m)=u_{ij}(m-1),$$

这说明定理 8.7 成立. 证毕.

在 Floyd 算法中，我们同样可以引入“前点标号”来求最短路，不过更方便的是引入“后点标号”. 令 $S_{ij}(m)$ 表示 $u_{ij}(m)$ 的第一条弧的终点，则 $S_{ij}(0)=j$ 是显然的. 如果 $S_{ij}(m-1)$ 已经求出，当 $u_{ij}(m-1)\leqslant u_{im}(m-1)+u_{mj}(m-1)$ 时，显然有 $S_{ij}(m)=S_{ij}(m-1)$，否则，$S_{ij}(m)=S_{im}(m-1)$，$S_{ij}(n)$ 就是最终得到的后点标号. 要求 v_i 到 v_j 的最短路，若 $S_{ij}(n)=k$，则该路的第一条弧为 (v_i,v_j)，第二条弧为 u_{kj} 的

第一条弧，依次类推. 加上后点标记后的 Floyd 算法步骤如下：

Step 1. 令 $u_{ij}=w_{ij}, S_{ij}=j\ (i,j=1,2,\cdots,n), m=1$.

Step 2. 对 $1\leqslant i,j\leqslant n$，令 $S_{ij}:=\begin{cases}S_{ij}, 当\ u_{ij}\leqslant u_{im}+u_{mj}\\ S_{im}, 当\ u_{ij}>u_{im}+u_{mj}\end{cases}$，

$$u_{ij}:=\min\{u_{ij},u_{im}+u_{mj}\}.$$

Step 3. 如果 $m:=n$，停止；否则，令 $m:=m+1$，转 Step2.

这个算法适合于在矩阵上计算，下面用图 8.27 作为例子来说明.

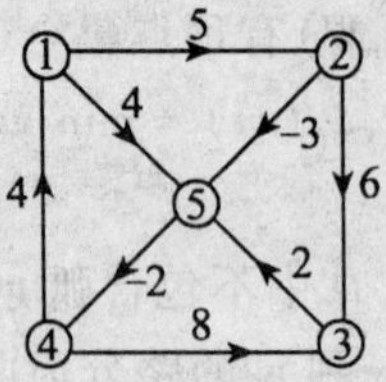

图 8.27

首先写出该图的弧长矩阵 $U^{(0)}=(u_{ij})$ 和后点矩阵 $S^{(0)}=(S_{ij})$.

$$U^{(0)}=\begin{bmatrix}0&5&\infty&\infty&\infty\\ \infty&0&6&\infty&-3\\ \infty&\infty&0&\infty&2\\ 4&\infty&8&0&\infty\\ 4&\infty&\infty&-2&0\end{bmatrix},\quad S^{(0)}=\begin{bmatrix}1&2&3&4&5\\1&2&3&4&5\\1&2&3&4&5\\1&2&3&4&5\\1&2&3&4&5\end{bmatrix}.$$

用矩阵 $U^{(0)}$ 的第一列和第一行来修改其余的 u_{ij}，即作 $u_{ij}=\min\{u_{ij},u_{i1}+u_{1j}\}$.

$$U^{(1)}=\begin{bmatrix}0&5&\infty&\infty&\infty\\ \infty&0&6&\infty&-3\\ \infty&\infty&0&\infty&2\\ 4&9&8&0&\infty\\ 4&9&\infty&-2&0\end{bmatrix},\quad S^{(1)}=\begin{bmatrix}1&2&3&4&5\\1&2&3&4&5\\1&2&3&4&5\\1&1&3&4&5\\1&1&3&4&5\end{bmatrix}.$$

然后对矩阵 $U^{(1)}$ 用其余第二列和第二行来修正其余的 u_{ij}，即作 $u_{ij}=\min\{u_{ij},u_{i2}+u_{2j}\}$，得

$$U^{(2)}=\begin{bmatrix}0&5&11&\infty&2\\ \infty&0&6&\infty&-3\\ \infty&\infty&0&\infty&2\\ 4&9&8&0&6\\ 4&9&15&-2&0\end{bmatrix},\quad S^{(2)}=\begin{bmatrix}1&2&2&4&2\\1&2&3&4&5\\1&2&3&4&5\\1&1&3&4&2\\1&1&2&4&5\end{bmatrix}.$$

同理，有

$$U^{(3)}=\begin{bmatrix}0&5&11&\infty&2\\\infty&0&6&\infty&-3\\\infty&\infty&0&\infty&2\\4&9&8&0&6\\4&9&15&-2&0\end{bmatrix},\quad S^{(3)}=S^{(2)}.$$

$$U^{(4)}=\begin{bmatrix}0&5&11&\infty&2\\\infty&0&6&\infty&-3\\\infty&\infty&0&\infty&2\\4&9&8&0&6\\2&7&6&-2&0\end{bmatrix},\quad S^{(4)}=\begin{bmatrix}1&2&3&4&2\\1&2&3&4&5\\1&2&3&4&5\\1&1&3&4&2\\4&4&4&4&5\end{bmatrix}.$$

$$U^{(5)}=\begin{bmatrix}0&5&8&0&2\\-1&0&3&-5&-3\\4&9&0&0&2\\4&9&8&0&6\\2&7&6&-2&0\end{bmatrix},\quad S^{(5)}=\begin{bmatrix}1&2&5&5&2\\5&2&5&5&5\\5&5&3&5&5\\1&1&3&4&1\\4&4&4&4&5\end{bmatrix}.$$

根据 $S^{(5)}$ 我们可以找出各最短路. 例如求点 5 到点 2 的最短路,因为 $S_{52}=4$, $S_{42}=1$, $S_{12}=2$,所以从点 5 到点 2 的最短路为 $P_{52}=((5,4),(4,1),(1,2))$. 又如:

$$P_{32}=((3,5),(5,4),(4,1),(1,2)),P_{21}=((2,5),(5,4),(4,1)).$$

§8.4 最大流问题

本节所讨论的最大流问题与下一节要讨论的最小费用流问题,都是以网络中的流为研究对象的. 所谓网络中的流,其意义类似于在网络中将一些"物质"从一个节点沿着弧发送到另一个节点. 如果把有向网络看做是一个交通网,其中点表示车站,弧表示道路,则弧权就表示两个车站之间道路的通过能力. 给定一个有向网络,一个很自然的问题是如何求指定两点间的最大流量,即最大流问题. 本节将分别介绍最大流问题的基本理论和求解最大流问题的算法.

8.4.1 最大流问题的数学描述

定义 8.20 给定一个有向网络 $D=(V,A,C)$,其中 $c_{ij}\in C$ 表示弧$(i,j)\in A$ 的容量,并设 D 有一个发点 s(该点只有发出的弧)和一个收点 t(该点只有指向它的弧),$(s,t)\in V$. 令 x_{ij} = 通过弧(i,j)的流量,显然有

$$0\leqslant x_{ij}\leqslant c_{ij} \tag{8.4.1}$$

另外,流 $x=\{x_{ij}\}$ 要遵循流量守恒规则,即

$$\sum_j x_{ij} - \sum_j x_{ji} = \begin{cases} +v, i = s \\ 0, i \neq s,t \\ -v, i = t \end{cases} \tag{8.4.2}$$

方程(8.4.2)被称为守恒方程,该方程表示除点 s 与 t 以外,对每个点 i,流入 i 的流量等于流出 i 的流量,而发点 s 和收点 t 分别具有值为 v 的出流和入流. 式(8.4.1)是对每个弧的流量的限制,满足式(8.4.1)与式(8.4.2)的流被称为可行流,或简称为 (s,t)-流. 我们的目的是求一个可行流 $x^* = \{x_{ij}^*\}$,使得

$$v = \sum_j x_{sj}^* = \sum_j x_{jt}^* \tag{8.4.3}$$

达到最大值.

求从 s 到 t 的最大流问题,实际上就化成解上述这样一个线性规划问题,当然我们可以用单纯形方法来求解,但是由于这一问题的特殊性,我们可以用比单纯形方法简单得多的方法来求解. 在介绍算法之前,我们先介绍几个基本定理. 首先给出有关概念.

定义 8.21 设 P 是 G 中从 s 到 t 的无向路,P 的一个弧 (i,j) 称为前向弧,如果 P 的方向是从 s 到 t,否则称为后向弧. 路 P 称为一个关于给定流 $x=(x_{ij})$ 的增广链,如果对 P 的每个前向弧 (i,j),有 $x_{ij} < c_{ij}$;而对 P 的每个后向弧 (i,j),有 $x_{ij} > 0$. 例如在图 8.28 所示的网络中,每条弧旁第一个数字表示该弧的容量 c_{ij},第二个数字表示弧流 x_{ij}. 容易验证,该网络满足式(8.4.1)与式(8.4.2),$s=1$,$t=6$,流值 $v=3$.

关于这个流的一个增广链如图 8.29 所示. 我们可以在这条增广链的每个前向弧上增加一个单位流,在后向弧上减少一个单位流,于是得到一个增大的流,该流具有流值 $v=4$,新的流如图 8.30 所示.

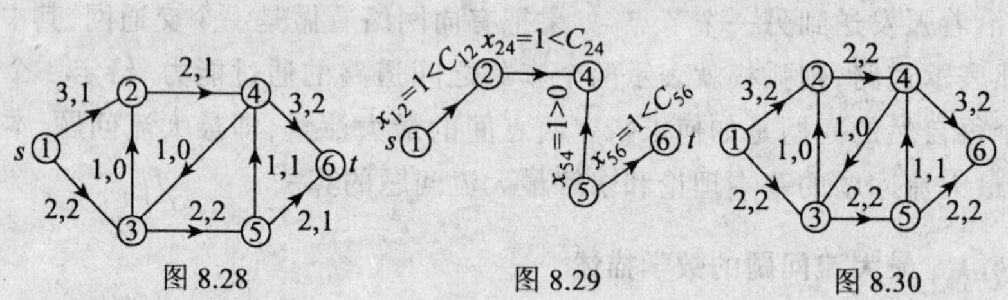

图 8.28　　图 8.29　　图 8.30

定义 8.22 一个 (s,t)-割被定义为弧割 (S,T),其中 $s \in S, t \in T$. 弧割 (S,T) 的容量定义为 $C(S,T) = \sum_{i \in S} \sum_{j \in T} c_{ij}$,即由 S 到 T 所有弧的容量和.

由式(8.4.2)并对 S 的所有点求和得

$$v = \sum_{i \in S} \left[\sum_j x_{ij} - \sum_j x_{ji} \right]$$

$$= \sum_{i \in S}\sum_{j \in S}(x_{ij} - x_{ji}) + \sum_{i \in S}\sum_{j \in T}(x_{ij} - x_{ji})$$
$$= \sum_{i \in S}\sum_{j \in T}(x_{ij} - x_{ji}) \qquad (8.4.4)$$

但 $0 \leqslant x_{ij} \leqslant c_{ij}$，因此

$$v \leqslant \sum_{i \in S}\sum_{j \in T} c_{ij} = C(S,T) \qquad (8.4.5)$$

在图 8.30 表示的流中，存在一个 (s,t)-割，其容量等于流值，例如 $S=\{1,2\}$，$T=\{3,4,5,6\}$.

现在叙述并证明网络流理论的三个主要定理，这些定理将用来解决产生最大流的算法.

定理 8.8（增广链定理）　一个可行流是最大流当且仅当不存在关于该流的从 s 到 t 的增广链.

证　必要性是显然的，因为如果存在增广链，流就不是最大的.

充分性　设 x 是一个不存在从 s 到 t 的增广链的流，并设 S 是包含 s 的点集，使得对任意 $j \in S$ 存在从 s 到 t 的增广链，且对任意 $j \in V-S$ 不存在从 s 到 t 的增广链.

令 T 是 S 的补集，由定义可知，对任意 $i \in S, j \in T$，有 $x_{ij}=c_{ij}, x_{ji}=0$，由式(8.4.4)得 $v = \sum_{i \in S}\sum_{j \in T} c_{ij}$，即流的值等于弧割 (S,T) 的容量. 从式(8.4.5)得知 x 是最大的流. 证毕.

定理 8.9（整流定理）　如果网络中所有弧的容量是整数，则存在值为整数的最大流.

证　设所有的弧容量都是整数，并令 $x_{ij}^0=0$，对所有的 i 和 j，如果 $x^0=(x_{ij}^0)$ 不是最大的流，则由定理 8.8 知，存在关于 x^0 的从 s 到 t 的增广链，即 x^0 允许增广，因此 x^0 有一个整流 $x'=(x_{ij}')$，x' 的值超过 x^0 的值. 如果 x' 还不是最大的，x' 又是允许增广，依次类推，用这个方法得到的每个可行流至少超过前面的可行流一个整数单位，最后达到一个不允许增广的可行流就是最大的流. 证毕.

定理 8.10（最大流最小割定理）　一个 (s,t)-流的最大值等于 (s,t)-割的最小容量.

证　由定理 8.8 的证明和式(8.4.5)就完全证明了这个定理.

8.4.2　最大流算法

现在来介绍最大流的算法，该算法是由 Ford 和 Fulkerson 于 1957 年首先给出的. 其基本思路是从任意一个可行流（例如零流）出发，找一条从 s 到 t 的增广链，并在这条增广链上增加流值，于是便得到一个新的可行流. 然后在这个新的可行流的基础上再找一条从 s 到 t 的增广链，再增加流值，依次类推，继续这个过程，一直到找不到从 s 到 t 的增广链为止. 这时，由定理 8.8 知，现行的流便是最大流.

不难看出,求最大流算法的关键是找一条从 s 到 t 的增广链,而找一条增广链则可以用标号方法来实现。具体标号规则如下:

在标号过程中,一个点仅可以是下列三种状态之一:标号并检查过(即该点有一个标号且所有相邻点该标号的都标号了);标号未检查(有标号但相邻点该标号的还没有标号);未标号.一个点 i 的标号由两部分组成,并取 $(+j,\delta(i))$ 与 $(-j,\delta(i))$ 两种形式之一.如果 j 被标号且存在弧 (j,i),使得 $x_{ji}<c_{ji}$,则未标号点 i 可以给标号 $(+j,\delta(i))$,其中 $\delta(i)=\min\{\delta(j),c_{ji}-x_{ji}\}$.如果 j 被标号且存在一个弧 (i,j),使得 $x_{ij}>0$,则未标号点 i 给标号 $(-j,\delta(i))$,其中 $\delta(i)=\min\{\delta(j),x_{ij}\}$.

当过程继续到 t 被标号时,一个从 s 到 t 的增广链已被找到,且该链的流值可以增加 $\delta(t)$,如果过程没有进行到 t 就结束了,则不存在从 s 到 t 的增广链。这时,通过令 S 是所有标号点的集合,T 是所有未标号点的集合,便可得到一个最小容量割 (S,T),由定理8.10知,割 (S,T) 的容量就等于最大流的值.下面我们给出 Ford-Fulkerson 算法的具体步骤:

Step 1. 令 $x=(x_{ij})$ 是任意整数可行流,可能是零流,给 s 一个永久标号 $(-s,\infty)$.

Step 2. 如果所有标号点都已经被检查,转 Step 6.

Step 3. 找一个标号但未检查的点 i,并做如下检查,对每一个弧 (i,j),如果 $x_{ij}<c_{ij}$,且 j 未标号,则给 j 一个标号 $(+j,\delta(i))$,其中,$\delta(j):=\min\{\delta(i),c_{ij}-x_{ij}\}$.对每个弧 (j,i),如果 $x_{ji}>0$ 且 j 未标号,则给 j 一个标号 $(-i,\delta(j))$,其中,$\delta(j):=\min\{\delta(i),x_{ji}\}$.

Step 4. 如果 t 已被标号,转 Step 5;否则转 Step 2.

Step 5. 由点 t 开始,使用指示标号构造一个增广路(在点 t 的指示标号表示在路中倒数第二个点,在倒数第二个点的指示标号表示第三个点,等等),指示标号的正、负则表示通过增加还是减少弧流量来增大流值。抹去 s 点以外的所有标号,转到 Step 2.

Step 6. 这时现行流是最大的,若把所有的标号点的集合记为 S,所有未标号点的集合记为 T,便得到最小容量割 (S,T),计算完成.

例 6. 试求图 8.31 所示网络中从点 1 到点 6 的最大流.

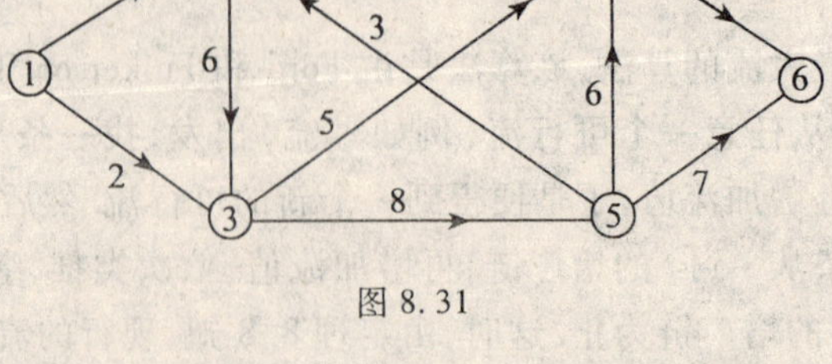

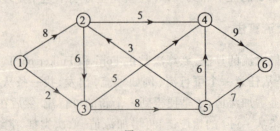

图 8.31

用 Ford-Fulkerson 算法求解的迭代过程如图 8.32 所示.

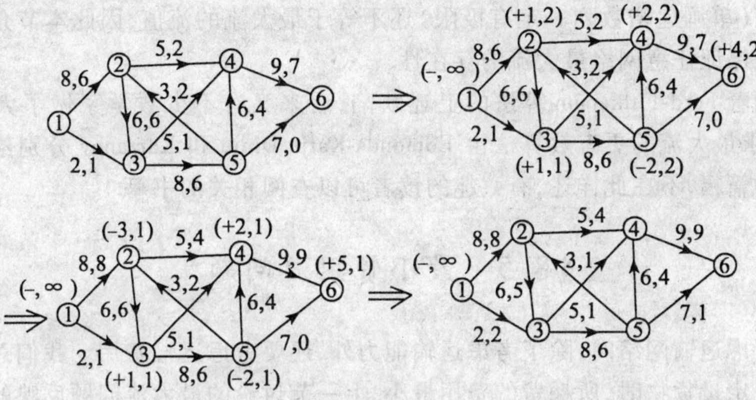

图 8.32

Ford-Fulkerson 算法有一点不确定处是,在概述的算法中没有明确指出 x 增广链的求法,在详述的算法中没有明确指出待检查顶点选取的方法,因此这个算法存在这样的危险性:如果链的选取不恰当,计算量可能变得很大。以图 8.33 所示的简单图为例,网络 D 一共有四个顶点 s,a,b,t 和五条弧,每条弧的容量标在弧的旁边。很容易看出,网络的最大流为 $x_{sa}=x_{at}=x_{bt}=x_{sb}=10^5$, $x_{ab}=0$, $v=2\times10^5$. 从零流开始,沿着增广链 $\{s,a,t\}$ 和 $\{s,b,t\}$ 增广两次就可以得到最大流. 但如果增广链选得不好,每次沿链 $\{s,a,b,t\}$ 与 $\{s,b,a,t\}$ 交替进行增广,则每次增广只能增加流量 1,因此从零流量开始要增广 2×10^5 次才能得到最大流.

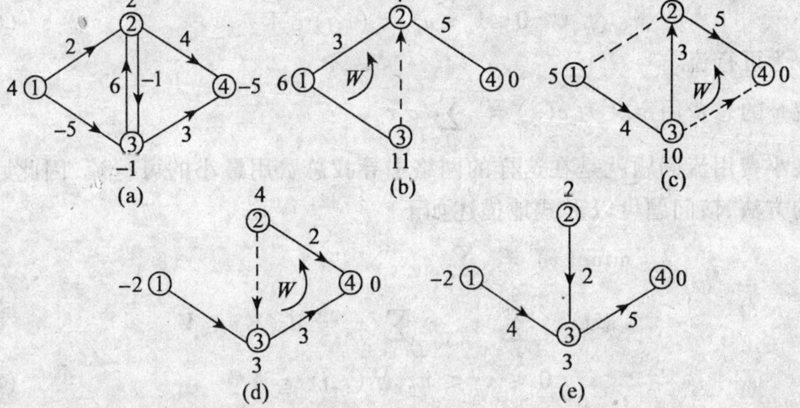

图 8.33

Ford-Fulkerson 给出了一个更坏的例子,当有些弧的容量是无理数时,它们给出了一种增广的方法,不但增广可以无限地进行下去,而且每次增广后得到的流值的极限值(单调递增数列一定有极限)还不等于最大流的流值,因此本节介绍的算法并没有保证任意网络最大流的存在性.

围绕着 Ford-Fulkerson 算法的上述缺陷,后来又有不少数学家做了大量的工作,其中求最大流的更有效算法由 Edmonds-Karp,Dinic 和 Karzanov 分别给出。限于本书的篇幅,不在此详述,有兴趣的读者可以查阅相关的书籍.

§8.5 最小费用流问题*

在考虑运输网络时,除了考虑运输能力外,还要考虑运输费用。我们总是希望在运输一定量货物时,所耗费的费用最小. 上一节讨论的最大流问题反映的是运输网络的运输能力问题,本节讨论有关运输费用问题.

8.5.1 最小费用流问题的数学描述

与上节讨论的最大流问题一样,最小费用流问题研究的对象也是网络中的流. 但是,在本节讨论的流网络中,我们还要考虑另外一个因素,即流量流过一条弧时导致的成本(费用),也就是说,每条弧上除了有对于流的(上、下)容量限制外,还有另外一个权,即成本(费用). 这样的流网络一般称为容量—费用网络.

与上节介绍的流的概念类似,对于容量—费用网络 $D=(V,A,C)$,对每条弧 $(i,j)\in A$ 赋予一个实数 x_{ij}(称为弧 (i,j) 的流量). 如果流 x 满足如下流量守恒条件

$$\sum_{(i,j)\in A} x_{ij} - \sum_{(j,i)\in A} x_{ji} = d_i, \forall i \in V \tag{8.5.1}$$

并且满足容量约束

$$0 \leqslant x_{ij} \leqslant u_{ij}, \forall (i,j)\in A \tag{8.5.2}$$

则称 x 为可行流.

流 x 的总费用定义为 $c(x)=\sum_{(i,j)\in A} c_{ij}x_{ij}$.

最小费用流问题就是在这样的网络中寻找总费用最小的可行流. 因此,用数学规划的方法,该问题可以形式地描述如下

$$\begin{aligned} \min c(x) &= \sum_{(i,j)\in A} c_{ij}x_{ij} \\ \text{s.t.} \quad & \sum_{(i,j)\in A} x_{ij} - \sum_{(j,i)\in A} x_{ji} = d_i, \forall i \in V \\ & 0 \leqslant x_{ij} \leqslant u_{ij}, \forall (i,j)\in A \end{aligned} \tag{8.5.3}$$

对网络中只有一个起点(记为 s)和一个终点(记为 t)时,寻找从 s 流到 t 的给定流量的最小费用流,是经典的最小费用流问题. 例如,当考虑从 s 流到 t 的流量为 $v(v>0)$ 的最小费用流问题时,令 $d_s=v, d_t=-v, d_i=0$(当 $i\neq s,t$)即可. 本节所

讨论的问题均为此类问题.

8.5.2 最小费用流算法——网络单纯形算法

设 $D=(s,t,V,A,C)$ 表示以 s 为起点、t 为终点的流网络. 流值为 v 的最小费用流问题表示如下:

$$\min \sum_{(i,j)\in A} c_{ij}x_{ij} \tag{8.5.4}$$

$$\text{s.t.} \sum_{(i,j)\in A} x_{ij} - \sum_{(j,i)\in A} x_{ji} = \begin{cases} v, i = s \\ 0, i \neq s,t \\ -v, i = t \end{cases} \tag{8.5.5}$$

$$0 \leqslant x_{ij} \leqslant u_{ij}, (i,j)\in A \tag{8.5.6}$$

设网络的关联矩阵记为 $\boldsymbol{B}$,流向量记为 $\boldsymbol{x}$,约束(8.5.5)的右端向量记为 $\boldsymbol{d}$,这时约束(8.5.5)即为

$$\boldsymbol{Bx}=\boldsymbol{d} \tag{8.5.7}$$

约束(8.5.6)对流量的约束可以等价地写成

$$-x_{ij} \geqslant -u_{ij}, (i,j)\in A \tag{8.5.8}$$

对以上两类约束分别引入对偶变量 π 和 z,则这一问题的对偶问题为

$$\max w(\pi,z) = \sum_{i\in V} d_i\pi_i - \sum_{(i,j)\in A} u_{ij}z_{ij} \tag{8.5.9}$$

$$\text{s.t.}\ \pi_i - \pi_j - z_{ij} \leqslant c_{ij}, (i,j)\in A \tag{8.5.10}$$

$$z_{ij} \geqslant 0, (i,j)\in A \tag{8.5.11}$$

根据线性规划对偶理论,如果 $\boldsymbol{x}$ 为原问题的可行解,π 和 z 为对偶问题的可行解,则它们分别是所对应的问题的最优解的充要条件是它们满足以下的互补松弛条件

$$x_{ij}(\pi_i - \pi_j - z_{ij} - c_{ij}) = 0, (i,j)\in A \tag{8.5.12}$$

$$z_{ij}(x_{ij} - u_{ij}) = 0, (i,j)\in A \tag{8.5.13}$$

下面我们说明在一定的"约定"下,这一条件可以等价地写成:

当 $\pi_i - \pi_j < c_{ij}$ 时 $x_{ij}=0$ (8.5.14)

当 $\pi_i - \pi_j > c_{ij}$ 时 $x_{ij}=u_{ij}$ (8.5.15)

当 $0 < x_{ij} < u_{ij}$ 时 $\pi_i - \pi_j = c_{ij}$ (8.5.16)

实际上,利用 $\boldsymbol{x}$ 为原问题的可行解,π 和 z 为对偶问题的可行解,很容易从式(8.5.1)和式(8.5.12)推出式(8.5.14)~式(8.5.16)。我们所谓的"约定",主要是针对从式(8.5.14)~式(8.5.16)推出式(8.5.12)和式(8.5.13)的。由于条件式(8.5.14)~式(8.5.16)没有对变量 z 的约束,因此我们约定从式(8.5.14)~式(8.5.16)推出式(8.5.12)和式(8.5.13)的意思是说存在对偶可行的变量 z,使得式(8.5.12)和式(8.5.13)成立. 这只需要令

$$z_{ij} = \max\{\pi_i - \pi_j - c_{ij}, 0\}, (i,j)\in A \tag{8.5.17}$$

就可以了.

通常称 π_i 为节点 i 的势. 由于对 π_i 没有符号(正负)限制,因此我们可以进一步得到以下定理.

定理 8.11 设 $\boldsymbol{x}$ 为原问题式(8.5.4)~式(8.5.6)的可行解,则 $\boldsymbol{x}$ 为最小费用流的充要条件是:存在节点的势 π,满足条件式(8.5.14)~式(8.5.16).

既然最小费用流问题是一个线性规划问题,该问题自然应该可以直接采用线性规划算法,如单纯形算法求解. 但是,如果不考虑这一规划问题的网络特性,而是直接调用求解一般线性规划问题的单纯性算法来求解网络优化问题,计算实验表明算法的效率很差(即速度很慢). 有趣的是,如果仔细分析网络优化问题的网络特性,则可以设计出特殊的单纯形算法,一般称为网络单纯形算法. 计算实验表明,网络单纯形算法在实际中的计算效率很高(即速度很快). 本节介绍这一算法.

线性规划问题的单纯形算法的一般思路是:首先求得问题的一个基本可行解,如果该解不是最优解,则选择一个入基变量(列)和一个离基变量(列),通过旋转变换改进到另一个基本可行解,如此反复迭代,直到检验数都大于等于零为止,获得最优解. 可以看出,单纯形算法始终保持解的原始可行性,但不一定对偶可行,一旦达到最优解,则同时获得可行对偶解,且互补松弛条件成立. 算法的计算过程通常利用单纯形表进行.

基本可行解是由基矩阵所决定的,所以基矩阵在单纯形算法中是非常关键的. 为了利用单纯形算法求解最小费用流问题,我们首先必须清楚线性规划问题的基的结构,对于网络优化问题,基的结构是非常特殊的,因此可以避免显式地列出单纯形表.

不失一般性,我们在以下讨论中总是假设流网络在不考虑弧的方向时是连通的(否则该问题可以自然地分解为几个小问题来考虑).

我们首先考虑容量无限的最小费用流问题,即假设所有弧上的容量下界为 0,上界为无穷大. 对于这一特殊问题,利用关联矩阵 $\boldsymbol{B}$,式(8.5.1)~式(8.5.3)可以表示为

$$\min c^{\mathrm{T}}\boldsymbol{x} \tag{8.5.18}$$

$$\text{s.t. } \boldsymbol{B}\boldsymbol{x}=\boldsymbol{d} \tag{8.5.19}$$

$$\boldsymbol{x}\geqslant 0 \tag{8.5.20}$$

很清楚,约束(8.5.19)包含几个等式约束,其中只有 $n-1$ 个约束是独立的,因此可以任意地去掉其中的某一个约束,我们在后面的叙述中不再对此加以特别说明.

引理 8.1 关联矩阵 $\boldsymbol{B}$ 的列构成一组基的充要条件是 $\boldsymbol{B}$ 所对应的弧为支撑树.

证 因为本节我们已经假设流网络在不考虑方向时是连通的,所以 $r(\boldsymbol{B})=n-1$,记 $\boldsymbol{B}$ 的 $n-1$ 列构成的子矩阵为 $\boldsymbol{B}_1$.

必要性　若 B_1 为一组基,则 $r(B_1)=n-1$,B_1 所对应的 $n-1$ 条弧如果不连通(不考虑方向),则至少包含一个圈,因此 $r(B_1)<n-1$,矛盾. 因此 B_1 所对应的 $n-1$ 条弧一定是连通的(不考虑方向),即这些弧构成一棵支撑树.

充分性　B_1 所对应的 $n-1$ 条弧构成一棵支撑树,则 $r(B_1)=n-1$,因此 B_1 是一组基. 那么,给定了基 B_1,如何确定变量的值(弧上的流)呢? 按照一般单纯形算法的表示方法,基变量的值为 $B_1^{-1}d$. 这里我们把 B_1 所对应的弧集合(支撑树)用 T 表示,则所有非树弧(非基弧)对应于非基变量,其上的流量为 v;只有 T 中的弧(树弧,或称基弧)对应于基变量,其上的流量可以为正数(在退化的情况下也可能为零). 于是,确定基变量的值的问题在网络上等价于:当给定了支撑树 T 之后,确定树弧上的流量并使之满足流量守恒条件(8.5.19). 证毕.

对于 T 中的一条弧 (i,j),总是将 T 分解为两棵子树 T_i 和 T_j,并且 i,j 分别属于 T_i 和 T_j. 由于 $\sum_{k\in T_i} d_k$ 是子树 T_i 中所有节点上的供需量之和. 而弧 (i,j) 是子树 T_i 和 T_j 之间的惟一连接弧,所以为了使得节点 i 和 j 流量守恒,弧 (i,j) 上的流量必须是 $\sum_{k\in T_i} d_k$(由于 $\sum_{k\in V} d_k=0$,所以 $\sum_{k\in T_i} d_k=-\sum_{k\in T_j} d_k$). 根据这样一个性质,我们可以得到一个计算树弧上的流量的快速算法:对于树弧 (i,j),假设该树弧的其中一个节点是叶子节点(不妨设为节点 j),则弧 (i,j) 上的流量必须是 $-d_j$,当弧 (i,j) 上的流量确定后,我们可以将 (i,j) 从 T 中删去(自然节点 i 上的供需量应当相应地进行修改),然后重复这一过程,直到所有的弧上的流量都得到确定为止.

但是,上述过程所确定的流 x 仍然不一定是可行的,即某些树弧上的流量可能是负数,我们把使得相应的流 $\boldsymbol{x}$ 为可行流的基 B_1 称为可行基,支撑树 T 称为可行树. 与单纯形算法只对基本可行解操作对应,网络单纯形算法只对可行树进行操作. 为了判断什么时候可行树所对应的流量是最优流,算法仍然利用检验数进行判断:按照一般单纯形算法的表示方法,检验数的值为 $\boldsymbol{C}-\pi\boldsymbol{B}$,这里 π 是对偶变量,对于最小费用流问题,弧 (i,j) 对应的检验数的值为 $c_{ij}^{\pi}=c_{ij}-\pi_i-\pi_j$($\pi$ 为对偶变量,即节点上的势). 下面讨论如何快速地获得对偶变量 π 的值.

在容量无限这一特殊问题中,互补松弛条件式(8.5.14)~式(8.5.16)

当 $x_{ij}=0$ 时　$$c_{ij}^{\pi}=c_{ij}-\pi_i+\pi_j\geqslant 0 \tag{8.5.21}$$

当 $x_{ij}>0$ 时　$$c_{ij}^{\pi}=c_{ij}-\pi_i+\pi_j=0 \tag{8.5.22}$$

假设我们已经给定了一个基本可行解 $\boldsymbol{x}$,基矩阵所对应的可行树为 T. 由于只有树弧上的流量可以为正数,所以只有树弧才有可能满足式(8.5.22). 支撑树上的弧共有 $n-1$ 条,而对偶变量(节点上的势)共有 n 个,在相差一个常数的意义下,由 T 中的弧满足 $c_{ij}-\pi_i+\pi_j=0$ 可以惟一地确定对偶变量(节点上的势 π_i). 具体来说,我们可以任意选定一个节点(这一节点通常称为"根"),令该节点的势为 0,然后利用式(8.5.22)计算与该节点相邻的其他节点上的势,如此重复就可以方便地获得所有节点上的势.如果如此确定的对偶变量 π_i 同时使得式(8.5.21)也成立,则 $\boldsymbol{x}$ 就是原问题的最优解.实际上,约束式(8.5.21)表示的就是检验数非负这一最优条件,或者说正是 π 为对偶可行解的要求.

反过来说,如果 $\boldsymbol{x}$ 不是最优解,则一定存在一条非树弧(p,q),使得式(8.5.21)不成立,即 $c_{pq}^{\pi}=c_{pq}-\pi_p+\pi_q<0$,此时,弧$(p,q)$可以进入基.为了找出原来基中的一条弧离基,我们可以看出 $T\cup\{(p,q)\}$ 一定含有一个惟一的圈 W,我们把弧(p,q)的方向定义为 W 的方向.W 的费用为

$$
\begin{aligned}
C(W) &= \sum_{(i,j)\in W^+} c_{ij} - \sum_{(i,j)\in W^-} c_{ij} \\
&= \sum_{(i,j)\in W^+} (c_{ij}-\pi_i+\pi_j) - \sum_{(i,j)\in W^-} (c_{ij}-\pi_i+\pi_j) = c_{pq}^{\pi}
\end{aligned}
$$

即 W 为一个负费用圈,所以沿 W 增广流量将会得到总费用下降.为了在 W 中找出一条弧离基,我们应当令增广的流量等于 W^- 所有弧上当前流量中的最小值,而取得该最小值的弧离基(如果 $W^-=\varnothing$,则原问题是无界的,即最小费用可以趋于负无穷大).

基于以上讨论,我们给出网络单纯形算法的具体步骤:

Step 1. 获得一个初始的可行树 T 及对应的基本可行解 $\boldsymbol{x}$(我们在后面介绍具体方法).

Step 2. 计算对偶变量 π.

Step 3. 判断是否为最优解,若是,则停止;否则选定一个入基变量(即选入基弧(p,q)).

Step 4. 选定一个离基变量(即选离基弧),如果找不到这样的弧,则原问题是无界的,停止;否则转 Step 5.

Step 5. 设 W 为 $T\cup\{(p,q)\}$ 所含的圈,沿 W 的正向增广流量,即修改 $\boldsymbol{x}$ 及对应的可行树 T,转 Step 2.

例 7. 试用网络单纯形算法计算如图 8.33(a)所示网络中的最小费用流(图中弧上的数字表示弧上的单位费用;节点上的数字表示供需量;假设所有弧的下容量为零,上容量为无穷).

解 首先假设已经获得一个初始的可行树 $T=\{(1,2),(1,3),(2,4)\}$,对应的基可行解 $\boldsymbol{x}$ 和对应的对偶变量 π 如图 8.33(b)所示(图中弧上的数字表示树弧上的流量 $\boldsymbol{x}$,令节点 4 的对偶变量为 0,节点上的数字表示对偶变量 π),当前费用为 $6+20-5=21$。对于非树弧计算:$c_{23}^{\pi}=-1-4+11=6>0$,$c_{32}^{\pi}=6-11+4=-1<0$,$c_{34}^{\pi}=3-11+0=-8<0$.

选取(3,2)为入基弧,负费用圈 $W=\{(3,2),(1,2),(1,3)\}$,选取(1,2)为离基弧,沿 W 增广 3 个单位流量,修改对偶变量 π,得到如图 8.33(c)所示网络,当前费用为 $-20+18+20=18$。对于非树弧计算:$c_{12}^{\pi}=2-5+4=1>0$,$c_{23}^{\pi}=-1-4+10=5>0$,$c_{34}^{\pi}=3-11+0=-8<0$.

选取(3,4)为入基弧,负费用圈 $W=\{(3,4),(2,4),(3,2)\}$,选取(1,2)为离基弧,沿 W 增广 3 个单位流量,修改对偶变量 π,得到如图 8.33(d)所示网络,当前费用为 $-20+9+8=-3$. 对于非树弧计算:$c_{12}^{\pi}=2-(-2)+4=8>0$,$c_{23}^{\pi}=-1-4+3=-2<0$,$c_{32}^{\pi}=6-3+4=7>0$.

选取(2,3)为入基弧,负费用圈 $W=\{(2,3),(3,4),(2,4)\}$,选取(2,4)为离基弧,沿 W 增广 2 个单位流量,修改对偶变量 π,得到如图 8.33(e)所示网络,当前费用为 $-20+15+(-2)=-7$. 对于非树弧计算:$c_{12}^{\pi}=2-(-2)+2=6>0$,$c_{32}^{\pi}=6-3+2=5>0$,$c_{24}^{\pi}=4-2+0=2>0$. 此时得到最优解.

我们在线性规划中学习过,一般的单纯形算法可能发生退化甚至循环. 所谓退化,是指某一旋转变化增广的流量为零(即出弧上的流量在增广前已经为零),因此并不是真正获得费用的改进. 所谓循环,是指存在一个旋转变换的周期,该周期内的旋转变换都是退化的,因此算法无法终止. 在网络单纯形算法中,如果不进行进一步的特殊处理,也可能会出现退化甚至循环. 实际计算测试表明,网络单纯形算法中往往 90% 以上的旋转变换都是退化的. 所以,谨慎地处理退化对保证算法的效率是非常关键的.

网络单纯形算法实际上是对可行树进行操作. 如果算法能够保证每次所操作的可行树"都不相同",则算法一定不会出现循环,从而一定在有限步停止. 这里,所得的"树不相同"是指节点标号的树不相同.

这里我们介绍处理退化的强可行树方法.

定义 8.23 假定计算节点上的势时选定的"根节点"是固定的. 对于可行树 T 中的一条树弧 (i,j),如果 T 中从根到 j 的路通过节点 i,则 (i,j) 称为远离根节点的弧. 如果 T 中的所有流量为零的弧都是远离根节点的弧,则称为可行树 T 为强可行树.

例 8. 如图 8.34 所示网络中,假设弧上的数字表示当前可行流. 若节点 1 为根节点,则 $T_1=\{(1,3),(3,2),(3,4)\}$ 为强可行树,$T_2=\{(1,3),(2,3),(3,4)\}$ 不是强可行树. 因为 T_2 中的(2,3)不是根节点的弧.

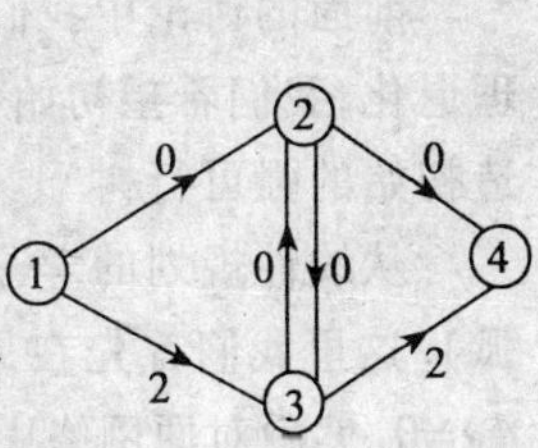

图 8.34

引理 8.2 如果网络单纯形算法中生成的所有可行树都是强可行树,则这些树互不相同.

证 如果网络单纯形算法中的旋转变换不是退化的,则相应的可行树对应的可行流费用互不相同,因此这些树也一定互不相同. 所以,我们只需要考虑旋转变换退化的情况. 如果 T 为生成树,r 为根节点,则 $\pi(T)=\sum_{i\in V}(\pi_r-\pi_i)$.

考虑算法过程中连接生成的两棵强可行树 T,$\overline{T}=T\cup\{(p,q)\}-\{(k,l)\}$,即 (p,q) 为入基弧,(k,l) 为离基弧,且从 T 到 $\overline{T}$ 的旋转是退化的. 旋转变换前后,

(p,q)弧上的流量都是零,由于 $\overline{T}$ 是强可行树,所以(p,q)弧一定是远离根节点 r 的弧;且(p,q)弧将 $\overline{T}$ 分解为两棵子树 T_p 和 T_q,并且 p,q 分别属于 T_p 和 T_q,则 $r\in T_p$. 记 $\overline{T}$ 对应的势为 $\overline{\pi}$,根据势的确定方法,可以得到:

当 $i\in T_p$ 时 $$\overline{\pi}_i=\pi_i \tag{8.5.23}$$

当 $i\in T_q$ 时 $$\overline{\pi}_i=\pi_i+c_{pq}^{\pi}. \tag{8.5.24}$$

因为 $c_{pq}^{\pi}<0$,所以 $\overline{\pi}(\overline{T})=\pi(T)+|T_q|c_{pq}^{\pi}<\pi(T)$.

因此,T 和 $\overline{T}$ 是两棵不同的强可行树. 证毕.

上述引理说明,如果网络单纯形算法生成的所有可行树都是强可行树,则可以避免发生循环. 那么,如何保证只对强可行树进行处理呢? 首先,我们当然要求初始的基本可行解是对应于一棵强可行树,这一点我们将在后面详细介绍;其次,我们要求旋转变换只生成强可行树,这就要求算法在选择离基弧时不能完全没有任何限制,而是要有一定的优先顺序,设旋转过程之前,强可行树为 T,(p,q)为入基弧,$T\cup\{(p,q)\}$包含的圈为 W,假设 $W^-\neq\varnothing$,令 $\delta=\min\{X_{ij}\mid(i,j)\in W^-\}$,$\overline{W}=\{(i,j)\in W^-\mid X_{ij}=\delta\}$,则 $\overline{W}$ 为所有可能的离基弧的集合. 进一步,我们记节点 $\overline{p}$ 是 T 中从根节点 r 到节点 p 的路与圈 W 的第一个交点,并选取离基弧(k,l)为从 $\overline{p}$ 出发沿圈 W 的正向前进时第一次遇到的 $\overline{W}$ 中的弧(前面说过,我们把弧(p,q)的方向定义为 W 的方向).

很容易看出,$\overline{T}=T\cup\{(p,q)\}-\{(k,l)\}$仍然是强可行树,如果旋转是非退化的,则只需要检验 $\overline{W}-\{(k,l)\}$中的弧在 $\overline{T}$ 中是否为远离根节点的弧;如果旋转是退化的,则只需要检验 $\overline{W}\cup\{(p,q)\}-\{(k,l)\}$中的弧在 $\overline{T}$ 中是否为远离根节点的弧. 由于离基弧(k,l)为从 $\overline{p}$ 出发沿圈 W 的正向前进时第一次遇到的 $\overline{W}$ 中的弧,所以上述问题的答案是肯定的,即 $\overline{T}$ 是强可行树.

前面的讨论中我们没有说明如何获得第一个(初始)基本可行解,并且为了处理退化,我们希望初始解对应的可行树是强可行树,一般可以采用大—M 方法构造初始的强可行树.

从线性规划的学习中知道,在大—M 方法中,需要加入一系列人工变量(人工弧). 这里我们首先在原问题的网络中加入一个人工节点 0,并假设其供需量为 $d_0=0$。然后对原网络中的所有节点 i,按如下步骤加入人工弧:如果 $d_i>0$,则加入人工弧$(i,0)$;否则加入人工弧$(0,i)$. 记所有人工弧的集合为 $T^{(0)}$,所有人工弧上的费用 T 假定为一个充分大的正数 M,并称原网络加入人工弧后的新网络为人工网络.

显然,$T^{(0)}$ 是人工网络的一棵强可行树,因此可以对人工网络上的最小费用流问题直接应用网络单纯形算法解. 由于 M 是一个充分大的正数,因此当算法终止时,有三种情况:

(1)人工网络上的最小费用流问题有有界的最优解,且最优解中所有人工弧上的流量为零,则原问题也有有界的最优解,且人工网络中人工弧上的流量正好就是原问题的最优解.

(2)人工网络上的最小费用流问题有有界的最优解,且最优解中某些人工弧上的流量不为零,则原问题是不可行的.

(3)人工网络上的最小费用流问题没有有界的最优解(即最优值趋向负无穷),则原问题也没有有界的最优解(即最优值趋向负无穷).

然而,如果 M 的取值不足够大,即使原问题有有界的最优解,人工网络上的最小费用流问题可能也会没有有界的最优解(即最优值趋向负无穷).那么,实际计算中 M 取多大才算"充分大",理论上可以证明,当 $M>(n-1)c/2$ 时,上述结论(1)~(3)就是成立的(这里 $c=\max\{|c_{ij}|:(i,j)\in A\}$).在实际应用中,一般采用一种自适应策略:首先取 M 为某一个中等规模大小的正数进行计算;如果最优解中某些人工弧上的流量不为零,则增加 M 是规模重新计算.

网络单纯形算法可以直接推广到容量有界的最小费用流问题,即假设所有弧上的容量可以有下界和上界的约束.这里我们直接给出相应的结论,详细的推导留给读者自己完成.

首先,这个问题一般可以表示为

$$\min \boldsymbol{c}^{\mathrm{T}}\boldsymbol{x} \tag{8.5.25}$$

$$\text{s.t.}\quad \boldsymbol{B}\boldsymbol{x}=\boldsymbol{d} \tag{8.5.26}$$

$$l_{ij}\leqslant x_{ij}\leqslant u_{ij} \tag{8.5.27}$$

其中 l_{ij} 和 u_{ij} 分别为容量的下界和上界.

在前面的讨论中,我们用支撑树表示基,只有树弧上的流量可以为正数,所有非树弧上的流量等于下界零.对于容量有上、下界约束的情形,仍然只有树弧上的流量可以不等于下界和上界,而所有非树弧上的流量只能等于下界或上界.但是,与前面的讨论不同的是,这里我们对非树弧还需要进一步明确其流量究竟等于下界还是上界.也就是说,基可以用所有弧的一个划分 (T,L,U) 来表示,其中 T 是一棵支撑树,L 是非树弧中流量等于下界的弧的集合,U 是非树弧中流量等于上界的弧的集合.三元组 (T,L,U) 可以称为基结构(简称为基),或支撑树结构.给定一个基结构 (T,L,U),非树弧上的流量已经确定,所以树弧上的流量也可以方便地根据节点上的流量守恒约束计算出来,并且也是惟一的.如果这些流量同时满足容量的上、下界约束,则 (T,L,U) 是可行支撑树与前面的讨论完全类似地进行计算.

为了处理退化和循环,仍然可以类似强可行树概念定义强可行树结构.

定义 8.24 假定计算节点上的势时所选定的"根节点"是固定的,在可行树结构 (T,L,U) 中,如果树弧中所有流量等于下界的弧都是根节点的,并且树弧中所有流量等于上界的弧都不是远离根节点的(可以称为面向根节点的),则 (T,L,U) 是强可行树结构.

为了从一个初始的强可行树结构开始迭代,仍然可以构造人工网络,采用大一

M 方法。具体方法是:增加人工节点零,并假设其供需量为 $d_0=0$. 然后对原网络中的所有节点 i,按如下步骤加入人工弧:如果 $d_i>0$,则加入人工弧$(i,0)$;否则加入人工弧$(0,i)$. 记所有人工弧的集合为 $T^{(0)}$,所有人工弧上的费用 T 假定为一个充分大的正数 M,并称原网络加入人工弧后的新网络为人工网络. 此时,问题转化为

$$\min c(\boldsymbol{x}) = \sum_{(i,j)\in A} c_{ij}x_{ij} + M\Big(\sum_{(i,0)\in T^{(0)}} x_{i0} + \sum_{(0,i)\in T^{(0)}} x_{0i}\Big) \tag{8.5.28}$$

$$\text{s.t.} \sum_{(i,j)\in A\cup T^{(0)}} x_{ij} - \sum_{(i,j)\in A\cup T^{(0)}} x_{ji} = d_i, \forall i \in V\cup\{0\} \tag{8.5.29}$$

$$l_{ij} \leqslant x_{ij} \leqslant u_{ij}, \quad \forall (i,j)\in A \tag{8.5.30}$$

$$0 \leqslant x_{i0} \leqslant \overline{d}_i, \quad \forall i \text{ 且 } d_i > 0 \tag{8.5.31}$$

$$0 \leqslant x_{i0} \leqslant \underline{d}_i, \quad \forall i \text{ 且 } d_i \leqslant 0 \tag{8.5.32}$$

其中

$$\overline{d}_i = d_i - \sum_{(i,j)\in A} l_{ij} + \sum_{(i,j)\in A} l_{ji} \tag{8.5.33}$$

$$\underline{d}_i = -d_i + \sum_{(i,j)\in A} l_{ij} - \sum_{(i,j)\in A} l_{ji} \tag{8.5.34}$$

此时,$(T^{(0)},A,\emptyset)$是初始的强可行树结构,且初始基本可行解为

$$\forall (i,j)\in A, x_{ij}=l_{ij}; \forall (i,0)\in T^{(0)}, \text{即 } d_i>0, x_{0i} = -d_i; \forall (0,i)\in T^{(0)} \text{ 即 } d_i\leqslant 0, x_{0i} = -d_i.$$

下面我们直接给出网络单纯形算法步骤:

Step 1. 获得一个初始的基本可行解 $\boldsymbol{x}$ 及对应的强可行树结构(T,L,U).

Step 2. 计算对偶变量 π.

Step 3. 判断是否达到最优解,根据互补松弛条件,如果对任意的$(i,j)\in L$, $c_{ij}^{\pi}\geqslant 0$;并且 $\forall (i,j)\in U, c_{ij}^{\pi}\leqslant 0$,则已经达到最优解,否则选取一条不满足上述条件的弧(p,q)为入基弧.

Step 4. 设 $T\cup\{(p,q)\}$包含的圈 W. 如果$(p,q)\in L$,我们把弧(p,q)的方向定义为 W 的方向(正向);如果$(p,q)\in U$,我们把弧(p,q)的相反方向定义为 W 的反向. 假设 $W^-\neq\emptyset$,令

$$\delta = \min(\min\{x_{ij}-l_{ij} \mid (i,j)\in W^-\}, \min\{u_{ij}-x_{ij} \mid (i,j)\in W^+\}),$$

$$\overline{W}: = \{(i,j)\in W^- \mid x_{ij}-l_{ij}=\delta\} \cup \overline{W} = \{(i,j)\in W^+ \mid u_{ij}-l_{ij}=\delta\}$$

则 $\overline{W}$ 为所有可能的离基弧的集合,进一步我们记节点 $\overline{p}$ 是 T 中从根节点 r 到节点 p 的路与圈 W 的第一个交点,并选取离基弧(k,l)的从 $\overline{p}$ 出发沿圈 W 的正向前进时第一次所遇到的 $\overline{W}$ 中的弧.

Step 5. 沿圈 W 的正向增广流量 δ,即修改 $\boldsymbol{x}$ 及对应的强可行树结构$(T,L,$

U)，转到 Step 2.

例 9. 用网络单纯形算法计算如图 8.35(a)所示网络中的最小费用流(假设所有弧上的下界为零，图中弧上的前一个数字表示弧上的容量，后一个数字表示弧上的单位费用，节点上的数字表示供需量).

解 首先假设已经获得一个初始的可行树结构 $T=\{(1,2),(1,3),(2,4),(2,5),(5,6)\}$，$L=\{(2,3),(5,4)\}$，$U=\{(3,5),(4,6)\}$，对应的基本可行解 $\boldsymbol{x}$ 和对应的对偶变量 π，如图 8.35(b)所示(图中弧上的数字表示树弧上的流量 $\boldsymbol{x}$；令节点 3 的对偶变量为零，节点上的数字表示对偶变量 π).

此时，树弧中只有(1,2)上的流量是等于其上容量的，且(1,2)是面向根节点的，因此(T,L,U)是强可行树结构. 计算可知 $c_{35}^{\pi}=4-0+(-3)=1>0$. 因此它不满足最优条件，我们选取(3,5)为入基弧，此时，沿增广圈可以增广的最大流量为 1，即(2,5)离基，增广并计算对偶变量得到如图 8.35(c)所示网络。

此时，可行树结构 $T=\{(1,2),(1,3),(2,4),(3,5),(5,6)\}$，$L=\{(2,3),(5,4)\}$，$U=\{(2,5),(4,6)\}$. 由于树弧上的流量都不等于其上的容量，因此$(T,L,U)$仍然是强可行树结构，计算可知$c_{46}^{\pi}=3-(-6)+(-8)1>0$. 因此它不满足最优条件，我们选取(4,6)为入基弧，此时，沿增广圈可以增广的最大流量为 1，即(3,5)离基，增广并计算对偶变量得到如图 8.35(d)所示网络.

容易验证，此时已经得到最优解.

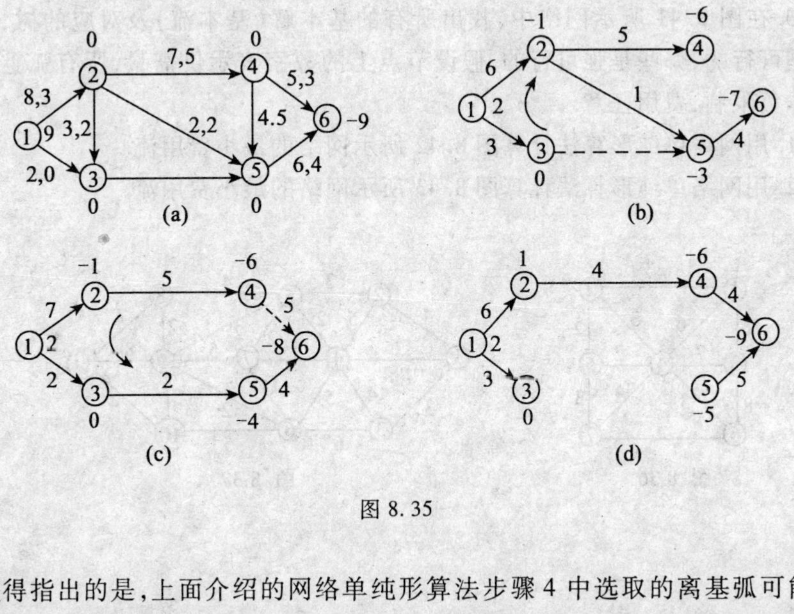

图 8.35

值得指出的是，上面介绍的网络单纯形算法步骤 4 中选取的离基弧可能就是步骤 3 中的入基弧. 这时，经过一次旋转，虽然 T 是不变的，但 U，L 会发生变化，算法过程中只对强可行树结构进行处理，因此可以避免出现循环. 为了获得较好的计算效率,在计算机上具体实现网络单纯形算法时,一般还要仔细选定具体的网络表示方法,以及对树的操作采用一些特殊的高效算法等,这些细节我们就不再详细介绍了,有兴趣的读者可以参看一些相关的专著.

习　题

1. 国际女排锦标赛最后由中国、古巴、俄罗斯和美国进行循环赛决出名次,其比赛结果是:中国胜俄罗斯和美国,古巴胜中国和俄罗斯,俄罗斯胜美国,美国胜古巴. 试用图表示这一结果.

2. 设 A 是简单图 G 的关联矩阵. 试证 A 的每一列之和均为 2.

3. 证明:n 阶连通有向图的关联矩阵的秩为 $n-1$. 这一结论对无向图是否成立?

4. 分别用本书介绍的 3 种最小树算法计算图 8.36 中网络的最小树.

5. 分别用本书介绍的 3 种最小树算法计算图 8.37 中网络的最小树.

6. 计算上题网络中的最小树,使其包含与节点 1 相关的 3 条弧(1,2),(1,3)和(1,4).

7. 用 Djkstra 算法求图 8.38 所示网络中自点 1 到其他各点的最短路长.

8. 用 Floyd 算法计算图 8.39 所示网络中所有点对间的最短路.

9. 用 Ford-Fulkerson 算法计算图 8.40 所示网络中从 s 到 t 的最大流.

10. 在图 8.41 所示网络中,找出所有的基本解(基本流)及对应的树,并指出哪些是可行的,哪些是强可行的. 假设节点上的数字表示供需量,所有弧上的流量只有非负限制,费用任意.

11. 用网络单纯形算法计算图 8.42 所示网络的最小费用流.

12. 用网络单纯形算法计算图 8.43 所示网络的最小费用流.

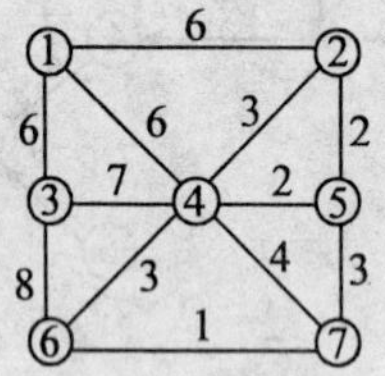

图 8.36

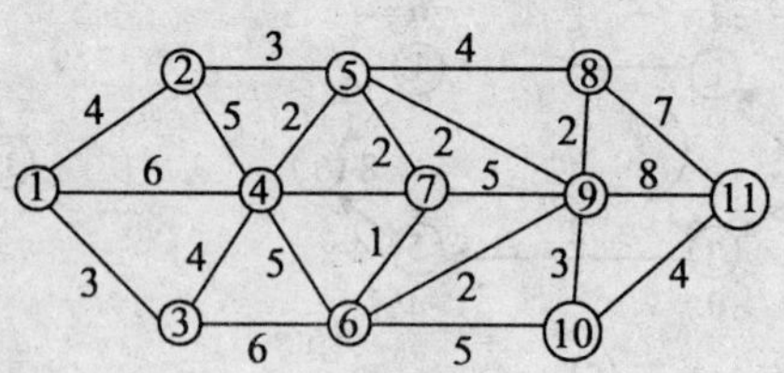

图 8.37

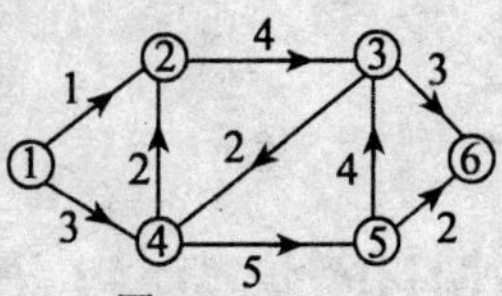

图 8.38

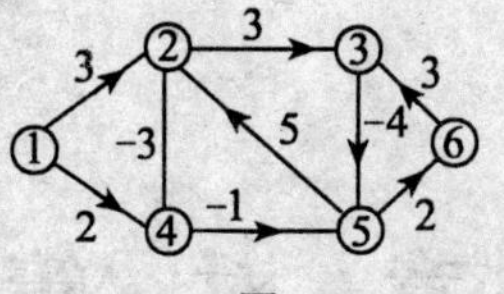

图 8.39

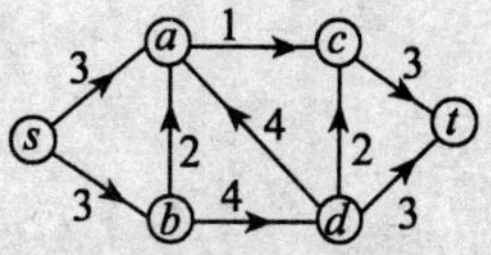

图 8.40

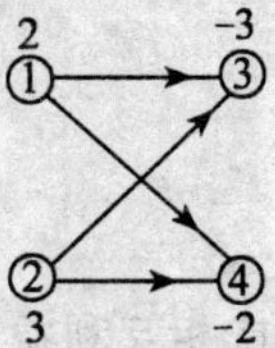

图 8.41

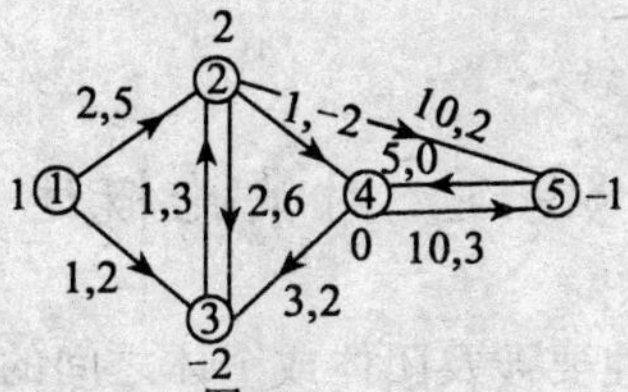

图 8.42

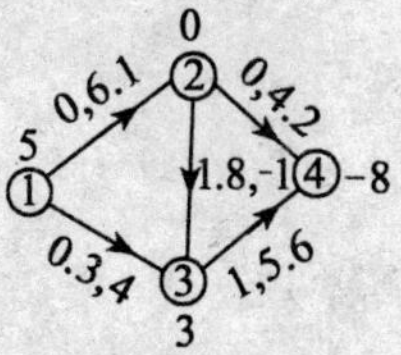

图 8.43

第九章 对 策 论

§9.1 对策论概述

在实际生活中,人们往往要涉及团体或个体之间的竞争或相互利益冲突问题,如体育比赛,经济市场中买卖双方的价格争执,资源环境的利用与保护,战争冲突等.这类冲突问题的理论模型为对策或博弈(game).

对策论也称博弈论,是一种专门研究和分析矛盾抗争现象的数学理论.对其进行真正的科学研究始于20世纪初,以泽梅洛(Zermelo)、博雷尔(Borel)、冯·纽曼(Von Newman)等人的工作为代表.冯·纽曼(Von Newman)和摩根斯坦(Morgensten)于1944年合著的《对策论和经济行为》是对策论发展成为一门科学的标志.该理论讨论在复杂的矛盾冲突等活动中,局中人应采用何种合理的策略才能处于有利的地位,并取得较理想的结果.

9.1.1 对策模型的三个基本要素

1. 局中人(player)

在一个对策行为中,或者在一局对策中,有权决定自己行为方案对策的参加者称为局中人.通常用 I 表示局中人的集合,如果有 n 个局中人,则 $I=\{1,2,\cdots,n\}$.一般要求一个对策中至少有两个局中人.称只有两个局中人的对策为二人对策,把多于两个局中人的对策称为多人对策.

2. 策略(Strategy)

在一局对策中,可供局中人选择的实际可行的完整的行动方案称为一个策略.局中人的所有策略的全体称为局中人的策略集合(strategy set),参加对策的局中人 i 的策略集合记做 S_i.显然,每个局中人至少有两个以上的策略.

3. 赢得函数(支付函数)

在一局对策中,每个局中人都有自己的策略集合,从每个局中人的策略集合中各取出一个策略组成一个策略组称为一个局势,即假设 s_i 是第 i 个局中人的一个策略,则 n 个局中人的策略可以形成一个策略组 $s=(s_1,s_2,\cdots,s_n)$. s 就是一个局势,若记 S 是全体局势的集合,则

$$S=S_1\times S_2\times\cdots\times S_n.$$

当一个局势 S 出现后,应该为每一个局中人规定一个赢得值(或所失值)$H_i(s)$,显然 $H_i(s)$ 是定义在 S 上的函数,称为局中人 i 的赢得函数.

一般地,当局中人,策略集合和赢得函数这三个基本要素确定后,一个对策模型也就确定了.

9.1.2　对策的分类

(1)根据局中人的个数,分为二人对策与多人对策.

(2)根据局中人各方案策略集合中的策略是否有限,分为有限对策与无限对策.

(3)根据局中人的赢得函数的代数和是否为零,分为零和对策与非零和对策.

(4)根据策略的选择是否与时间有关,可以分为静态对策与动态对策.静态对策又可以根据各局中人之间是否结盟,分为结盟对策与不结盟对策.

(5)根据对策模型的数学特征,分为矩阵对策,连续对策,微分对策,凸对策以及随机对策.

§9.2　矩阵对策

矩阵对策即二人有限零和对策,是指这样一类对策现象:参加对策的人只有两个,每个局中人都只有有限个可供选择的策略,而且在任一局中两个局中人的赢得之和等于零,即一个局中人的所得恰好等于另一个局中人的所失.这种对策的特点是局中人的利益是冲突的,所以矩阵对策又称为有限对抗对策.

9.2.1　矩阵对策的数学模型

我们分别用Ⅰ,Ⅱ代表两个局中人,假设局中人Ⅰ有 m 个策略 $\alpha_1,\alpha_2,\cdots,\alpha_m$,则Ⅰ的策略集合 $S_1=(\alpha_1,\alpha_2,\cdots,\alpha_m)$;同理,如果局中人Ⅱ有 n 个策略 $\beta_1,\beta_2,\cdots,\beta_n$,则Ⅱ的策略集合 $S_2=(\beta_1,\beta_2,\cdots,\beta_n)$.我们通常称策略集合 S_1 和 S_2 中的策略 α_i,β_j 为纯策略,同时称 S_1,S_2 为纯策略集合.

当局中人Ⅰ选定纯策略 α_i 和局中人Ⅱ选定纯策略 β_j 后,就形成一个纯局势 (α_i,β_j),这样的纯局势共有 $m\times n$ 个,对任一个纯局势 (α_i,β_j),若记局中人Ⅰ的赢得矩阵为 $(a_{ij})_{m\times n}$,则称

$$\begin{pmatrix} a_{11} & a_{12} & \cdots & a_{1n} \\ a_{21} & a_{22} & \cdots & a_{2n} \\ \vdots & \vdots & & \vdots \\ a_{m1} & a_{m2} & \cdots & a_{mn} \end{pmatrix}$$

为局中人Ⅰ的赢得矩阵.由于对策是零和的,因此只要给出Ⅰ的赢得矩阵 $\boldsymbol{A}$,就等

于给出了局中人Ⅱ的赢得矩阵,显然,Ⅱ的赢得矩阵为 $-\boldsymbol{A}$,两者的和为零矩阵.

由此可见,给出了一个矩阵对策就给定了一个赢得矩阵;反之,给定了一个赢得矩阵,一个矩阵对策也就确定了.通常将这个对策记为 $G=\{S_1,S_2,\boldsymbol{A}\}$.

9.2.2 矩阵对策的最优策略

所谓局中人的最优策略是指在多次重复进行对策时,该对策能保证获得最大可能的平均赢得(或最小可能的平均损失),求解一个对策就是要找出每一个局中人的最优策略.

定义 9.1 设一矩阵对策为 $G=\{S_1,S_2,\boldsymbol{A}\}$,其中:$S_1=(\alpha_1,\alpha_2,\cdots,\alpha_m)$,$S_2=(\beta_1,\beta_2,\cdots,\beta_n)$,$\boldsymbol{A}=(a_{ij})_{m\times n}$,若

$$\max_i \min_j a_{ij}=\min_j \max_i a_{ij} \tag{9.2.1}$$

成立,用 V_G 表示式(9.2.1)的值,则称 V_G 为对策的值,使得式(9.2.1)成立的局势 $(\alpha_{i^*},\beta_{j^*})$ 称为对策 G 的平稳局势(或最优局势),或称对策在纯策略意义下的解,称 α_{i^*},β_{j^*} 分别是局中人Ⅰ和Ⅱ的最优策略.

若存在一个局势 $(\alpha_{i^*},\beta_{j^*})$ 使 $\alpha_{i^*j^*}=\max\limits_i \min\limits_j a_{ij}=\min\limits_j \max\limits_i a_{ij}$,则局势 $(\alpha_{i^*},\beta_{j^*})$ 就是对策 G 在纯策略意义下的解.显然,$a_{i^*j^*}$ 在矩阵 $\boldsymbol{A}$ 中既是第 i^* 行的最小元素,又是第 j^* 列的最大元素,因此在矩阵对策中又称 $\alpha_{i^*j^*}$ 是矩阵 $\boldsymbol{A}$ 的鞍点,或对策 G 的鞍点.

定理 9.1 矩阵对策 $G=\{S_1,S_2,A\}$ 在纯策略意义下有解的充分必要条件是存在一个局势 $(\alpha_{i^*},\beta_{j^*})$,使得对一切 $i\in\{1,2,\cdots,m\}$ $j\in\{1,2,\cdots,n\}$ 均有

$$a_{ij^*}\leqslant a_{i^*j^*}\leqslant a_{i^*j} \tag{9.2.2}$$

证 必要性 假设 $\min\limits_j a_{ij}$ 在 $i=i^*$ 时达到最大,而 $\max\limits_i a_{ij}$ 在 $j=j^*$ 时达到最小,即

$$\max_i \min_j a_{ij}=\min_j a_{i^*j} \quad \min_j \max_i a_{ij}=\max_i a_{ij^*}$$

由于矩阵对策 G 在纯策略意义下有解,即:$\max\limits_i \min\limits_j a_{ij}=\min\limits_j \max\limits_i a_{ij}$

故 $\min\limits_j a_{i^*j}=\max\limits_i a_{ij^*}$ 从而 $\max\limits_i a_{ij^*}\leqslant a_{i^*j^*}$.即对一切 $i\in\{1,2,\cdots,m\}$ 均有 $a_{ij^*}\leqslant a_{i^*j^*}$.

同理,可以证明对一切 $j\in\{1,2,\cdots,n\}$ 有 $a_{i^*j^*}\leqslant a_{ij^*}$.

充分性 由不等式(9.2.2)可得 $\max\limits_i a_{ij^*}\leqslant a_{i^*j^*}\leqslant\min\limits_j a_{i^*j}$

而 $\min\limits_j \max\limits_i a_{ij}\leqslant\max\limits_i a_{ij^*}$, $\min\limits_j a_{ij^*}\leqslant\max\limits_i \min\limits_j a_{ij}$

于是

$$\min_j \max_i a_{ij}\leqslant a_{i^*j^*}\leqslant\max_i \min_j a_{ij}.$$

另一方面,对任意矩阵 $\boldsymbol{A}$,显然有:$\min\limits_j a_{ij}\leqslant\min\limits_j \max\limits_i a_{ij}$

从而

$$\max_i \min_j a_{ij}\leqslant\min_j \max_i a_{ij}$$

由上述两个不等式,可得 $\max\limits_i \min\limits_j a_{ij}=\min\limits_j \max\limits_i a_{ij}=a_{i^*j^*}$,因此,矩阵对策 G 在纯策

略意义下有解$(\alpha_{i^*},\beta_{j^*})$. 证毕.

例 1. 设局中人Ⅰ有三个策略,即$\alpha_1,\alpha_2,\alpha_3$,局中人Ⅱ有四个策略,即$\beta_1,\beta_2,\beta_3,\beta_4$,相应的支付矩阵为$A=\begin{pmatrix} 2 & -1 & 2 & 0 \\ -3 & 2 & -3 & 2 \\ 3 & -2 & -1 & 4 \end{pmatrix}$

容易发现:$a_{i2}\leqslant a_{12}\leqslant a_{1j}$对一切$i\in\{1,2,3\}$和$j\in\{1,2,3,4\}$成立.

因此(α_1,β_2)是对策G的解.

例 2. 设局中人Ⅰ有三个策略,即$\alpha_1,\alpha_2,\alpha_3$,局中人Ⅱ有三个策略,即$\beta_1,\beta_2,\beta_3$,相应的支付矩阵为$A=\begin{pmatrix} 6 & 5 & 6 \\ 1 & 4 & 2 \\ 8 & 5 & 7 \end{pmatrix}$.

容易发现:$a_{i2}\leqslant a_{12}\leqslant a_{1j}$且$a_{i2}\leqslant a_{32}\leqslant a_{3j}$对一切$i\in\{1,2,3\}$和$j\in\{1,2,3\}$成立. (α_1,β_2)和(α_3,β_2)都是对策G的解,a_{12},a_{32}都是矩阵A的鞍点,且$a_{12}=a_{32}=5$. 此时局中人Ⅰ的最优纯策略是α_1,α_3,而局中人Ⅱ的最优纯策略是β_2,且对策值$V_G=5$.

9.2.3 矩阵对策的混合策略

对一般无鞍点的对策,由于不存在一个双方局中人都可以接受的平稳局势,因此双方选择任何一种策略的可能性都不能排除,为了不至于被对方猜出自己的策略,最好的办法是随机地选取各个纯策略,并给出选择不同纯策略的概率分布,为此,我们引进混合策略的概念.

定义 9.2 设有矩阵对策$G=\{S_1,S_2,A\}$,其中:$S_1=(\alpha_1,\alpha_2,\cdots,\alpha_m)$,$S_2=(\beta_1,\beta_2,\cdots,\beta_n)$,$A=(a_{ij})_{m\times n}$. 如果局中人Ⅰ以概率$x_i$选取$\alpha_i(i=1,2,\cdots,m)$且$\sum\limits_{i=1}^{m}x_i=1(x_i\geqslant 0)$;局中人Ⅱ以概率$y_i$选取$\beta_j(j=1,2,\cdots,n)$且$\sum\limits_{j=1}^{n}y_j=1(y_j\geqslant 0)$,则分别称纯策略集合所对应的概率向量$X=(x_1,x_2,\cdots,x_m)$,$Y=(y_1,y_2,\cdots,y_n)$为局中人Ⅰ和Ⅱ的混合策略,简称策略. 局中人Ⅰ和Ⅱ所有的混合策略构成的集合$S_1{}^*$和$S_2{}^*$分别称为它们的混合策略集.

定义 9.3 给定的矩阵对策$G=\{S_1,S_2,A\}$,对于任意选取的混合策略$X=(x_1,x_2,\cdots,x_m)\in S_1{}^*$,$Y=(y_1,y_2,\cdots,y_n)\in S_2{}^*$,称数学期望$E(X,Y)=\sum\limits_{i=1}^{m}\sum\limits_{j=1}^{n}a_{ij}x_iy_j$为局中人Ⅰ的期望赢得,而局势$(X,Y)$称为混合局势,对策$G^*=(S_1{}^*,S_2{}^*,E)$为对策$G$的混合扩充.

定义 9.4 设$G^*=(S_1{}^*,S_2{}^*,E)$是矩阵对策$G=\{S_1,S_2,A\}$的混合扩充,如果有

$$\max_{X\in S_1^*}\min_{Y\in S_2^*}E(X,Y)=\min_{Y\in S_2^*}\max_{X\in S_1^*}E(X,Y) \tag{9.2.3}$$

则称这个公共值为对策 G 在混合策略意义下的值,记为 V_{G^*},称使式(9.2.3)成立的混合局势($\boldsymbol{X}^*,\boldsymbol{Y}^*$)为 G 在混合策略意义下的解(或平衡局势),称 $\boldsymbol{X}^*,\boldsymbol{Y}^*$ 分别为局中人Ⅰ和Ⅱ的最优策略.

定理 9.2 矩阵对策 $G=\{S_1,S_2,\boldsymbol{A}\}$ 在混合策略意义下有解的充分必要条件是存在一个混合局势($\boldsymbol{X}^*,\boldsymbol{Y}^*$),使得对一切 $\boldsymbol{X}\in S_1^*,\boldsymbol{Y}\in S_2^*$ 均有 $E(\boldsymbol{X},\boldsymbol{Y}^*)\leqslant E(\boldsymbol{X}^*,\boldsymbol{Y}^*)\leqslant E(\boldsymbol{X}^*,\boldsymbol{Y})$.

定理 9.2 与定理 9.1 类似,故证明略.

§9.3 矩阵对策的基本定理

本节讨论矩阵对策在混合策略意义下解的存在性问题,结论是:任何一个给定的矩阵对策在混合意义下一定有解.

记 $E(\alpha_i,\boldsymbol{Y})=\sum_{j=1}^{n}a_{ij}y_j$ $E(\boldsymbol{X},\beta_j)=\sum_{i=1}^{m}a_{ij}x_i$ 分别表示局中人 Ⅰ 取纯策略 α_i 时的期望赢得和局中人 Ⅱ 取纯策略 β_j 时的期望所失.

定理 9.3 对给定的矩阵对策 $G=\{S_1,S_2,\boldsymbol{A}\}$,设 $\boldsymbol{X}\in S_1^*,\boldsymbol{Y}\in S_2^*$,则($\boldsymbol{X}^*,\boldsymbol{Y}^*$)是 G 在混合意义下的解,且数 $v=V_{G^*}$ 的充分必要条件是对一切 $i\in\{1,2,\cdots,m\},j\in\{1,2,\cdots,n\}$ 均有

$$E(\alpha_i,\boldsymbol{Y}^*)\leqslant v\leqslant E(\boldsymbol{X}^*,\beta_j).$$

证 必要性 假设局势($\boldsymbol{X}^*,\boldsymbol{Y}^*$)是对策 G 在混合意义下的解,由定理 9.2,对一切 $\boldsymbol{X}\in S_1^*,\boldsymbol{Y}\in S_2^*$ 均有

$$E(\boldsymbol{X},\boldsymbol{Y}^*)\leqslant E(\boldsymbol{X}^*,\boldsymbol{Y}^*)\leqslant E(\boldsymbol{X}^*,\boldsymbol{Y})$$

由于纯策略 α_i,β_j 是混合策略的特殊情况,且 $v=V_{G^*}=E(\boldsymbol{X}^*,\boldsymbol{Y}^*)$,因此对一切 i,j 均有 $E(\alpha_i,\boldsymbol{Y}^*)\leqslant v\leqslant E(\boldsymbol{X}^*,\beta_j)$.

充分性 假设对一切 i,j 均有:$E(\alpha_i,\boldsymbol{Y}^*)\leqslant v\leqslant E(\boldsymbol{X}^*,\beta_j)$. 由于对任意的 $\boldsymbol{X}\in S_1^*,\boldsymbol{Y}\in S_2^*$ 有

$$\begin{aligned}E(\boldsymbol{X},\boldsymbol{Y}^*)&=\sum_{i=1}^{m}\sum_{j=1}^{n}a_{ij}x_iy_j^*=\sum_{i=1}^{m}x_i\Big(\sum_{j=1}^{n}a_{ij}y_j^*\Big)\\&=\sum_{i=1}^{m}x_iE(\alpha_i,\boldsymbol{Y}^*)\leqslant\sum_{i=1}^{m}x_iv=v\end{aligned}$$

及

$$\begin{aligned}E(\boldsymbol{X}^*,\boldsymbol{Y})&=\sum_{i=1}^{m}\sum_{j=1}^{n}a_{ij}x_i^*y_j=\sum_{i=1}^{m}\Big(\sum_{j=1}^{n}a_{ij}x_i^*\Big)y_j\\&=\sum_{j=1}^{n}E(\boldsymbol{X}^*,\beta_j)y_j\geqslant\sum_{j=1}^{n}vy_j=v\end{aligned}$$

因此对任意 $\boldsymbol{X}\in S_1^*,\boldsymbol{Y}\in S_2^*$ 有:$E(\boldsymbol{X},\boldsymbol{Y}^*)\leqslant v\leqslant E(\boldsymbol{X}^*,\boldsymbol{Y})$

又因为 $$E(X^*,Y^*) = \sum_{i=1}^{m} x_i^* E(\alpha_i,Y^*) \leqslant \sum_{i=1}^{m} x_i^* v = v$$

$$E(X^*,Y^*) = \sum_{j=1}^{n} E(X^*,\beta_j) y_j^* \geqslant \sum_{j=1}^{n} v y_j^* = v$$

从而 $$v = E(X^*,Y^*).$$

由定理 9.2 可知:(X^*,Y^*)是 G 在混合意义下的解,且数$v = V_{G^*}$. 证毕.

定理 9.4 对任何一个矩阵对策 $G = \{S_1,S_2,A\}$,一定存在混合意义下的解.

证 考虑如下两个线性规划问题

(LP) $\max z = u$

$$\text{s.t.}\begin{cases} \sum_{i=1}^{m} a_{ij}x_i \geqslant u, & j \in \{1,2,\cdots,n\} \\ \sum_{i=1}^{m} x_i = 1 \\ x_i \geqslant 0, & i \in \{1,2,\cdots,m\}, u \text{ 无约束} \end{cases}$$

及 (DP) $\min w = v$

$$\text{s.t.}\begin{cases} \sum_{j=1}^{n} a_{ij}y_j \leqslant v, & i \in \{1,2,\cdots,m\} \\ \sum_{j=1}^{n} y_j = 1 \\ y_j \geqslant 0, & j \in \{1,2,\cdots,n\}, v \text{ 无约束} \end{cases}$$

问题(LP)和问题(DP)是互为对偶的线性规划,而且 $X = (1,0,\cdots,0)^{\mathrm{T}} \in \mathbf{R}^m$, $u = \min\limits_{j} a_{ij}$是问题(LP)的一个可行解;而 $Y = (1,0,\cdots,0)^{\mathrm{T}} \in \mathbf{R}^n$, $v = \max\limits_{i} a_{ij}$是问题(DP)的一个可行解. 由线性规划对偶定理可知,问题(LP)和问题(DP)分别存在最优解(X^*,u^*)和(Y^*,v^*),而且具有相同的目标函数值 $u^* = v^*$.

由此可得:存在 $X \in S_1^*$, $Y \in S_2^*$ 以及 $v = u^* = v^*$,使得对任意 $i(i = 1,2,\cdots,m)$和$j(j = 1,2,\cdots,n)$,有 $\sum_{j=1}^{n} a_{ij}y_j^* \leqslant v \leqslant \sum_{i=1}^{m} a_{ij}x_i^*$ 即$E(\alpha_i,Y^*) \leqslant v \leqslant E(X^*,\beta_j)$.

由定理 9.3,(X^*,Y^*)是 G 在混合意义下的解,且数 $v = V_{G^*}$.

以下定理将给出矩阵对策及其解的若干重要性质,这些性质将在矩阵对策的求解过程中起重要作用.

定理 9.5 如果(X^*,Y^*)是对策 G 的解,$v = V_{G^*}$为对策值,则

(1) 若 $x_i^* > 0$,则$\sum_{j=1}^{n} a_{ij}y_j^* = v$.

(2) 若 $y_j^* > 0$,则$\sum_{i=1}^{m} a_{ij}x_i^* = v$.

(3) 若 $\sum_{j=1}^{n} a_{ij}y_j^* < v$,则 $x_i^* = 0$.

(4) 若 $\sum_{i=1}^{m} a_{ij}x_i^* > v$,则 $y_j^* = 0$.

定理 9.5 可以由对偶规划互补松弛定理证得.

定理 9.6 设有两个矩阵对策 $G_1 = \{S_1, S_2, A_1\}$ 和 $G_2 = \{S_1, S_2, A_2\}$.

(1) 若 $A_1 = (a_{ij})$, $A_2 = (a_{ij} + c)$, c 为任意常数,则 $V_{G_1^*} = V_{G_1^*} + c$ 且 $T(G_1) = T(G_2)$.

(2) 若 $A_1 = (a_{ij})$, $A_2 = (ka_{ij})$, k 为任意常数,则 $V_{G_1^*} = kV_{G_1^*}$ 且 $T(G_1) = T(G_2)$. 其中 $T(G)$ 为矩阵对策 G 的解集.

证 (1) 设 (X, Y) 为任意的混合局势,$E_1(X, Y)$, $E_2(X, Y)$ 分别为对策 G_1 和 G_2 中局中人 I 的期望赢得,则

$$E_2(X,Y) = \sum_{i=1}^{m}\sum_{j=1}^{n} a_{ij}x_iy_j + c = E_1(X,Y) + c.$$

若 (X^*Y^*) 为对策 G_1 的解,则由定理 9.2 对一切 $X \in S_1^*$, $Y \in S_2^*$ 均有

$$E_1(X, Y^*) \leqslant E_1(X^*, Y^*) \leqslant E_1(X^*, Y)$$

故 (X^*, Y^*) 也是对策 G_2 的解.

同理可证,若 (X^*, Y^*) 是对策 G_2 的解,则必为对策 G_1 的解. 因此 $T(G_1) = T(G_2)$,且 $V_{G_1^*} = V_{G_1^*} + c$.

类似可证(2). 证毕.

定理 9.7 设 $G = \{S_1, S_2, A\}$ 为一矩阵对策,且 $A = -A^{\mathrm{T}}$ 为反对称矩阵,则 $V_{G^*} = 0$ 且 $T_1(G) = T_2(G)$. 其中 $T_1(G)$ 和 $T_2(G)$ 分别为局中人 I 和 II 的最优策略集.

证 设 (X^*, Y^*) 为对策 G 的解,则对任意 $X \in S_1^*$, $Y \in S_2^*$,有

$$E(X, Y^*) \leqslant E(X^*, Y^*) \leqslant E(X^*, Y).$$

又因为 $A = -A^{\mathrm{T}}$, $a_{ij} = -a_{ji}$, $i, j \in \{1, 2, \cdots, m\}$

$$E(X,Y) = \sum_{i=1}^{m}\sum_{j=1}^{n} a_{ij}x_iy_j = -\sum_{j=1}^{n}\sum_{i=1}^{m} a_{ij}y_jx_i = -E(Y,X)$$

从而
$$E(Y, X^*) \leqslant E(X^*, Y^*) \leqslant E(Y^*, X).$$

即 (Y^*, X^*) 也是 G 的解,此时 Y^* 为局中人 I 的最优策略,X^* 为局中人 II 的最优策略. 从而可得 $T_1(G) = T_2(G)$.

又由对策值的惟一性(参看本章习题 3): $E(X^*, Y^*) = -E(Y^*, X^*) = v$. 所以 $v = V_{G^*} = 0$. 证毕.

§9.4 矩阵对策的解法

线性规划方法是求解矩阵对策的一般方法,用这种方法可以求解任一矩阵对

策. 由定理 9.4 可知, 求解矩阵对策可以转化为求解互为对偶的线性规划问题 (LP) 和问题 (DP).

不失一般性, 假设所有 $a_{ij}>0$, 若不然, 由定理 9.6 可以取某个 $c>0$, 使得 i 和 j 有 $a_{ij}+c>0$. 假设所有 $a_{ij}>0$, 则问题 (LP) 和问题 (DP) 可以约定 $u>0, v>0$.

在问题 (LP) 中令: $p_i=\dfrac{x_i}{u}, i\in\{1,2,\cdots,m\}$. 则问题 (LP) 的约束条件变为

$$\begin{cases}\sum\limits_{i=1}^{m} a_{ij}p_i \geqslant 1, j\in\{1,2,\cdots,n\}\\ \sum\limits_{i=1}^{m} p_i = \dfrac{1}{u}\\ p_i\geqslant 0, i\in\{1,2,\cdots,m\}\end{cases}$$

于是问题 (LP) 等价于线性规划问题 (LP′):

$$(\mathrm{LP}') \qquad \min z' = \sum_{i=1}^{m} p_i$$

$$\text{s.t.}\begin{cases}\sum\limits_{i=1}^{m} a_{ij}p_i \geqslant 1, j\in\{1,2,\cdots,n\}\\ p_i\geqslant 0, i\in\{1,2,\cdots,m\}\end{cases}$$

同理在问题 (DP) 中令 $q_j=\dfrac{y_j}{v}, j\in\{1,2,\cdots,m\}$, 于是问题 (DP) 等价于线性规划问题 (DP′)

$$(\mathrm{DP}') \qquad \max w' \sum_{j=1}^{n} q_j$$

$$\text{s.t.}\begin{cases}\sum\limits_{j=1}^{n} a_{ij}q_j, i\in\{1,2,\cdots,m\}\\ q_j\geqslant 0, j\in\{1,2,\cdots,n\}\end{cases}$$

显然, 问题 (LP′) 和问题 (DP′) 互为对偶线性规划问题, 分别存在最优解 $P^*=(p_1{}^*, p_2{}^*, \cdots, p_m{}^*)$, $Q^*=(q_1{}^*, q_2{}^*, \cdots, q_n{}^*)$ 满足条件, 且使 $\sum\limits_{i=1}^{m} p_i{}^* = \sum\limits_{j=1}^{n} q_j{}^* = \dfrac{1}{v}$, 其中: $v=V_{G^*}$ 为矩阵对策 G 的值. 由 v, P^*, Q^* 可得 $\boldsymbol{X}^*=vP^*$, $\boldsymbol{Y}^*=vQ^*$ 且 $(\boldsymbol{X}^*, \boldsymbol{Y}^*)$ 为矩阵对策的解.

例 3. 设赢得矩阵 $\boldsymbol{A}=\begin{pmatrix}0 & 1 & -1\\ -1 & 0 & 1\\ 1 & -1 & 0\end{pmatrix}$. 试求矩阵对策.

解 取 $c=2$, 得 $\overline{A}=\begin{pmatrix}2 & 3 & 1\\ 1 & 2 & 3\\ 3 & 1 & 2\end{pmatrix}$

由此需求如下对偶线性规划问题

$$\min z = p_1 + p_2 + p_3 \qquad \max w = q_1 + q_2 + q_3$$

$$\text{s.t.}\begin{cases}2p_1 + p_2 + 3p_3 \geqslant 1\\3p_1 + 2p_2 + p_3 \geqslant 1\\p_1 + 3p_2 + 2p_3 \geqslant 1\\p_1, p_2, p_3 \geqslant 0\end{cases} \qquad \text{s.t.}\begin{cases}2q_1 + 3q_2 + q_3 \leqslant 1\\q_1 + 2q_2 + 3q_3 \leqslant 1\\3q_1 + q_2 + 2q_3 \leqslant 1\\q_1, q_2, q_3 \geqslant 0\end{cases}$$

利用单纯形方法求得上述对偶规划的解为

$$P^* = \left(\frac{1}{6}, \frac{1}{6}, \frac{1}{6}\right), Q^* = \left(\frac{1}{6}, \frac{1}{6}, \frac{1}{6}\right)$$

且

$$\sum_{i=1}^{3} p_i^* = \sum_{j=1}^{3} q_j^* = \frac{1}{2}$$

即 $\bar{v} = 2$. 又由定理 9.6,则原矩阵对策的值

$$\boldsymbol{X}^* = \bar{v}P^* = 2\left(\frac{1}{6}, \frac{1}{6}, \frac{1}{6}\right) = \left(\frac{1}{3}, \frac{1}{3}, \frac{1}{3}\right)$$

$$\boldsymbol{Y}^* = \bar{v}Q^* = 2\left(\frac{1}{6}, \frac{1}{6}, \frac{1}{6}\right) = \left(\frac{1}{3}, \frac{1}{3}, \frac{1}{3}\right).$$

除了线性规划求解一般矩阵对策问题以外,对许多特殊矩阵对策都能采取相应的求解方法:如线性方程组法,矩阵降阶法,图解法等. 读者可以参看文献[1],[2].

§9.5 n 人非合作对策

前面几节讨论二人非合作对策,本节将讨论多人非合作对策的情形.

设有 n 个局中人 $I = \{1, 2, \cdots, n\}$,每个局中人 i 有一个纯策略集 $s_i = \{s_1{}^i, s_2{}^i, \cdots, s_n{}^i\}, i \in \{1, 2, \cdots, n\}$. 当局中人 i 使用纯策略 $s^{(i)} \in S_i$ 时,称 $s = \{s^{(1)}, s^{(2)}, \cdots, s^{(n)}\}$ 为对策的一个局势,在该局势下,局中人的支付为 $P_i(s) = P_i(s^{(1)}, s^{(2)}, \cdots, s^{(n)})$.

这里讨论的是多人非合作对策,局中人与局中人之间不准有任何信息交流,也不许订立任何契约,所得支付也不能在对策完成后在局中人与局中人之间进行转移,即每个局中人各自为战,为了自己的最大利益而采取相应策略. 这种策略称为 n 人非合作对策.

n 人非合作对策由下列元素确定

$$\boldsymbol{\Gamma} = \{I, S_1, S_2, \cdots, S_n, P_1, P_2, \cdots, P_n\} \tag{9.5.1}$$

其中 I 为局中人集合,S_i 为局中人 i 的策略集,P_i 为定义在集合 $S_1 \times S_2 \times \cdots \times S_n$ 上的支付函数($i = 1, 2, \cdots, n$).

如果策略集 $S_1,S_2,\cdots,S_n$ 均为有限集,则称该对策为有限对策.如果 $\sum_{i=1}^{n} P_i(s^{(1)},s^{(2)},\cdots,s^{(n)})=0,\forall(s^{(1)},s^{(2)},\cdots,s^{(n)})\in S_1\times S_2\times\cdots\times S_n$ 成立,则称该对策为零和对策.

现在引进下列记号:

$$s\parallel t^{(i)}=(s^{(1)},s^{(2)},\cdots,s^{(i-1)},t^{(i)},s^{(i+1)},\cdots,s^{(n)})$$

该记号的意义是:在局势 $s=\{s^{(1)},s^{(2)},\cdots,s^{(n)}\}$ 中,第 i 个局中人把他的策略从 $s^{(i)}$ 换成 $t^{(i)}$,其他局中人的策略不变,这样得到的新的局势就是 $s\parallel t^{(i)}$.显然,$s\parallel s^{(i)}=s$.

定义 9.5 设 s^* 是 n 人非合作对策(9.5.1)的一个局势,如果对于每一个 $i\in I$ 和每一个 $s^{(i)}\in S_i(s^{(i)}=s_k^{(i)},k\in\{1,2,\cdots,m_i\})$,有 $P_i(s^*\parallel s^{(1)})\leqslant P_i(s^*)$,则称 S^* 是 $\boldsymbol{\Gamma}$ 的一个平衡局势或平衡点(equilibrium point).

在一个 n 人非合作对策中,平衡点不一定存在.

与矩阵对策情形一样,我们也需要考虑局中人的混合策略,也是定义在 S_i 上的一个概率分布,即

$$x^{(i)}=(x_1{}^{(i)},x_2{}^{(i)},\cdots,x_{m_i}{}^{(i)})$$

其中

$$x_k{}^{(i)}\geqslant 0,k\in\{1,2,\cdots,m_i\},\sum_{k=1}^{m_i}x_k{}^{(i)}=1.$$

局中人 i 以概率 $x_k{}^{(i)}$ 选择纯策略 $s_k{}^{(i)}$, $k\in\{1,2,\cdots,m_i\}$,称 $x=(x^{(1)},x^{(2)},\cdots,x^{(n)})$ 为对策 $\boldsymbol{\Gamma}$ 的一个混合策略局势.

类似地,定义 $x\parallel z^{(i)}=(x^{(1)},\cdots,{}^{(i-1)},z^{(i)},x^{(i+1)},\cdots,x^{(n)})$,则混合策略的 n 人非合作对策由下列三个因素确定:

(1)局中人集 $I=\{1,2,\cdots,n\}$.

(2)混合策略集 $\{x_1,x_2,\cdots,x_n\}$.

(3)相应的支付函数 $P_1,P_2,\cdots,P_n$.

在该混合局势下,局中人 i 的支付为数学期望

$$E_i(\boldsymbol{X})=\sum_{i_1=1}^{m_1}\sum_{i_2=1}^{m_2}\cdots\sum_{i_n=1}^{m_i}P_i(S_{i_1}{}^{(1)},S_{i_2}{}^{(2)},\cdots,S_{i_n}{}^{(n)})X_{i_1}{}^{(1)}X_{i_2}{}^{(2)}\cdots X_{i_n}{}^{(n)}.$$

定义9.6 设 $\boldsymbol{X}^*$ 为一混合局势,如果

$E_i(\boldsymbol{X}^*\parallel \boldsymbol{X}^{(i)})\leqslant E_i(\boldsymbol{X}^*),\forall \boldsymbol{X}^{(i)}\in X_i,i\in\{1,2,\cdots,n\}$ 成立,则称 $\boldsymbol{X}^*$ 是 n 人非合作对策的一个平衡点或平衡局势.

定理 9.8 混合局势 $\boldsymbol{X}^*$ 是有限 n 人非合作对策的平衡点的充要条件是:$\forall i\in I$,局中人 i 的每一个纯策略 $s^{(i)}\in S_i$ 有

$$E_i(\boldsymbol{X}^*\parallel s^{(i)})\leqslant E_i(\boldsymbol{X}^*)$$

成立.

定理 9.9 每一个有限 n 人非合作对策必有平衡点.

定理 9.8 可以作为平衡点的判别定理,定理 9.9 也是著名的 Nash 定理,可以作为平衡点的存在定理,这两个定理的证明参看文献[3].

§9.6 n 人合作对策

在 n 人合作对策中,由于允许局中人相互之间交流信息,也可以订立各种形式的契约,保证对策后把所得利益进行再分配,所以局中人之间可以寻求各自感兴趣的伙伴共同参与对策. 在 n 人合作对策中,各个局中人如何选择策略也不是需要考虑的问题,应当强调的是联盟(coalition)的形成.

我们假设,在一个 n 人非合作对策 $\{I,\{\boldsymbol{X}_i\},\{P_i\}\}$ 中,局中人集是 $I\subset\{1,2,\cdots,n\}$,S 是 I 的任意子集,称为一个联盟. 把 I 中除去 S 中元素后余下的集 $I\backslash S$ 看成另外一个联盟,以 S 和 $I\backslash S$ 作为一个零和二人对策的局中人,以 S 中全部成员的一切联合混合策略作为第一个局中人 S 的策略集. $I\backslash S$ 中全部成员的一切联合混合策略作为第二个局中人 $I\backslash S$ 的策略集. 这个零和二人对策必有一个值. 以 $v(S)$ 表示这个值,$v(S)$ 对于一切 I 的子集 S 有定义,并规定 $v(>)=0$. 也称 $v(S)$ 为特征函数(characteristic function).

定义 9.7 设 $I\subset\{1,2,\cdots,n\}$,$v(S)$ 是定义在 I 上的一切子集(即联盟)上的实值函数,并满足条件 $V(\varnothing)=0$ $v(I)\geqslant\sum_{i=1}^{n}v(\{i\})$,则称 $\boldsymbol{\Gamma}=[I,v]$ 为 n 人合作对策.

合作对策的每个局中人应当从联盟收入中分得各自应得的份额,这可以用一个 n 维向量 $\boldsymbol{x}=(x_1,x_2,\cdots,x_n)$ 来表示,其中 x_i 表示局中人 i 在 x 中应得份额,这个向量应满足下面两个条件:(1) $x_i\geqslant v(\{i\})$;(2) $\sum_{i=1}^{n}x_i=v(I)$. 向量 $\boldsymbol{x}$ 称为一个转归(imputation) 或称为分配,也可以称为支付.

本节只是简要介绍 n 人合作对策的基本概念,关于其详细的定理及有关解的概念,解的求法可以参看文献[19][20].

习 题

1. 甲、乙两个儿童在互不知道的情况下,同时伸出 1,2 或 3 个指头,用 k 表示两个伸出指头的和. 当 k 为偶数时,甲给乙 k 元,否则乙给甲 k 元,试列出甲的赢得矩阵.

2. 甲、乙两个儿童在玩"石头,剪刀,布"的游戏,双方用拳头代表石头,手掌代表布,两个手指代表剪刀. 规则是剪刀胜布,布胜石头,石头胜剪刀. 每次比试胜者得一分,负者失一分,若双方出相同则算平,二人各得零分. 试列出甲的赢得矩阵.

3. 试证明如下性质：

(1)(无差别性)若$(\alpha_{i_1},\beta_{i_1})$和$(\alpha_{i_2},\beta_{i_2})$是对策 G 的两个解，则必有 $a_{i_1j_1}=a_{i_2j_2}$.

(2)(可交换性)若$(\alpha_{i_1},\beta_{i_1})$和$(\alpha_{i_2},\beta_{i_2})$是对策 G 的两个解，则$(\alpha_{i_1},\beta_{j_2})$，$(\alpha_{i_2},\beta_{j_1})$也是对策 G 的解.

4. 用线性规划方法求下列矩阵的解

$$(1)\boldsymbol{A}=\begin{pmatrix}1&3&3\\4&2&1\\3&2&2\end{pmatrix};\qquad (2)\boldsymbol{A}=\begin{pmatrix}2&-3&3\\-1&3&1\\1&1&5\end{pmatrix}.$$

5. (夫妻爱好问题)一对夫妻打算一起共度周末. 丈夫喜欢看足球，而妻子喜欢看电影，更重要的是双方都希望同在一起. 如果两人都以策略 1 表示主张看足球，策略 2 表示主张看电影，则双方在周末娱乐活动中得到的享受可以按下列支付矩阵来评价：$\boldsymbol{A}=\begin{pmatrix}2&-1\\-1&1\end{pmatrix}$，$\boldsymbol{B}=\begin{pmatrix}1&-1\\-1&2\end{pmatrix}$，试求这个对策的平衡点.

6. 一个病人的症状说明他可能患 a,b,c 三种病中的一种，有两种药 A,B 可用，这两种药对这三种病的治愈率如表 9.1 所示.

表 9.1

	a	b	c
A	0.5	0.4	0.6
B	0.7	0.1	0.8

试问：医生应开哪一种药才最稳妥？.

参考文献

[1] 徐光辉,刘彦佩,程侃．运筹学基础手册.北京:科学出版社,1999

[2] 徐玖平,胡知能,王崶．运筹学.北京:科学出版社,2004

[3]《现代应用数学手册》编委会．现代应用数学手册.北京:清华大学出版社,1998

[4] 邓成梁．运筹学的原理和方法.武汉:华中科技大学出版社,2001

[5] 束金龙,闻人凯．线性规划理论与模型.北京:科学出版社,2003

[6] 刁在筠,郑汉鼎,刘家壮,刘桂真．运筹学.北京:高等教育出版社,1996

[7] 胡运权．运筹学教程.北京:清华大学出版社,1998

[8] 黄桐城,鲍祥霖．数学规划与对策论.上海:上海交通大学出版社,2002

[9] 宋学锋,魏晓平．运筹学.南京:东南大学出版社,2003

[10] 蔡海涛．运筹学.长沙:国防科技大学出版社,2003

[11] A. 乔伊科奇,D. R 汉森,L. 达克斯 J. 著．王寅初译．多目标决策分析及其在工程和经济中的应用.北京:航空工业出版社,1987

[12] 林锉云,董加礼．多目标优化的方法与理论.吉林:吉林教育出版社,1992

[13] 谢金星,邢文训．网络优化.北京:清华大学出版社,2000

[14] 刘家壮,徐源．网络最优化.北京:高等教育出版社,1999

[15] 魏国华,傅家良,周仲良．实用运筹学.上海:复旦大学出版社,1987

[16] 朱求长．运筹学及其应用.武汉:武汉大学出版社,1997

[17] [美]E. 米涅卡著．李家滢,赵关旗译．网络和图的最优化算法.北京:中国铁道出版社,1984

[18] [美]P. A. 詹森,J. W. 巴恩斯著．孙东川译．网络流规划.北京:科学出版社,1988

[19] 王建华．对策论.北京:清华大学出版社,1986

[20] 赵景柱,叶田祥.对策论理论与应用.北京:科学出版社,1989

[21] J. J. 摩特,S. E. 爱尔玛拉巴.运筹学手册.上海:上海科学技术出版社,1987

[22] Jensen, P. A. and J. W. Barnes, Network Flow Programming. John wiley &

Sons. Inc. ,1980

[23] Bordy, J. A. and U. S. R. Murty, Graph Theory with Applications, The Macmillan Press Ltd, 1976